中国水电建设集团十五工程局有限公司
SINOHYDRO CORPORATION ENGINEERING BUREAU 15 CO., LTD.

杨凌职业技术学院
YANGLING VOCATIONAL & TECHNICAL COLLEGE

校企合作特色教材

建筑材料检测与试验

主　　编　　杜旭斌

副主编　　雷　蕾　　朱建秋

参　　编　　杨　川　　孙玉齐　　贾宝玲　　闵江涛

　　　　　　李　晨　　汤轩林　　梁艳萍

主　　审　　程　斌　　王星照

中国水利水电出版社
www.waterpub.com.cn
·北京·

内 容 提 要

本书以材料的基本技术性质以及材料常规指标的试验任务为依托，培养学生在一线实验室的试验动手能力。全书共分为九个模块，主要介绍了建筑材料的基本性质、无机胶凝材料、砂石料、混凝土、砂浆、钢材、砌筑块材、合成高分子材料及其制品、沥青及防水材料等内容，介绍了这些材料的基本技术性质以及常规试验方法。各模块明确了学习目标要求和习题，便于读者学习。

本书采用了新标准和新规范。在编写过程中力求体现职业教育的特色，注重试验动手能力的培养。体现加强实际应用、提升专业服务能力的宗旨。

本书可作为高职高专院校水利及土建类等相关专业的教学用书，也可作为成人高校同类专业的教材，还可供从事水利及土建类相关专业的工程技术人员学习参考。

图书在版编目（CIP）数据

建筑材料检测与试验 / 杜旭斌主编. -- 北京 ： 中
国水利水电出版社，2016.8(2021.8重印)
　校企合作特色教材
　ISBN 978-7-5170-4630-1

Ⅰ．①建… Ⅱ．①杜… Ⅲ．①建筑材料－检测－教材
②建筑材料－材料试验－教材 Ⅳ．①TU502

中国版本图书馆CIP数据核字(2016)第193163号

书　　名	校企合作特色教材 **建筑材料检测与试验** JIANZHU CAILIAO JIANCE YU SHIYAN	
作　　者	主编　杜旭斌　　副主编　雷蕾　朱建秋 主审　程斌　王星照	
出版发行	中国水利水电出版社 （北京市海淀区玉渊潭南路 1 号 D 座　100038） 网址：www.waterpub.com.cn E-mail：sales@waterpub.com.cn 电话：(010) 68367658（营销中心）	
经　　售	北京科水图书销售中心（零售） 电话：(010) 88383994、63202643、68545874 全国各地新华书店和相关出版物销售网点	
排　　版	中国水利水电出版社微机排版中心	
印　　刷	北京印匠彩色印刷有限公司	
规　　格	184mm×260mm　16 开本　14.5 印张　344 千字	
版　　次	2016 年 8 月第 1 版　2021 年 8 月第 5 次印刷	
印　　数	11501—15500 册	
定　　价	**48.00 元**	

中国水电十五局水电学院
校企合作特色教材编审委员会

前　言
Preface

随着我国高等职业教育改革的进一步深化，校企合作、协同育人成为职业教育培养高素质技术技能人才的一条有效途径。《国务院关于加快发展现代职业教育的决定》（国发〔2014〕19号）明确提出：突出职业院校办学特色，强化校企协同育人。鼓励行业和企业举办或参与举办职业教育，发挥企业重要办学主体作用。推动专业设置与产业需求对接，课程内容与职业标准对接，教学过程与生产过程对接，毕业证书与职业资格证书对接，职业教育与终身学习对接。规模以上企业要有机构或人员组织实施职工教育培训、对接职业院校，设立学生实习和教师实践岗位。多种形式支持企业建设兼具生产与教学功能的公共实训基地。支持企业通过校企合作共同培养培训人才，不断提升企业价值。

杨凌职业技术学院与中国水电建设集团十五工程局有限公司（以下简称"中国水电十五局"）的合作由来已久，可以说伴随着两个单位的成长与发展、繁荣与壮大，造就了职业教育校企合作的典范。企业全过程全方位参与学校的教育教学过程，为学院的建设发展和人才培养做出了卓越贡献。学院为企业培养输送了一大批优秀的技术人才，成长为企业的技术骨干，在企业的发展壮大过程中做出了显著贡献。特别是自2006年示范院校建设以来，校企双方合作的广度和深度显著加大，在水利类专业人才培养方案制订与实施、专业建设、课程建设、校内外实验实训条件建设、学生生产实习和顶岗实习指导、教师下工地实践锻炼、兼职教师授课、资源共享、接收毕业生等方面开展了全方位实质性合作，成果突出。2013年3月依托学院水利水电建筑工程专业，本着"合作共建，创新共赢"的原则，经双方共同协商，成立校企合作理事会和"中国水电十五工程局水电学院"，共同发挥各自的资源优势，协同为社会行业企业培养高素质水利水电工程技术技能人才。在水电学院的运行过程中，为了更好地实现五个对接、校企协同育人，将企业的新技术新成果引入到教学过程中，在教育部、财政部提升专业服务产业发展能力计划项目的支持下，主要围绕水利水电工程施工一线的施工员、造价员、质检员、安全员等关键技术岗位工作要求，培养学生的专业核心能力，双方多次协商研讨，共同策划编写校企合作特色教材，该套教材共7本，作为水电学院学生的课程学习教材，同时也可作为企业员工工作参考。

本教材在编写时，紧扣试验员、质检员等技术岗位工作要求，以材料检测的具体工作任务为导向，淡化理论知识的讲解，打破传统的试验理论相脱节的编排模式，按照教、学、做一体化的教学模式重组内容，以材料每个技术性能的检测过程为一个独立的工作任务，通过完成一个独立的工作任务，使学生不仅学会了材料的检测，同时学习了与材料基本性质相关的知识，将能力培养和理论知识学习置于实际工作过程中，突出了工作过程技能的培养。

本教材共九个模块，由以下人员完成：杨凌职业技术学院杜旭斌（课程描述、模块一、模块二项目一至项目三、项目五、模块八），中国水电十五局科研院李晨（模块二项目四任务一至任务四），中国水电十五局科研院汤轩林（模块二项目四任务五至任务七），杨凌职业技术学院雷蕾（模块三项目一、模块四），中国水电十五局科研院朱建秋（模块三项目二任务一至任务四、全书所有工程案例），中国水电十五局科研院梁艳萍（模块三项目二任务五至任务七），杨凌职业技术学院贾宝玲（模块五），杨凌职业技术学院杨川（模块六），杨凌职业技术学院闵江涛（模块七），杨凌职业技术学院孙玉齐（模块九）。全书由杜旭斌任主编并负责统稿，由雷蕾、朱建秋任副主编，由杨凌职业技术学院程斌、中国水电十五局科研院王星照任主审。在编写的过程中，专业建设团队的领导和其他同仁给予了极大的帮助和支持，水利工程分院院长拜存有教授提出许多宝贵意见和建议，学院领导及教务处也给予了大力支持，在此表示最诚挚的感谢。

本教材在编写中引用了大量的规范、专业文献和资料，恕未在书中一一注明，在此，对有关作者表示诚挚的谢意。

由于编者水平和经验有限，教材中存在的疏漏、错误及不妥之处，恳请读者批评指正。

编　者
2016 年 5 月

目　录

Contents

前言

课程描述 ……………………………………………………………………………………… 1

模块一　建筑材料的基本性质 ……………………………………………………………… 5

项目一　材料的组成、结构及构造 ………………………………………………………… 5

项目二　材料的物理性质 …………………………………………………………………… 6

思考与习题 …………………………………………………………………………………… 17

模块二　无机胶凝材料 ……………………………………………………………………… 19

项目一　石灰 ………………………………………………………………………………… 19

项目二　建筑石膏 …………………………………………………………………………… 22

项目三　水玻璃 ……………………………………………………………………………… 24

项目四　水泥 ………………………………………………………………………………… 25

任务一　水泥试验一般要求 ……………………………………………………………… 27

任务二　水泥细度试验 …………………………………………………………………… 28

任务三　水泥标准稠度用水量试验 ……………………………………………………… 32

任务四　水泥净浆凝结时间试验 ………………………………………………………… 33

任务五　水泥体积安定性试验 …………………………………………………………… 36

任务六　水泥胶砂强度试验（ISO 法） ………………………………………………… 37

任务七　水泥化学指标试验 ……………………………………………………………… 41

项目五　其他品种水泥 ……………………………………………………………………… 45

思考与习题 …………………………………………………………………………………… 49

模块三　砂石料 ……………………………………………………………………………… 52

项目一　砂料 ………………………………………………………………………………… 54

任务一　砂的含泥量试验 ………………………………………………………………… 55

任务二　砂的表观密度试验 ……………………………………………………………… 56

任务三　砂的堆积密度试验 ……………………………………………………………… 57

任务四　砂的颗粒级配试验 ……………………………………………………………… 58

任务五　砂的含水率试验 ………………………………………………………………… 62

项目二　石料 ………………………………………………………………………………… 65

　　　任务一　石子的颗粒级配试验 ………………………………………………… 65
　　　任务二　石子的表观密度试验 …………………………………………………… 67
　　　任务三　石子的堆积密度及空隙率试验 ………………………………………… 68
　　　任务四　石子的含泥量试验 ……………………………………………………… 70
　　　任务五　石子的含水率试验 ……………………………………………………… 71
　　　任务六　石子的针片状颗粒含量试验 …………………………………………… 71
　　　任务七　石子的压碎指标值试验 ………………………………………………… 73
　　思考与习题 …………………………………………………………………………… 76

模块四　混凝土 ……………………………………………………………………… 77
　项目一　混凝土拌和物试验 …………………………………………………………… 86
　　　任务一　混凝土稠度试验 ………………………………………………………… 89
　　　任务二　混凝土拌和物表观密度试验 …………………………………………… 91
　　　任务三　混凝土拌和物含气量试验 ……………………………………………… 92
　项目二　混凝土力学性能试验 ………………………………………………………… 93
　项目三　普通混凝土配合比设计 ……………………………………………………… 99
　　　任务一　混凝土配合比设计 …………………………………………………… 100
　项目四　混凝土质量控制 …………………………………………………………… 111
　项目五　其他混凝土 ………………………………………………………………… 114
　　思考与习题 ………………………………………………………………………… 116

模块五　砂浆 ……………………………………………………………………… 119
　项目一　砂浆试验 …………………………………………………………………… 120
　　　任务一　砂浆试验的一般要求 ………………………………………………… 120
　　　任务二　砂浆稠度试验 ………………………………………………………… 121
　　　任务三　砂浆密度试验 ………………………………………………………… 122
　　　任务四　砂浆保水性试验 ……………………………………………………… 123
　　　任务五　砌筑砂浆强度试验 …………………………………………………… 125
　项目二　砌筑砂浆配合比设计 ……………………………………………………… 127
　　思考与习题 ………………………………………………………………………… 131

模块六　钢材 ……………………………………………………………………… 132
　项目一　钢的力学性能 ……………………………………………………………… 133
　　　任务一　热轧钢材试验的取样与制作 ………………………………………… 134
　　　任务二　热轧钢筋拉伸性能试验 ……………………………………………… 134
　　　任务三　钢材的冲击性能试验 ………………………………………………… 138
　项目二　钢材的工艺性能 …………………………………………………………… 140
　　　任务一　热轧钢筋冷弯性能试验 ……………………………………………… 140
　　　任务二　钢筋焊接拉伸性能试验 ……………………………………………… 141
　项目三　建筑钢材的技术标准及应用 ……………………………………………… 145

　　思考与习题 …………………………………………………………… 150

模块七　砌筑块材 …………………………………………………… 155
　　项目一　天然石材 ……………………………………………… 155
　　项目二　砌墙砖 ………………………………………………… 158
　　项目三　砌块 …………………………………………………… 166
　　项目四　建筑陶瓷 ……………………………………………… 170
　　思考与习题 ……………………………………………………… 174

模块八　合成高分子材料及其制品 ………………………………… 175
　　项目一　合成高分子材料概述 ………………………………… 175
　　项目二　常用合成高分子材料 ………………………………… 176
　　项目三　土工合成材料 ………………………………………… 182
　　项目四　聚合物混凝土 ………………………………………… 196
　　思考与习题 ……………………………………………………… 197

模块九　沥青及防水材料 …………………………………………… 199
　　项目一　沥青 …………………………………………………… 199
　　　　任务一　沥青试验一般要求及取样 ……………………… 201
　　　　任务二　石油沥青针入度试验 …………………………… 203
　　　　任务三　石油沥青延伸度试验 …………………………… 205
　　　　任务四　石油沥青软化点试验（环球法） ……………… 207
　　项目二　沥青混凝土 …………………………………………… 213
　　项目三　防水材料 ……………………………………………… 216
　　思考与习题 ……………………………………………………… 220

参考文献 ……………………………………………………………… 222

课　程　描　述

　　建筑材料是指各类建筑工程中所应用的材料及制品。它是一切工程建设的物质基础，其性能、种类、规格、使用方法是影响工程坚固、耐久、适应等工程质量的关键因素。若选择、使用材料不当，轻则达不到预期效果，重则可能会导致工程质量达不到设定的要求甚至酿成工程事故。因此，材料在工程建设中起着十分重要的作用。

　　建筑材料的定义有广义与狭义两种。广义的建筑材料是指建造建筑物和构筑物的所有材料，包括使用的各种原材料、半成品、成品等的总称，如黏土、石灰石、生石膏等。狭义的建筑材料是指直接构成建筑物和构筑物实体的材料，如混凝土、水泥、钢筋、砂石料等。

一、建筑材料的分类

　　建筑材料种类繁多，为了研究和使用方便，常按照不同的分类方法分成不同的种类，最常用的分类方法是按照其化学成分分为无机材料、有机材料和复合材料三大类。

　　（1）无机材料。无机材料包括金属材料和非金属材料。金属材料包括黑色金属材料（如钢、铁）和有色金属材料（如铝、铜、合金）；非金属材料主要包括天然材料（如砂、石）、烧土制品（如黏土砖、陶瓷）、玻璃、无机胶凝材料（如水泥、石灰、石膏、水玻璃）及以胶凝材料为基料的人造石材（如混凝土、硅酸盐制品）等。

　　（2）有机材料。有机材料主要包括植物材料（如木材、竹材、植物纤维及其制品），沥青材料（如石油沥青、煤沥青），高分子材料（如建筑塑料、合成橡胶、建筑涂料、胶黏剂）等。

　　（3）复合材料。复合材料是指两种或两种以上不同性质的材料，经加工而组合成为一体的材料。复合材料可以克服单一材料的弱点，有利于发挥各复合相的性能优势，是现代材料科学研究发展的趋势。根据复合相的几何形状，复合材料可分为颗粒型（如沥青混凝土、聚合物混凝土），纤维型（如纤维混凝土、钢筋混凝土），层合型（如塑钢复合型材、夹层玻璃、铝箔面油毡）等。

二、建筑材料的发展

　　利用建筑材料改造自然、促进人类物质文明的进步，是人类社会发展的一个重要标志。远在新石器时期之前，人类就已开始利用土、石、木、竹等天然材料从事营造活动。据考证，我国在 4500 年前就已有木架建筑和木骨泥墙建筑。随着生产力的发展，人类能够对天然原料进行简单的加工，出现了人造建筑材料，使人类突破了仅使用天然材料的限制，并开始大量修建房屋、寺塔、陵墓和防御工程。我国早在公元前 5 世纪的春秋时期已有烧制的瓦，公元前 4 世纪的战国时期有了烧制的砖，始建于春秋时期的长城就大量应用了砖、石灰等人造建材。2000 年前的古罗马已用石灰、火山灰、砂和砾石配制混凝土，建造著名的万神殿、斗兽场的巨大墙体。

18 世纪工业革命后，随着资本主义国家工业化的发展，建筑、桥梁、铁路和水利工程大量兴建，对建筑材料的性能有了较高的要求。18 世纪 70 年代在工程中开始使用生铁，19 世纪初开始用熟铁建造桥梁和房屋，出现了钢结构的雏形。自 19 世纪中叶开始，冶炼并轧制出强度高、延性好、质地均匀的建筑钢材，随后又生产出高强钢丝和钢索，钢结构得到了迅速发展，使建筑物的跨度从砖石结构、木结构的几米、几十米发展到百米、几百米乃至现代建筑的上千米。

19 世纪 20 年代，英国瓦匠约瑟夫·阿斯普丁发明了波特兰水泥，出现了现代意义上的水泥混凝土。19 世纪 40 年代，出现了钢筋混凝土结构，利用混凝土受压、钢筋受拉，以充分发挥两种材料各自的优点，从而使钢筋混凝土结构广泛应用于工程建设的各个领域。为克服钢筋混凝土结构抗裂性能差、刚度低的缺点，20 世纪 30 年代又发明了预应力混凝土结构，使土木工程跨入了飞速发展的新阶段。

随着社会的发展，人类对建筑工程的功能要求越来越高，从而对使用的建筑材料的性能要求也越来越高。现阶段乃至今后相当长的一段时间材料发展基本是向着轻质、高强、节约能源、方便施工、智能化、绿色化等方向发展。同时，随着人们环境保护与可持续发展意识的增强，保护环境、节约能源与土地，合理开发和综合利用原料资源，尽量利用工业废料，也是建筑材料发展的一种趋势。

三、建筑材料在建设工程中的地位

建筑业是国民经济的支柱产业之一，而建筑材料是其重要的物质基础。因此，建筑材料的产量及质量直接影响着建筑业的进步和国民经济的发展。建筑材料的用量相当大，据统计，在工程总造价中，材料费所占比重可达 50%～70%。建筑材料的品种、规格、性能及质量，对建筑结构的形式、使用年限、施工方法和工程造价有直接影响。因此合理地选择和使用材料，对节约工程投资、降低工程造价有着十分重要的意义。

另外在建筑工程中许多技术问题的突破，都是以建筑材料为基础的，尤其新的建筑材料的出现，往往会促进结构设计及施工技术的革新和发展。因此，加强建筑材料的研究，提高建筑材料生产和应用的技术水平，对于我们合理利用各种有限的自然资源，改善建筑物的使用功能，提高建筑工程施工的工业化和机械化水平，加快工程建设速度，降低工程造价，从而促进我国社会主义经济的发展，具有十分重要的意义。

四、建筑材料检测及其技术标准

建筑材料质量的优劣对工程质量起着最直接的影响，对所用建筑材料进行检测，是保证工程质量的最基本的一个环节。国家标准规定，无出厂合格证明或没有按规定复试的原材料，不得用于工程建设；在施工现场配制的材料，均应在实验室确定配合比，并在现场抽样检测。各项建筑材料的检测结果，是工程施工及工程质量验收必需的技术依据。因此，在工程的整个施工过程中，始终贯穿着材料的试验、检测工作，它是一项经常化的、责任性很强的工作，也是控制工程施工质量的重要手段之一。

建筑材料的检测内容主要包括材料的物理性能（如密度、含水率）、力学性能（如抗拉强度、抗压强度）、化学性能（如水泥中 SO_3 检测）和工艺性能（如钢材的冷弯性能）。

建筑材料的检测过程主要包括见证取样、试件制作、送样、检测、数据处理、填写检测报告等环节。见证取样、试件制作、送样是在建设单位或工程监理单位人员的见证下，由施工单位的现场试验人员对工程中涉及结构安全的试块、试件和材料进行现场取样，并送至具有相应资质等级的质量检测机构，由持有相关资质证书的检测人员完成材料的检测并分析填写检测报告。

建筑材料的检测，均应以产品的现行标准及有关的规范、规程为依据。根据发布单位与适用范围，我国技术标准分为国家标准、行业标准、地方标准和企业标准四个等级。

国家标准是指对全国经济技术发展有重大意义，根据全国范围内统一的技术要求所制定的标准。国家标准是四级标准体系中的主体。

行业标准是指对没有国家标准而又需要在全国某个行业范围内根据统一的技术要求所制定的标准。由主管部门组织制定、审批和发布，并报送国家标准化管理机关备案。行业标准是对国家标准的补充，是专业性、技术性较强的标准。

地方标准是指对没有国家标准和行业标准，又需要在省、自治区、直辖市范围内统一的技术标准。地方标准在本行政区域内适用，不得与国家和行业标准相抵触。

企业标准是指在上述三种标准均没有的情况下，企业自行制定的产品标准和在企业内需要协调、统一的技术要求和管理、工作需要所制定的标准或规范，作为企业组织生产和经营活动的依据。

建筑材料常用标准的种类及代号见表 0-1。

表 0-1　　　　　　　　　　建筑材料常用标准的种类及代号

	标准种类	代号	表示内容	示　例
1	国家标准	GB	强制性标准	《通用硅酸盐水泥》(GB 175—2007)
		GB/T	推荐性标准	《建设用砂》(GB/T 14684—2011)
2	行业标准	SL	水利行业标准	《水工混凝土结构设计规范》(SL/T 191—2008)
		DL	电力行业标准	《水工混凝土外加剂技术规程》(DL/T 5100—2014)
		JC	建材行业标准	《建筑生石灰》(JC/T 479—2013)
		JG	建工行业标准	《普通混凝土配合比设计规程》(JGJ 55—2011)
		JT	交通行业标准	《公路桥涵施工技术规范》(JTG/T F50—2011)
3	地方标准	DB	地方强制性标准	陕西省地方标准《高速公路沥青路面层间处治技术规范》(DB61/Z 917—2014)
		DB/T	地方推荐性标准	
4	企业标准	Q（B）	企业标准	《水工管理标准》(D/155-2-07—2002)

各国均制定有自己的国家标准，常见的有 "ANS""JIS""BS""DIN"，它们分别代表美国、日本、英国和德国的国家标准，"ASTM" 是美国材料与试验协会标准。另外，在全世界范围内统一执行的标准称为国际标准，其代号是 "ISO"。我国是国际标准化协会成员国，大部分的技术标准均等同于国际标准。

五、本课程的学习目的及方法

建筑材料既是土木工程类专业的一门重要的专业基础课，又是一门实践性很强的应用型学科。学习本课程的目的是使学生掌握常用建筑材料的基本性能和特点，能够根据工程实际条件合理选择和使用各种建筑材料；会对材料的主要技术指标进行检测并能依据相应标准对材料的质量进行评定；掌握建筑材料的验收、保管、储存等方面的基本知识与方法，了解材料的原料、生产、组成、工作机理等方面的一般知识。

建筑材料的种类繁多，性能各异，涉及的基础知识广泛。本课程的学习应遵从以下方法：

（1）各模块原则上按一种或一类材料进行编排，相互之间的联系较弱。在学习过程中应善于分析和对比各种建筑材料的组成、主要性质与应用特点，理解具有这些性质的原因，找出材料的组成、结构同材料性能之间的内在联系。

（2）建筑材料是一门实践性很强的课程，材料的检测过程注重动手能力的操作，因此要注重试验课程的学习，加强试验技能的培养，学会材料检测的方法。

（3）建筑材料的性能及技术参数受外界因素的影响较大。相同的成分、构造、配比的材料，在不同的环境条件下其性能不同，学习时除了理解材料内部因素对材料产生影响的原因和程度，并分析其间的交互作用外，应注意的是在进行建筑材料试验时，试件的养护环境、养护时间、试验方法不同，试验结果的差别是相当大的，同种建筑材料只有在同等试验条件下得出的数据才具有可比性。因此，建材试验应严格按照有关的规范、规程及技术标准要求的试验条件、试验方法进行，养成一种严谨、科学、认真的试验态度。

（4）随着科学技术的不断进步以及和国际标准接轨的需要，政府及相关行业协会等组织将不断修改与制定建材产品新标准，并通过制定方针政策，不断推广应用一些新型材料和新技术。学习时应联系实际，了解新材料、新技术在工程中的推广应用情况。

模块一　建筑材料的基本性质

【目标及任务】　了解材料的基本物理力学等性质，熟悉材料基本性质的评价指标，会测定材料的一些基本物理力学指标，了解影响材料的基本性质的因素。

建筑材料在使用条件下要承受一定荷载，并受到周围不同环境介质（空气、水及其所溶物质、温度和湿度变化等）的作用。因此，建筑材料应具有相应的力学性质，还应具备抵抗周围环境介质的物理化学和生物作用，经久耐用。

项目一　材料的组成、结构及构造

【知识导学】　材料的组成、结构及构造是决定材料性质的内部因素。

一、材料的组成

材料的组成是指材料所含物质的种类及含量，是区别物质种类的主要依据，分为化学组成、矿物组成和相组成。

1. 化学组成

材料的化学组成是指构成材料的化学元素及化合物的种类及数量。金属材料的化学组成通常以其化学元素含量的百分数表示，无机非金属材料常以各种氧化物的含量表示，有机材料则以各种化合物的含量表示。材料的化学成分，直接影响材料的化学性质，也是影响材料物理性质及力学性质的重要因素。

2. 矿物组成

矿物是具有一定的物理力学性质、化学成分和结构特征的单质或化合物。材料的矿物组成是指构成材料的矿物的种类和数量，它直接影响无机非金属材料的性质。

3. 相组成

材料中具有相同物理、化学性质的均匀部分称为相。一般可分为气相、液相和固相。

材料的组成不同，其物理、化学性质也不相同。如普通钢材在大气中容易生锈，而不锈钢（炼钢时加入适量的铬或镍）则不易生锈。可见，选用材料时，通过改变材料的组成可以获得满足工程所需性质的新材料。

二、材料的结构及构造

材料的结构及构造是指材料的微观组织状态和宏观组织状态。组成相同而结构与构造不同的材料，其技术性质也不相同。

（一）材料的结构

材料的结构是指材料的微观组织状态。按其成因及存在形式可分为晶体结构、非晶体结构及胶体结构。

1. 晶体结构

由质点（离子、原子或分子）在空间按规则的几何形状周期性排列而成的固体物质称为晶体。晶体有以下特点：

（1）特定的几何外形。

（2）各向异性。

（3）固定的熔点和化学稳定性。

（4）结晶接触点和晶面是晶体破坏或变形的薄弱环节。

2. 非晶体结构（玻璃体结构）

非晶体结构是熔融物质经急速冷却，质点来不及按一定规则排列便凝固的固体物质，属于无定形结构。非晶体结构内部储存了大量内能，具有化学不稳定性，在一定条件下易与其他物质起化学反应。

3. 胶体结构

粒径为 $10^{-7} \sim 10^{-9}$ m 的固体微粒（分散相），均匀分散在连续相介质中所形成的分散体系称为胶体。当介质为液体时，称此种胶体为溶胶体；当分散相颗粒极细，具有很大的表面能，颗粒能自发相互吸附并形成连续的空间网状结构时，称此种胶体为凝胶体。

溶胶结构具有较好的流动性，液体性质对结构的强度及变形性质影响较大；凝胶结构基本上不具有流动性，呈半固体或固体状态，强度较高，变形较小。

凝胶结构由范德华力结合，在剪切力（搅拌、振动等）作用下，网状结构易被打开，使凝胶结构重新具有流动性；静置一段时间后，溶胶又慢慢恢复成凝胶。凝胶—溶胶—凝胶的可逆互变性称为胶体的触变性。

（二）材料的构造

材料的构造是指材料结构间单元的相互组合搭配情况，亦即材料的宏观组织状态。按构造不同，材料可分为聚集状、多孔状、纤维状、片状和层状等。

一般而言，聚集状和多孔状的材料具有各向同性，纤维状和层状构造的材料具有各向异性。构造致密的材料，强度高；疏松多孔的材料密度低，强度也低。

由于材料结构间的组合搭配，材料内部存在孔隙。孔隙对材料的性质影响很大。开口孔隙对材料的抗渗性、抗冻性及抗侵蚀性有不利影响，闭口孔隙对材料的抗渗性、抗冻性及抗侵蚀性的影响则较小。

项目二　材料的物理性质

【知识导学】　材料的物理性质是指材料分子结构不发生变化的情况下而具有的性质。这一性质主要有：密度、密实度、空隙率、亲水性和憎水性、吸水性和吸湿性、耐水性和抗渗性、耐久性和抗冻性、导热性和热容量等。

一、密度

根据体积的表现形式不一样，有密度、表观密度和堆积密度三种概念。

1. 实际密度

密度也称实际密度，是材料在绝对密实状态下单位体积的质量。其计算公式为

$$\rho = \frac{m}{V} \qquad (1-1)$$

式中　ρ——实际密度，g/cm^3 或 kg/m^3；

　　　m——材料的质量，g 或 kg；

　　　V——材料在绝对密实状态下的体积，cm^3 或 m^3。

材料的绝对密实体积是指不包括空隙内的体积。对于钢材、玻璃等密实材料，其体积可根据其外形尺寸求得，称出其干燥时候的质量，然后按照上式计算出其密度值。对于多孔的固体材料，一般使用磨细干燥法（材料磨的越细，测得的密度值越准确）或者排水法来求得其绝对体积，再按上述公式计算出其密度值。

材料的密度大小取决于材料的组成与微观结构。

注意：干燥状态的材料可以通过烘干（烘箱）或干燥（干燥器）求取。

2. 表观密度

表观密度是指材料在自然状态下单位体积的干质量。计算公式如下：

$$\rho_0 = \frac{m}{V_0} \qquad (1-2)$$

式中　ρ_0——材料的表观密度，g/cm^3；

　　　m——材料在自然状态下的质量，g；

　　　V_0——材料在自然状态下的体积，或称表观体积，是指包括内部孔隙的体积，cm^3。

材料在自然状态下的体积是指包括孔隙在内的体积。外形规则的材料可根据其外形尺寸计算出其体积，外形不规则的材料可使用排水法测得其体积。

表观密度是反映整体材料在自然状态下的物理参数。

3. 堆积密度

堆积密度是指疏松状（小块、颗粒、纤维）材料在自然堆积状态下单位体积的质量。

计算公式如下：

$$\rho_0' = \frac{m}{V_0'} \qquad (1-3)$$

式中　ρ_0'——堆积密度，kg/m^3；

　　　m——材料的质量，kg；

　　　V_0'——材料的堆积体积，m^3。

堆积密度的堆积体积 V_0' 中，既包括了材料颗粒内部的孔隙，也包括了颗粒间的空隙。松散体用容量筒测定。材料的堆积密度不仅与其颗粒的宏观结构、含水状态等有关，而且还与其颗粒间空隙或颗粒间被挤压实的程度等因素有关。因此，材料的堆积密度变化范围更大。

实际密度、表观密度、堆积密度常用来计算材料的密实度、空隙率和孔隙率，或用来计算材料的用量、自重、运输量及堆积空间等。并且，材料的表观密度大小直接影响材料的强度、保温、隔热等性能。常用材料的实际密度、表观密度及堆积密度值见表 1-1。

表 1-1　　　　　　　　　常用材料的绝对密度、表观密度及堆积密度

材料	绝对密度/(g/cm³)	表观密度/(kg/m³)	堆积密度/(kg/m³)
花岗岩	2.6～2.9	2500～2700	—
碎石（石灰岩）	2.6～2.8	2600	1400～1700
砂	2.6～2.7	2650	1450～1650
水泥	2.8～3.1	—	1000～1600
普通混凝土	—	2000～2800	
钢材	7.85	7850	
木材	1.55～1.6	380～700	
普通黏土砖	—	2500～2700	1600～1800

4. 孔隙率

孔隙率是指材料内部孔隙的体积占材料总体积的百分率。计算公式如下：

$$P = \frac{V_{孔}}{V} \times 100\% = \frac{V_0 - V}{V_0} \times 100\% = \left(1 - \frac{V}{V_0}\right) \times 100\% = \left(1 - \frac{\rho_0}{\rho}\right) \times 100\% \quad (1-4)$$

式中　P——材料的孔隙率，%；

　　　$V_{孔}$——材料中孔隙的体积，cm³；

　　　ρ_0——材料的干表观密度，g/cm³。

从式（1-4）可以看出，材料的孔隙率不但可以表明材料体内孔隙大小的程度，也反映了材料的紧密程度。一般来说，材料的孔隙率越大，紧密度越小，强度越小；材料的孔隙率越小，紧密度越大，强度越大。孔隙的大小及其分布对材料的性能影响较大。

材料孔隙往往分为开口孔隙和闭口孔隙，开口孔隙是指与外界相通的孔隙，闭口孔隙是指不仅彼此互不连通且与外界相隔绝的孔隙。

5. 空隙率

空隙率是指散粒状材料堆积体积中，颗粒间空隙体积所占的百分率。其计算公式如下：

$$P' = \left(1 - \frac{V_0}{V_0'}\right) \times 100\% = \left(1 - \frac{\rho_0'}{\rho_0}\right) \times 100\% \quad (1-5)$$

空隙率反映了堆积材料中颗粒间空隙的多少，对于研究堆积材料的结构稳定性、填充程度及颗粒间相互接触连接的状态具有实际意义。

二、材料与水有关的性质

材料在正常工作中，常常会吸收水或大气中的水分，根据材料吸附水分的情况，将材料的含水状况分为干燥状态、气干状态、饱和面干状态及湿润状态 4 种，材料吸水后某些性能会发生变化而影响材料的使用功能，因此，了解材料与水有关的性质是很有必要的。

1. 亲水性与憎水性

材料在空气中与水接触，根据其能否被水润湿，可将材料分为亲水性材料和憎水性

材料。

润湿就是水被材料表面吸附的过程。当材料在空气中与水接触时，在材料、空气、水三相交界处，沿水滴表面所引切线，切线与材料表面（水滴一侧）所得夹角 θ，称为润湿角。θ 越小，说明润湿程度越大，当 θ 为零时，表示材料完全被水润湿。当 $\theta \leqslant 90°$ 时，水分子之间的内聚力小于水分子与材料分子之间的吸引力，这种材料称为亲水性材料，例如普通烧结黏土砖。当 $\theta > 90°$ 时，水分子之间的内聚力大于水分子与材料分子之间的吸引力，材料表面不易被水润湿，此种材料称为憎水性材料，例如玻璃。润湿角如图 1-1 所示。

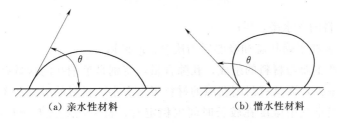

（a）亲水性材料　　　　　　（b）憎水性材料

图 1-1　材料润湿角示意图

大多数建筑材料都属于亲水性材料，如砖、混凝土、木材等。有些材料（如沥青、石蜡等）属于憎水性材料。憎水性材料不仅可作防水防潮材料，而且还可应用于处理亲水性材料的表面，以降低其吸水率，提高材料的防水、防潮性能，提高其抗渗性。

2. 吸水性（浸水状态下）

吸水性是材料在水中吸收水分的性能。并以吸水率表示此能力。材料的吸水率的表达方式有两种：一是质量吸水率，另一个是体积吸水率。

（1）质量吸水率。质量吸水率是指材料在吸水饱和时，其内部所吸收水分的质量占材料干质量的百分率，并以 $\omega_{质}（\%）$ 表示。其计算公式如下：

$$\omega_{质} = \frac{m_2 - m_1}{m_1} \times 100\% \tag{1-6}$$

式中　　m_2——材料吸水饱和时的质量，g 或 kg；

m_1——材料在干燥状态下的质量，g 或 kg。

（2）体积吸水率。体积吸水率是指材料在浸水饱和状态下所吸收水分的体积与材料在自然状态下的体积之比，并以 $\omega_{体}（\%）$ 表示。其计算公式如下：

$$\omega_{体} = \frac{m_1 - m}{\rho_H V_0} \times 100\% \tag{1-7}$$

式中　　ρ_H——水的密度，g/cm³；

V_0——材料自然状态下的体积，cm³。

质量吸水率与体积吸水率存在如下关系：

$$\omega_{体} = \omega_{质} \frac{\rho_0}{\rho_H} \tag{1-8}$$

在多数情况下都是按质量计算吸水率，有时也按体积计算吸水率。材料吸水率主要与材料的孔隙率有关，更与其孔特征有关。材料开口孔隙率越大，吸水性越大，而封闭孔隙则吸水少，对于粗大孔隙，水分虽然容易渗入，但仅能润湿孔壁表面而不易在孔内存留，故封闭孔隙和粗大孔隙材料，其吸水率是较低的。

3. 吸湿性

吸湿性是指材料在潮湿空气中吸收水分的性能。材料在水中能吸收水分，在空气中也吸收水汽，并随着空气湿度大小而变化。空气中的水汽在湿度较大时被材料所吸收，在湿度较小时向材料外扩散（此性质也称为材料的还湿性），最后使材料与空气湿度达到平衡。吸湿性大小用含水率进行表示。其计算公式如下：

$$\omega_{含} = \frac{m_2 - m_1}{m_1} \times 100\% \qquad (1-9)$$

式中　$\omega_{含}$——材料的含水率，%；

m_1、m_2——材料在干燥状态和吸湿后的质量，g 或 kg。

材料的吸湿性主要与材料的组成、孔隙含量，特别是毛细孔的含量有关。细微并连通孔隙的材料吸水率大，而具有封闭孔隙的材料吸水率小。材料的吸湿性还与周围环境的湿度、温度有关。当空气中湿度在较长时间内稳定时，材料的吸湿和干燥过程处于平衡状态。当吸水达到饱和状态时，含水率即为材料的吸水率。

材料吸水或吸湿后，除了本身质量增加外，可削弱材料内部质点间的结合力或吸引力，导致材料强度的降低、体积膨胀、保温隔热性能降低和导热性能增加。由此可见，在多数情况下，材料的吸水性和吸湿性对材料的使用是不利的，这会对工程带来不利的影响。

4. 耐水性

材料耐水性指材料长期在水的作用下不破坏、强度不明显下降的性质。用软化系数 K_R 表示。计算公式如下：

$$K_R = \frac{f_b}{f_g} \qquad (1-10)$$

式中　f_b——材料在水饱和状态下的抗压强度，MPa；

f_g——材料在干燥状态下的抗压强度，MPa。

软化系数反映了材料饱水后强度降低的程度，它是材料吸水后性质变化的重要特征之一。在同一条件下，吸水后的材料强度比干燥时材料强度低。软化系数越小，意味着强度降低越多。

材料的软化系数为 0～1，不同材料的值相差颇大，如黏土软化系数几乎为 0，而金属软化系数几乎为 1。一般认为，K_R 值大于 0.85 的材料是耐水性的，它可用于水中或潮湿环境中的重要结构，用于受潮较轻或次要结构时，材料的 K_R 值也不得小于 0.75，以保证其材料的强度。

耐水性与材料的亲水性、可溶性、孔隙率、孔特征等有关，工程中常从这几个方面改善材料的耐水性。

5. 抗渗性

抗渗性是指材料抵抗压力水（或其他液体）渗透的性质，也叫不透水性。材料的抗渗性通常用渗透系数和抗渗等级表示。

渗透系数的意义是：一定厚度的材料，在单位压力水头作用下，在单位时间内透过单位面积的水量。其计算公式如下：

$$Q=K\frac{H}{d}At \text{ 或 } H=\frac{Qd}{AtH}$$ (1-11)

式中 K——材料的渗透系数，cm/s；

Q——透水量，cm^3；

d——试件厚度，cm；

A——透水面积，cm^2；

t——透水时间，s；

H——静水压力水头，cm。

K 值越大，表示渗透材料的水量越多，即抗渗性越差。抗渗性的好坏，主要与材料的孔隙率及孔隙特征有关，并与材料的亲水性和憎水性有关。开口孔隙率越大、大孔含量越多，抗渗性越差；而材料越密实或具有封闭孔隙的，水分不易渗透，抗渗性越好。

6. 抗冻性

抗冻性是指材料在水饱和状态下，抵抗多次冻融循环而不破坏，同时强度也不严重降低的性质。

材料的抗冻性用抗冻等级表示。抗冻等级是以规定的试件，在规定的试验条件下，测得其强度降低和质量损失不超过规定值，此时所能经受的冻融循环次数，用符号"Fn"表示，其中 n 即为最大冻融循环次数。如 F150，表示在标准试验条件下，材料强度下降不大于 25%，质量损失不大于 5%，所能经受的冻融循环次数最多为 150 次。

材料受冻融破坏主要是因其孔隙中的水结冰所致。若材料孔隙中充满水，由于材料内部毛细孔中的水结冰时体积膨胀（水结冰时体积增大约 9%），结冰膨胀对孔壁产生很大的冻胀应力，当此应力超过材料的抗拉强度时，使材料内部产生微裂缝。当温度回升，冰被融化时，不仅孔隙还会充满水，而且某些被冻胀的裂缝中还可能再渗入水分；再次受冻结冰时，材料受到更大的冻胀和裂缝扩张。随着冻融循环次数的增多，材料破坏加重，以致强度下降，所以材料的抗冻性取决于其孔隙率、孔隙特征、充水程度和材料对结冰膨胀所产生的冻胀应力的抵抗能力。

另外，从外界条件来看，材料受冻融破坏的程度，与冻融温度、结冰速度、冻融频繁程度等因素有关。环境温度越低、降温越快、冻融越频繁，则材料受冻融破坏越严重。材料的冻融破坏作用是从外表面开始产生剥落，逐渐向内部深入发展。

若材料的变形能力大、强度高、软化系数大，则其抗冻性较高。一般认为软化系数小于 0.80 的材料，其抗冻性较差。材料的抗冻性，在寒冷地区更有实际意义，应选择一些抗冻性能较好的材料使用，以经受气候温度变化对材料带来的影响。

三、材料的热工性质

1. 材料导热性

导热性指当材料两侧有温度差时热量由高温侧向低温侧传递的能力。导热性是材料的一种非常重要的热学物理指标。材料的导热性用导热系数 λ 来表示。

导热系数的物理意义是：当材料两侧的温差为 1K 时，在单位时间内通过单位面积，并透过单位厚度的材料所传导的热量。计算公式如下：

$$\lambda = \frac{Qd}{(T_2 - T_1)At} \qquad (1-12)$$

式中　λ——材料的导热系数，$W/(m \cdot K)$；

　　　Q——传导的热量，J；

　　　d——材料厚度，m；

　　　A——热传导面积，m^2；

　　　t——热传导时间，h；

$T_2 - T_1$——材料两侧温度差，K。

材料的导热系数值越小，则材料的保温隔热性能越好，导热性能越差。通常把导热系数值小于 0.23 的建筑材料称为隔热材料。

材料的导热性与材料的成分、组织结构、孔隙率、孔隙特征、含水量等因素有关。材料越密实，导热性越高，导热系数越大，保温隔热性能越差。孔隙率越大，且具有封闭孔隙构造，其导热系数就越小，导热性低，保温隔热性越好。材料受潮后，在材料的孔隙中有水分（包括蒸汽水和液态水），使材料的导热系数增大。如果孔隙中的水分冻结成冰，冰的导热系数约是水的四倍，材料的导热系数就更大。故通常所说的导热系数是指干燥状态下的导热系数，以利于发挥材料的绝热效能。

2. 材料的热容量与比热容

材料的热容量是指材料受热时吸收热量或冷却时放出热量的性质。其计算公式如下：

$$Q = Cm(T_2 - T_1) \qquad (1-13)$$

式中　C——材料的比热容，$J/(g \cdot K)$；

　　　Q——材料吸收（或放出）的热量，J；

　　　m——材料的质量，g；

$T_2 - T_1$——材料受热（或冷却）前后的温度差，K。

用符号 C 表示材料的比热容，其表达式为

$$C = \frac{Q}{m(T_2 - T_1)} \qquad (1-14)$$

比热容是反映材料的吸收或放热能力大小的物理量，指质量为 1g 的材料，在温度改变 1K 时所吸收或放出热量的大小。不同的材料比热不同，即使是同一种材料，由于所处物态不同，比热也不同，例如，水的比热为 $4.19J/(g \cdot K)$，而结冰后比热则是 $2.05J/(g \cdot K)$。

材料的比热值大小与其组成和结构有关。比热值大的材料可以在热流变动或采暖不均匀时缓和室内温度的波动，对保持建筑物内部的温度稳定有较好的作用，故工程中多优先选择热容量大的材料。因为水的比热值最大，当材料含水率高时，比热值变大。通常所说材料的比热值是指其干燥状态下的比热值。

3. 材料的温度变形性

材料的温度变形性是指温度升高或降低时材料体积变化的特性。除了个别材料（如

277K 以下的水）以外，多数材料在温度升高时体积膨胀，温度降低时体积收缩。这种变化表现在单向尺寸时，为线膨胀或线收缩，相应的表征参数为线膨胀系数（α）。材料温度变化时的单向线膨胀量或线收缩量的计算公式如下：

$$\Delta L = (T_2 - T_1)\alpha L \tag{1-15}$$

式中　ΔL——线膨胀或线收缩量，mm 或 cm；

　　$T_2 - T_1$——材料升（降）温前后的温度差，K；

　　　α——材料在常温下的平均线膨胀系数，1/K；

　　　L——材料原来的长度，mm 或 cm。

在土木工程中，对材料的温度变形大多数关心其某一单向尺寸的变化，所以，研究其平均线膨胀系数具有实际意义。材料的线膨胀系数与材料的组成和结构有关，常通过选择合适的材料来满足工程对温度变形的要求。

4. 材料的耐火性

材料的耐火性是指材料在火焰或高温作用下，保持其不破坏、性能不明显下降的能力。用其耐受的时间来表示，称为耐火极限。

根据不同材料的耐火度（耐火能力），可将材料划分为以下三类：

（1）耐火材料。在 1580℃ 以上的高温下不破坏、不变形的材料。如耐火砖。

（2）难熔材料。能经得住 1350～1580℃ 高温的材料。如难熔黏土砖。

（3）易熔材料。熔化温度在 1350℃ 以下的材料，如普通的黏土砖。

材料的耐火性是影响建筑物防火和耐火等级的重要因素。一般建筑物选用的材料，都应具有较好的耐火性能。

5. 材料的耐燃性

材料的耐燃性是指材料在火焰或高温作用下可否燃烧的性质。根据耐燃性可分为以下三大类材料：

（1）不燃烧类（A 级）：遇到火焰或高温不易起火，不燃烧并且不碳化的材料。如砖、石、混凝土、金属等各种无机类材料。

（2）难燃烧类（B_1 级）：遇到火焰或高温不易燃烧、不碳化，只有火源持续存在时才能继续燃烧，火焰熄灭燃烧即停止的材料。如沥青混凝土、经防火处理的木材、木丝板、某些塑料等有机-无机复合材料。

（3）燃烧类（B_2、B_3 级）：遇到火焰或高温容易起火，在火源移去后，仍能继续燃烧的材料。如木材、沥青、油漆、合成高分子黏结剂等有机类材料。

四、材料的力学性质

（一）静力强度

材料抵抗静荷载作用而不破坏的能力，称为静力强度。静力强度以材料试件按规定的试验方法，在静荷载作用下达到破坏时的极限应力值表示。

材料的强度按外力作用方式的不同，分为抗压强度、抗拉强度、抗弯强度、抗剪强度等。

不同种类的材料具有不同的强度特点，如砖、石材、混凝土和铸铁等材料具有较高的抗压强度，而抗拉、抗弯强度均较低；钢材的抗拉及抗压强度大致相同，而且都很高；木材的抗拉强度大于抗压强度。应根据材料在工程中的受力特点合理选用。

几种强度计算公式见表1-2。

表1-2 静力强度计算公式

强度类型	计算简图	计算公式	说　明
抗压强度 f_c		$f_c = \dfrac{P}{A}$	P—破坏荷载，N； A—受力面积，mm^2； l—跨度，mm； b—断面宽度，mm； h—断面高度，mm； f—静力强度，MPa
抗拉强度 f_t		$f_t = \dfrac{P}{A}$	
抗剪强度 f_v		$f_v = \dfrac{P}{A}$	
抗弯强度 f_{tm}		$f_{tm} = \dfrac{3Pl}{2bh^2}$	

（二）强度等级及比强度

为生产及使用的方便，对于以力学性质为主要性能指标的材料常按材料强度的大小分为不同的强度等级。强度等级越高的材料，所能承受的荷载越大。对于混凝土、砌筑砂浆、普通砖、石材等脆性材料，由于主要用于抗压，因此以其抗压强度来划分等级，而建筑钢材主要用于抗拉，故以其抗拉强度来划分等级。

材料的比强度是指材料强度与体积密度的比值（f/ρ_0）。比强度是衡量材料轻质高强性能的重要指标。比强度高的材料具有轻质高强的特性，可用做高层、大跨度工程的结构材料。轻质高强是材料的发展方向。

（三）影响材料强度的因素

影响材料强度的因素很多，内在因素如结晶体材料中质点的晶型结构、晶粒的排列方式、晶格中存在的缺陷情况等；非结晶体材料中的质点分布情况等。外在因素如材料的表观密度、孔隙率、含水率、环境温度等。

试件强度还与试件形状、大小和试验条件密切相关。受试件与承压板表面摩擦的影响，棱柱体形状等长试件的抗压强度较立方体等短试件的抗压强度低；大试件由于材料内部缺陷出现机会的增多，强度比小试件低一些；表面凹凸不平的试件受力面受力不均匀，强度也会降低；试件含水率的增大，环境湿度的升高，都会使材料强度降低；由于材料的破坏是其变形达到极限变形的破坏，而应变发展总是滞后于应力发展的，故加荷速度越快，所测强度值也越高。为了使试验结果具有可比性，材料试验应严格按国家有关试验规程的规定进行。

（四）材料的弹性与塑性

1. 材料的弹性与弹性变形

材料的弹性是指材料在外力作用下产生变形，当外力消除后，能够完全恢复原来形状的性质称为弹性，这种变形称为弹性变形。

弹性变形的大小与其所受外力的大小成正比，其比例系数对某些弹性材料来说在一定范围内为一常数，这个常数被称为材料的弹性模量，并以符号"E"表示，其计算公式如下：

$$E = \frac{\sigma}{\varepsilon} \tag{1-16}$$

式中　σ——材料所承受的应力，MPa；

　　　ε——材料在应力 σ 作用下的应变。

材料的弹性模量是衡量材料在弹性范围内抵抗变形能力的指标，E 越大，材料受力变形越小，也就是其刚度越好。弹性模量是结构设计的重要参数。

2. 材料的塑性与塑性变形

材料的塑性是指材料在外力作用下产生变形，当外力去除后，有一部分变形不能恢复，这种性质称为材料的塑性，这种不可恢复的变形称为塑性变形。

一般认为，材料的塑性变形是因为内部的剪应力作用致使某些质点间相对滑移的结果。实际上，纯弹性变形的材料是没有的，通常一些材料在受力不大时，表现为弹性变形，当外力的大小足以使材料内质点间的剪应力超过其相对滑移所需要的应力时，则呈现塑性变形，如低碳钢就是典型的这种材料。另外许多材料在受力时，弹性变形和塑性变形同时产生，这种材料当外力取消后，弹性变形即可恢复，而塑性变形不能消失，混凝土就是这类材料的代表。

许多材料的塑性往往受温度的影响较明显，通常较高温度下更容易产生塑性变形。有时，工程实际中也可利用材料的这一特性来获得某种塑性变形。例如，在工程材料的加工或施工过程中，经常利用塑性变形而使材料获得所需要的形状或使用性能。

（五）材料的韧性与脆性

1. 材料的韧性

材料在冲击或振动荷载作用下，能吸收较大的能量，同时产生较大的变形而不破坏，这种性质称为韧性。其韧性材料的特点是变形大，特别是塑性变形大。如建筑钢材、木材和塑料等。材料韧性对材料在使用中受冲击振动荷载力时有很重要的作用。如吊车梁、桥梁所有受冲击振动荷载作用的地方，所用材料均需较高的韧性，以在受力后不被破坏。

2. 材料的脆性

材料受外力作用，当外力达一定值时，材料发生突然破坏，且破坏时无明显的塑性变形，这种性质称为脆性。一般脆性材料的抗静压强度较高，但抗冲击能力、抗振动能力、抗拉及抗折强度很差。如砖、石材、陶瓷、玻璃、混凝土和铸铁等。

（六）材料的其他力学性质

1. 材料的硬度

材料的硬度是指材料表面抵抗其他物体压入或刻划的能力。材料的硬度与强度有密切的关系，对于不能直接测得强度的材料，往往采用硬度推出强度的近似值。

工程中用于表示材料硬度的指标有很多种，对金属、木材等材料常以压入法检测其硬度，其方法有：洛氏硬度、布氏硬度等。天然矿物材料的硬度常用莫氏硬度表示，它是以两种矿物相互对刻的方法确定矿物的相对硬度，并非材料绝对硬度的等级。混凝土等材料的硬度常用肖氏硬度检测（以重锤下落回弹高度计算求得的硬度值）。

2. 材料的耐磨性

材料的耐磨性是指材料表面抵抗磨损的能力。材料的耐磨性与材料的组成结构及强度、硬度有关。在工程中，路面、工业地面等受磨损的部位，选择材料需考虑其耐磨性。一般说，强度较高且密实的材料，其硬度较大，耐磨性较好。

3. 材料的疲劳极限

在交替荷载作用下，应力也随时间作交替变化，这种应力超过某一限度而长期反复会造成材料的破坏，这个限度叫做疲劳极限。

五、材料的耐久性

材料的耐久性是指材料在使用过程中，能长期抵抗各种环境因素而不破坏，且能保持原有性质的性能。它是一种复杂的、综合的性质，包括材料的抗渗性、抗冻性、大气稳定性和耐腐蚀性等。

1. 影响材料耐久性的因素

影响材料的耐久性的因素主要有内因和外因两个方面。影响材料耐久性的内在因素主要有材料的组成与结构、强度、孔隙率、孔特征、表面状态等因素。外在因素可分为四类：①物理作用，包括光、热、电、湿度变化、温度变化、冻融循环、干湿变化等，这些作用可使材料结构发生变化、体积胀缩、内部产生裂纹等，致使材料逐渐破坏；②化学作用，包括大气和环境水中的酸、碱、盐等溶液或其他有害物质对材料的侵蚀作用，以及日光等对材料的作用，使材料产生本质的变化而导致材料的破坏；③生物作用，包括菌类、昆虫等的侵害作用，导致材料发生腐朽、蛀蚀等，致使材料破坏；④机械作用，包括荷载的持续作用或交变作用引起材料的疲劳、冲击、磨损等破坏。

2. 材料耐久性的测定

对材料耐久性最可靠的判断，是对其在使用条件下进行长期的观察和测定，但这需要很长时间。近年来多采用快速检验法。

快速检验法是模拟实际使用条件，将材料在实验室进行有关的快速试验，根据试验结果对材料的耐久性作出判定，主要项目有：干湿循环、冻融循环、碳化、加湿与紫外线干燥循环、盐溶液浸渍与干燥循环、化学介质浸渍等。

3. 改善材料耐久性的措施

根据使用环境选择材料的品种，采取各种方法控制材料的孔隙率与孔特征；改善材料的表面状态，增强抵抗环境作用的能力。

4. 提高材料耐久性的意义

在设计选用土木工程材料时，必须考虑材料的耐久性问题。采用耐久性良好的土木工程材料，对节约材料、保证建筑物长期正常使用、减少维修费用、延长建筑物使用寿命等，均具有十分重要的意义。

思 考 与 习 题

一、单项选择题（在每小题的 4 个备选答案中，选出 1 个正确答案，并将其代码填在题干后的括号内）

1. 保温效果好的材料，其（　　）。

A. 热传导性要小，热容量要小　　　　B. 热传导性要大，热容量要小

C. 热传导性要小，热容量要大　　　　D. 热传导性要大，热容量要大

2. 含水率为 10％的湿砂 220g，其中水的质量为（　　）。

A. 19.8g　　　　B. 22g　　　　C. 20g　　　　D. 20.2g

3. 憎水性材料的润湿角为（　　）。

A. $0°≤θ≤90°$　　B. $90°<θ<180°$　　C. $45°≤θ≤180°$　　D. $0°≤θ≤60°$

4. 下列材料中，属韧性材料的是（　　）。

A. 黏土砖　　　　B. 石材　　　　C. 木材　　　　D. 陶瓷

5. 下列哪个指标最能体现材料是否经久耐用？（　　）

A. 抗渗性　　　　B. 抗冻性　　　　C. 抗蚀性　　　　D. 耐水性

6. 材料的孔隙率增大时，其性质保持不变的是（　　）。

A. 绝对密度　　　B. 表观密度　　　C. 堆积密度　　　D. 强度

7. 下列材料属于无机材料的是（　　）。

A. 建筑石油沥青　　B. 建筑塑料　　C. 烧结黏土砖　　D. 木材胶合板

8. 下列材料中，属于复合材料的是（　　）。

A. 钢筋混凝土　　B. 沥青混凝土　　C. 建筑石油沥青　　D. 建筑塑料

9. 同种类的几种材料进行比较时，表观密度大者，其（　　）。

A. 孔隙率大　　　B. 强度低　　　C. 比较密实　　　D. 保温隔热效果好

10. 从材料渗透过去的水量与材料下列哪些因素无关（　　）。

A. 渗透系数　　　B. 透水面积　　　C. 透水时间　　　D. 温度

二、判断题（你认为正确的，在题干后画"√"，反之画"×"）

1. 材料的抗冻性与材料的孔隙特征有关，而与材料的吸水饱和程度无关。（　　）

2. 材料的软化系数越大，材料的耐水性越好。（　　）

3. 材料的渗透系数越大，其抗渗性能越好。（　　）

4. 当材料的孔隙率增大时，其密度会变小。（　　）

三、名词解释

1. 徐变

2. 材料的耐久性

3. 憎水性

4. 材料的强度

5. 材料的冲击韧性

6. 材料的孔隙率

四、简答题

1. 评定材料吸水性、吸湿性、耐水性、抗渗性和抗冻性的指标是哪些？如何测定？

2. 弹性材料和塑性材料有何不同？

3. 何为材料的耐久性，影响材料耐久性的主要因素有哪些？

4. 试述材料密度、表观密度、堆积密度的理论测定方法。

五、计算题

1. 已知普通黏土砖的密度为 $2.5g/cm^3$，表观密度为 $1800kg/m^3$，计算该砖孔隙率。

2. 已知卵石的表观密度为 $2.6g/cm^3$，把它装入一个 $2m^3$ 的车厢内，装平时共用 $3500kg$，求该卵石的空隙率。若用堆积密度为 $1500kg/m^3$ 的砂子，填充上述车内卵石的全部空隙，共需砂子多少千克？

3. 收到含水率5%的砂子500t，实为干砂多少吨？若需干砂500t，应进含水率5%的砂子多少吨？

4. 某岩石的抗压强度为20MPa，浸水饱和后的抗压强度为19MPa，该岩石能否用于潮湿环境中？

模块二 无机胶凝材料

【目标及任务】 了解水泥、石灰、石膏及水玻璃的种类、特点、生产工艺及主要技术标准；掌握气硬性胶凝材料与水硬性胶凝材料的凝结硬化条件及适用范围；会在现场对水泥进行取样，能在实验室制备检测试样并能对水泥的常规指标进行检测，会分析检测数据并填写检测报告，能根据水泥、石灰、石膏及水玻璃各自的特点选择合理的储存及运输方式。

胶凝材料是一种经自身的物理、化学作用，能由浆体（液态或半固态）变成坚硬的固体物质，并能将散粒材料或块状材料黏结成一个整体的物质。胶凝材料按化学成分可分为无机胶凝材料和有机胶凝材料两大类。无机胶凝材料按凝结硬化的条件不同又可分为气硬性胶凝材料和水硬性胶凝材料。气硬性胶凝材料只能在空气中凝结硬化，并保持和提高自身强度；水硬性胶凝材料不仅能在空气中还能在水中凝结硬化，保持和提高自身强度。工程中常用的石灰、石膏、水玻璃属于气硬性胶凝材料，各种水泥均属于水硬性胶凝材料。沥青、树脂属于有机胶凝材料。

项目一 石 灰

【知识导学】 石灰具有原料来源广、生产工艺简单、成本低廉和使用方便等特点，是工程中最早和较常用的无机胶凝材料之一。

一、石灰的生产

生产石灰的原料是石灰岩、白垩或白云质石灰岩等天然岩石，其化学成分主要是碳酸钙。原料经高温煅烧后得到的白色块状产品，称为石灰（亦称生石灰），其主要化学成分为氧化钙。反应式为

$$CaCO_3 \xrightarrow{900\sim1200℃} CaO + CO_2 \uparrow \qquad (2-1)$$

由于窑内煅烧温度不均匀，产品中除了正火石灰外还含有少量的欠火石灰和过火石灰。欠火石灰含有未完全分解的碳酸钙内核，降低了石灰的产量；过火石灰表面有一层深褐色熔融物质，阻碍石灰的正常熟化；正火石灰质轻、色匀（白色或略带灰白色）、密度较小，工程性质优良。

石灰原料中常含有少量的菱镁矿等杂质，煅烧时生成氧化镁，由于碳酸镁的分解温度低于碳酸钙的分解温度，故长时间高温的煅烧很容易形成水化速度很慢的过烧氧化镁。根据石灰中氧化镁的含量，将石灰分为钙质石灰（氧化镁含量不大于5%）和镁质石灰（氧化镁含量大于5%）。镁质石灰具有熟化稍慢、凝结硬化后强度

较高的特点。

二、石灰的熟化与凝结硬化

1. 石灰的熟化

石灰的熟化又称消解，是指生石灰加水生成氢氧化钙的过程。氢氧化钙俗称熟石灰或消石灰。石灰熟化的化学反应如下：

$$CaO + H_2O = Ca(OH)_2 \qquad (2-2)$$

石灰熟化时放出大量的热，体积膨胀 1.0～2.5 倍。通过熟化时加水量的控制，可将熟石灰制成熟石灰粉（加水量约为生石灰质量的 70%）和熟石灰膏（加水量约为生石灰质量的 2.5～3 倍），供不同施工场合使用。

石灰膏多存放在工地现场的储灰坑中，产品含水量约 50%，表观密度为 1300～1400kg/m³。由于过火石灰熟化缓慢，为防止过火石灰在建筑物中吸收空气中水分继续熟化，造成建筑物局部膨胀开裂，石灰膏应在储灰坑中隔绝空气存放 2 周以上，使生石灰充分熟化后再用于工程，这种过程称为"陈伏"。

2. 石灰的凝结硬化

胶凝材料的凝结硬化是一个连续的物理、化学变化过程，经过凝结硬化这个过程，具有可塑性的胶凝材料能逐渐变成坚硬的固体物质。为便于研究，通常将具有可塑性的浆体逐渐失去塑性的过程，称为凝结；随着物理、化学作用的延续，浆体产生强度，并逐渐提高，最终变成坚硬的固体物质的过程，称为硬化。

石灰的凝结硬化是干燥结晶和碳化两个交错进行的过程。

（1）干燥结晶。石灰浆体中的水分被砌体部分吸收及蒸发后，石灰胶粒更加紧密，同时氢氧化钙从饱和溶液中逐渐结晶析出，使石灰浆体凝结硬化，产生强度并逐步提高。

（2）碳化。浆体中的氢氧化钙与空气中的二氧化碳发生化学反应，生成碳酸钙，反应式如下：

$$Ca(OH)_2 + CO_2 + nH_2O = CaCO_3 + (n+1)H_2O \qquad (2-3)$$

碳酸钙与氢氧化钙两种晶体在浆体中交叉共生，构成紧密的结晶网，使石灰浆体逐渐变成坚硬的固体物质。由于干燥结晶和碳化过程十分缓慢，且氢氧化钙易溶于水，故石灰不能用于潮湿环境及水下的建筑物中。

三、石灰的技术性质

1. 石灰的技术指标

石灰的商业品种主要有建筑生石灰（块灰）、建筑生石灰粉和建筑消石灰粉。根据我国建材行业标准《建筑生石灰》（JC/T 479—2013）、《建筑消石灰》（JC/T 481—2013）的规定，石灰产品按化学成分分为钙质石灰和镁质石灰两类，按照化学成分的含量每类分成若干个等级，各等级的化学成分和物理性质详见表 2-1、表 2-2。

石灰的识别标志由产品名称、加工情况和产品依据标准编号组成，生石灰块在代号后加 Q，生石灰粉加 QP，如 90 级钙质生石灰粉标记为"CL 90 - QP JC/T 479—2013"。

表 2-1　　　　　　　　　　建筑生石灰技术指标（JC/T 479—2013）

产品名称、代号		化学成分				物理性质		
		氧化钙＋氧化镁（CaO＋MgO）	氧化镁（MgO）	二氧化碳（CO₂）	三氧化硫（SO₃）	产浆量/（dm³/10kg）	细度	
							0.2mm 筛余量/%	90μm 筛余量/%
钙质石灰	CL 90 - Q	≥90	≤5	≤4	≤2	≥26	—	—
	CL 90 - QP					—	≤2	≤7
	CL 85 - Q	≥85		≤7		≥26	—	—
	CL 85 - QP						≤2	≤7
	CL 75 - Q	≥75		≤12		≥26	—	—
	CL 75 - QP					—	≤2	≤7
镁质石灰	ML 85 - Q	≥85	>5	≤7				
	ML 85 - QP						≤2	≤7
	ML 80 - Q	≥80						
	ML 80 - QP						≤7	≤2

表 2-2　　　　　　　　　　建筑消石灰技术指标（JC/T 481—2013）

产品名称、代号		化学成分			物理性质			
		氧化钙＋氧化镁（CaO＋MgO）	氧化镁（MgO）	三氧化硫（SO₃）	游离水/%	细度		安定性
						0.2mm 筛余量/%	90μm 筛余量/%	
钙质消石灰	HCL 90	≥90	≤5	≤2	≤2	≤2	≤7	合格
	HCL 85	≥85						
	HCL 75	≥75						
镁质消石灰	HML 85	≥85	>5					
	HML 80	≥80						

　　每批产品出厂时，应向用户提供产品质量证明书。证明书中应注明生产厂家、产品名称、标记、检验结果、批号、生产日期等。

　　2. 石灰的特性

　　石灰与其他材料相比，具有如下特性：

　　（1）拌和物可塑性好。生石灰熟化为石灰浆时，能自动形成颗粒极细的呈胶体分散状态的氢氧化钙，其表面能吸附一层较厚的水膜，水膜可降低颗粒之间的摩擦力，使石灰浆体具有良好的塑性，易摊铺成均匀的薄层，便于施工。

　　（2）硬化过程中体积收缩大。石灰浆体需水量大，硬化时要脱去大量游离水使体积产生显著收缩。为抑制体积收缩，避免建筑物开裂，常在石灰中掺入砂、纸筋、麻刀等，一方面提高其抗拉强度，抵抗收缩引起的开裂；另一方面还可促进水分的蒸发，提高碳化和硬化速度。

　　（3）硬化慢、强度低。石灰的凝结硬化过程十分缓慢，特别是表层碳酸钙薄层的形成，阻碍了浆体内部的水分蒸发及碳化向其内部的深入。硬化后的石灰强度较低，1:3的石灰砂浆 28d 抗压强度只有 0.2～0.5MPa，受潮后强度更低。

（4）耐水性差。由于氢氧化钙易溶于水，使其强度降低，在水中还会溃散，所以石灰不能用于水工建筑物或潮湿环境中的建筑物。

（5）吸湿性强。生石灰极易吸收空气中的水分熟化成熟石灰粉，所以生石灰必须在防潮防水的密闭条件下储存。

四、石灰的应用与储运

1. 石灰的应用

建筑石灰主要有以下三种应用途径：

（1）现场配制石灰土与石灰砂浆。石灰和黏土按比例配合形成灰土，再加入砂，可配成三合土。灰土或三合土经分层夯实，具有一定的强度（抗压强度一般为 4～5MPa）和耐水性，多用于建筑物的基础或路面垫层。石灰砂浆或水泥石灰砂浆是建筑工程中常用的砌筑、抹面材料。

（2）制作硅酸盐及碳化制品。以生石灰粉和硅质材料（如砂、粉煤灰、火山灰等）为基料，加少量石膏、外加剂，加水拌和成型，经湿热处理而得的制品，统称为硅酸盐制品，如蒸养粉煤灰砖及砌块等。石灰碳化制品是将石灰粉和纤维料（或集料）按规定比例混合，在水湿条件下混拌成型，经干燥后再进行人工碳化而成，如碳化砖、瓦、管材及石灰碳化板等。

（3）配制无熟料水泥。石灰是生产无熟料水泥的重要原料，如石灰矿渣水泥、石灰粉煤灰水泥和石灰火山灰水泥等。无熟料水泥具有生产成本低、工艺简单的特点。

2. 石灰的储运

生石灰在运输时应注意防雨，且不得与易燃、易爆及液体物品混运。石灰应存放在封闭严密、干燥的仓库中。石灰存放太久，会吸收空气中的水分自行熟化，与空气中的二氧化碳作用生成碳酸钙，失去胶结性。不同类生石灰应分别储存或运输，不得混杂。

项目二　建　筑　石　膏

【知识导学】　石膏是一种传统的胶凝材料。我国石膏资源丰富。建筑石膏生产工艺简单，其制品质轻、防火性能好、装饰性强，具有广阔的发展前景。

一、建筑石膏的生产

生产建筑石膏的主要原料是天然二水石膏（$CaSO_4 \cdot 2H_2O$）矿石（或称生石膏），也可以是一些富含硫酸钙的化学工业副产品，如磷石膏、氟石膏等。建筑石膏是由生石膏在非密闭状态下低温焙烧，再经磨细制成的半水石膏粉。反应式如下：

$$CaSO_4 \cdot 2H_2O \xrightarrow{107\sim170\text{℃}} CaSO_4 \cdot 0.5H_2O + 1.5H_2O \qquad (2-4)$$

建筑石膏晶粒较细，调制浆体时需水量较大。产品中杂质含量少，颜色洁白者可作为模型石膏。建筑石膏的实际密度为 $2.5 \sim 2.8 \mathrm{g/cm^3}$，表观密度为 $1000 \sim 1200 \mathrm{kg/m^3}$。

二、建筑石膏的凝结硬化

建筑石膏加水生成二水石膏，其反应式如下：

$$CaSO_4 \cdot 0.5H_2O + 1.5H_2O = CaSO_4 \cdot 2H_2O \qquad (2-5)$$

二水石膏在水中的溶解度远小于半水石膏，故二水石膏首先从石膏饱和溶液中以胶粒形式沉淀析出，并不断转化为晶体。浆体中水分由于水化作用及蒸发而逐渐减少，浆体慢慢变稠，呈现凝结；随着二水石膏晶体的不断生成，相互交织形成空间晶体网，浆体逐渐硬化。

三、建筑石膏的技术性质

1. 建筑石膏的技术指标

根据《建筑石膏》（GB/T 9776—2008）的规定，建筑石膏按原材料种类分为天然建筑石膏（N）、脱硫建筑石膏（S）和磷建筑石膏（P）三类，按 2h 强度（抗折）分为 3.0、2.0、1.6 三个等级，各项指标见表 2-3。

建筑石膏的组成中 β 半水硫酸钙的含量应不小于 60.0%。工业副产品建筑石膏的放射性核素限量应符合《建筑材料放射性核素限量》（GB 6566—2010）的要求。

表 2-3　　　　　建筑石膏技术指标（GB/T 9776—2008）

等级	细度（0.2mm 方孔筛筛余）/%	凝结时间/min		2h 强度/MPa	
		初凝	终凝	抗折	抗压
3.0				≥3.0	≥6.0
2.0	≤10	≥3	≤30	≥2.0	≥4.0
1.6				≥1.6	≥3.0

石膏的标记按产品名称、代号、等级及标准编号的顺序标记，如等级为 2.0 的天然建筑石膏标记为"N 2.0 GB/T 9776—2008"。

2. 建筑石膏的特性

（1）凝结硬化快。建筑石膏浆体凝结极快，初凝一般只需几分钟，终凝也不超过半小时。在施工过程中，如需降低凝结速度，可适量加入缓凝剂，如加入 $0.1\% \sim 0.2\%$ 的动物胶或 1% 的亚硫酸酒精废液。

（2）硬化初期有微膨胀性。建筑石膏在硬化初期能产生约 1% 的体积膨胀，充模性能好，石膏制品不易开裂。

（3）孔隙率高。建筑石膏水化反应理论需水量约 18.6%，为获得良好可塑性的石膏浆体，通常加水量达石膏质量的 $60\% \sim 80\%$。石膏硬化后多余的水分蒸发掉，使石膏制品的孔隙率高达 $40\% \sim 60\%$。因此，石膏制品具有表观密度小、隔热保温及吸声性能好的特点。同时，由于孔隙率大又使得石膏制品的强度降低，耐水性、抗渗性及抗冻性变差。

（4）防火性能好。硬化后的石膏制品遇到火灾时，在高温下，二水石膏中的结晶水蒸发，蒸发水分能在火与石膏制品之间形成蒸汽幕，降低了石膏表面的温度，从而可阻止火势蔓延。

四、建筑石膏的应用及储存

建筑石膏洁白细腻、装饰性强，常用于室内抹灰、粉刷；又由于建筑石膏质轻、多孔及具有良好的防火性能，常将建筑石膏制成各种建筑装饰制品及石膏板材，用作建筑物的室内隔断及吊顶等装饰材料。建筑石膏还是生产水泥、制作硅酸盐制品的重要原材料。

建筑石膏及其制品在运输和储存时，要注意防雨防潮。建筑石膏的储存期为 3 个月，过期或受潮后，强度会有一定程度的降低。

项目三　水　玻　璃

【知识导学】　建筑上用的水玻璃是硅酸钠的水溶液，为无色或略带色的透明或半透明黏稠状液体。

一、水玻璃的生产

水玻璃的生产方法是将石英砂和碳酸钠磨细拌匀，在 1300～1400℃ 的玻璃熔炉内加热熔化，冷却后成为固体水玻璃，然后在高压蒸汽锅内加热溶解成液体水玻璃。反应式如下：

$$Na_2CO_3 + nSiO_2 \xrightarrow{1300～1400℃} Na_2O \cdot nSiO_2 + CO_2 \uparrow \qquad (2-6)$$

硅酸钠中氧化硅与氧化钠的分子数比 "n"，称为水玻璃模数。n 越大，水玻璃的黏度越大，越难溶于水，但容易凝结硬化。建筑上常用的水玻璃模数为 2.6～2.8，实际密度为 1.36～1.50g/cm^3。

二、水玻璃的凝结硬化

水玻璃与空气中的二氧化碳反应，析出无定形二氧化硅凝胶，凝胶逐渐脱水成为氧化硅而硬化。反应式如下：

$$Na_2 \cdot nSiO_2 + CO_2 + mH_2O = Na_2CO_3 + nSiO_2 \cdot mH_2O \qquad (2-7)$$

上述反应十分缓慢，为加速其硬化，常在水玻璃中加入促硬剂氟硅酸钠，以加速二氧化硅凝胶的析出。反应式如下：

$$2(Na_2O \cdot nSiO_2) + mH_2O + Na_2SiF_6 = (2n+1)SiO_2 \cdot mH_2O + 6NaF \qquad (2-8)$$

氟硅酸钠的掺量为水玻璃质量的 12%～15%。

三、水玻璃的应用

水玻璃具有良好的黏结性和很强的耐酸性及耐热性，硬化后具有较高的强度，在工程中常用作以下几种材料：

（1）灌浆材料。用水玻璃及氯化钙的水溶液交替灌入土壤，可加固地基，其中硅胶起胶结和填充土壤的作用，使地基的承载力及不透水性提高。

（2）涂料。用水玻璃溶液对砖石材料、混凝土及硅酸盐制品表面进行涂刷或浸渍，可提高上述材料的密实度、强度和抗风化能力。

（3）耐酸材料。水玻璃能抵抗大多数无机酸（氢氟酸、过热磷酸除外）的作用，可配制耐酸胶泥、耐酸砂浆及耐酸混凝土。

（4）耐热材料。水玻璃具有良好的耐热性，可配制耐热砂浆和耐热混凝土，耐热温度可高达 1200℃。

（5）防水剂。取蓝矾、明矾、红矾和紫矾各 1 份，溶于 60 份水中，冷却至 50℃时投入 400 份水玻璃溶液中，搅拌均匀，可制成四矾防水剂。四矾防水剂与水泥浆调和，可堵塞建筑物的漏洞、缝隙。

（6）隔热保温材料。以水玻璃为胶凝材料，膨胀珍珠岩或膨胀蛭石为集料，加入一定量的赤泥或氟硅酸钠，经配料、搅拌、成型、干燥、焙烧而制成的制品，是良好的保温隔热材料。

项目四 水 泥

【知识导学】

一、水泥概述

水泥是一种粉末状的物质，与水混合，经过物理和化学作用，由可塑性强的浆体逐渐变成坚硬的石状体，并能将散粒的材料胶结成一个整体，所以水泥是良好的胶凝材料。水泥浆体不仅能在空气中硬化，而且还能更好地在水中硬化，保持并持续增长其强度，所以水泥属于水硬性胶凝材料。

水泥是在人类长期使用气硬性胶凝材料（尤其是石灰）的经验基础上发展而来的。1824 年英国瓦匠阿斯普丁（J. Aspdin）首次申请了生产波特兰水泥的专利，从此就出现了现代意义上的水泥。

水泥是目前水利工程建筑中最重要的材料之一，它在各种工业与民用建筑工程、水利水电建筑工程、海洋与港口工程、矿山及国防工程等工程中广泛应用。水泥在这些工程中可用于制作各种混凝土与钢筋混凝土构筑物和建筑物，并可用于配制各种砂浆及其他各种胶结材料等。

二、水泥的品种

水泥的种类繁多，按所含水硬性物质的不同，可分为硅酸盐系水泥、铝酸盐系水泥及硫铝酸盐系水泥等，其中以硅酸盐系水泥应用最广；按水泥的用途及性能，可分为通用水泥、专用水泥与特性水泥三类。通用水泥是指大量用于一般土木工程的水泥，包括硅酸盐水泥、普通硅酸盐水泥、矿渣硅酸盐水泥、火山灰硅酸盐水泥、粉煤灰硅酸盐水泥和复合硅酸盐水泥六大水泥。专用水泥是指专门用途的水泥，如砌筑水泥、道路水泥等。特性水泥则是指某种性能比较突出的水泥，如快硬水泥、白水泥、抗硫酸盐水泥等。

三、硅酸盐水泥的定义、分类、生产及矿物成分

国家标准《通用硅酸盐水泥》(GB 175—2007) 规定，以硅酸盐水泥熟料和适量的石膏及规定的混合材料制成的水硬性胶凝材料，称为硅酸盐水泥（即国外通称的波特兰水泥）。

通用硅酸盐水泥按混合材料的品种和掺量分为硅酸盐水泥、普通硅酸盐水泥、矿渣硅酸盐水泥、火山灰质硅酸盐水泥、粉煤灰硅酸盐水泥和复合硅酸盐水泥。各品种的代号和组分应符合表2-4的规定。

表 2-4　　　　　　　　　　通用硅酸盐水泥的代号和组分

品种	代号	组分/%				
		熟料＋石膏	混合材料			
			粒化高炉矿渣	火山灰质混合材料	粉煤灰	石灰石
硅酸盐水泥	P·Ⅰ	100	—	—	—	—
	P·Ⅱ	≥95	≤5	—	—	—
		≥95	—	—	—	≤5
普通硅酸盐水泥	P·O	≥80且<95	>5且≤20			
矿渣硅酸盐水泥	P·S·A	≥50且<80	>20且≤50	—	—	—
	P·S·B	≥30且<50	>50且≤70	—	—	—
火山灰质硅酸盐水泥	P·P	≥60且<80	—	>20且≤40	—	—
粉煤灰硅酸盐水泥	P·F	≥60且<80	—	—	>20且≤40	—
复合硅酸盐水泥	P·C	≥50且<80	>20且≤50			

从表2-4中可以看出，除Ⅰ型硅酸盐水泥外其他通用硅酸盐水泥均掺入了数量不等的混合材料。Ⅰ型硅酸盐水泥也称为纯熟料水泥。

生产硅酸盐水泥的原料主要是石灰质原料（石灰石、白垩等）和黏土质原料（黏土、页岩等）。为满足水泥各矿物含量要求，原料中常加入富含某种矿物成分的辅助原料，如铁矿石、砂岩等。通用硅酸盐水泥的生产过程可概括为"两磨一烧"。其简要生产过程如图2-1所示。

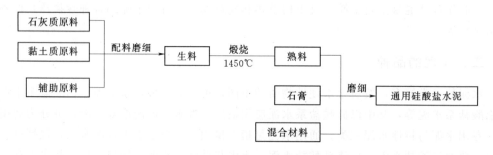

图 2-1　通用硅酸盐水泥的生产过程

硅酸盐水泥熟料的主要矿物成分有4种，其名称及含量范围见表2-5。

除 4 种主要矿物成分外，硅酸盐水泥熟料中还含有少量游离氧化钙、游离氧化镁及碱类物质（K_2O 及 Na_2O），其总量不超过水泥熟料的 10%。

表 2-5   硅酸盐水泥熟料的主要矿物成分

矿物名称	分子式	缩写形式	含量/%	
硅酸三钙	$3CaO \cdot SiO_2$	C_3S	37～60	75～82
硅酸二钙	$2CaO \cdot SiO_2$	C_2S	15～37	
铝酸三钙	$3CaO \cdot Al_2O_3$	C_3A	7～15	18～25
铁铝酸四钙	$4CaO \cdot Al_2O_3 \cdot Fe_2O_3$	C_4AF	10～18	

【工作任务】 水泥常规指标检测

水泥的常规检测指标包括化学指标和物理力学指标。其中物理力学指标包括水泥的细度（选择性指标）、凝结时间、体积安定性和强度，化学指标包括不溶物、烧失量、三氧化硫、氧化镁和氯离子含量。

任务一 水泥试验一般要求

一、试验依据

本任务试验采用的主要标准及规范：

(1)《通用硅酸盐水泥》（GB 175—2007）。

(2)《水泥取样方法》（GB/T 12573—2008）。

(3)《水泥细度检验方法》（GB/T 1345—2005）。

(4)《水泥比表面积测定方法 勃氏法》（GB/T 8074—2008）。

(5)《水泥标准稠度用水量、凝结时间、安定性检验方法》（GB/T 1346—2011）。

(6)《水泥胶砂强度检验方法（ISO 法）》（GB/T 17671—2005）。

二、水泥试验的一般规定

1. 取样数量

水泥取样须按同一个生产厂家同一强度等级、同一品种、同一批号且连续进场的水泥来取，袋装水泥以不超过 200t 为一批，散装水泥以不超过 500t 为一批，每批抽样不少于一次。取样可连续，亦可从 20 个以上不同部位取等量样品，总量至少 12kg。

2. 取样方法

水泥取样分手工取样和自动取样。

手工取样时，对于散装水泥，当所取水泥深度不超过 2m 时，每一编号内采用散装水泥取样器随机取样，通过转动取样器内管控制开关，在适当位置插入水泥一定深度，关闭后小心抽出；对于袋装水泥，每一编号内随机抽取不少于 20 袋水泥，采用袋装水泥取样器取样，将取样器沿对角线方向插入水泥包装袋中，用大拇指按住气孔，小心抽出样管，将所取样品放入洁净干燥不易受污染的容器中，每次抽取的单样量应尽量一致。

自动取样时采用自动取样器取样，该装置一般安装在尽量接近于水泥包装机或散装容器的管路中，从流动的水泥流中取出样品。

3. 样品制备

每一编号所取水泥单样（由一个部位取出的适量的水泥样品）通过 0.9mm 方孔筛后充分混匀，一次或多次将样品缩分到相关标准要求的数量，均分为试验样（用于出厂水泥质量检验的一份试样）和封存样（用于复验仲裁的一份试样）。试验样按相关标准要求进行试验，封存样按要求以备仲裁，样品不得混入杂物和结块。

4. 取样单

样品取得后，应由负责取样人员填写取样单，取样单至少应包括水泥编号、水泥品种、强度等级、取样日期、取样地点和取样人等。

5. 样品的包装与储存

样品取得后应储存在密闭的容器中，封存样要加封条，容器应洁净、干燥、防潮、密闭、不易破损并且不影响水泥性能。存放封存样的容器应至少在一处加盖清晰、不易擦掉的标有编号、取样时间、取样地点和取样人的密封印，如只有一处标志应在容器外壁上。封存样应密封储存于干燥、通风的环境中，储存期应符合相应水泥标准的规定，试验样与分割样亦应妥善储存。

6. 试验条件

试验室用水必须是洁净的淡水；试验室温度应为（20±2）℃，相对湿度不低于 50%。湿气养护箱温度为（20±1）℃，相对湿度不低于 90%；水泥试样、标准砂、拌和用水及试模的温度应与试验室温度相同。

任务二　水 泥 细 度 试 验

【试验指标分析】　水泥细度即水泥颗粒的粗细程度。由于水泥的许多性质（凝结时间、收缩性、强度等）都与水泥的细度有关，因此必须检验水泥的细度，以它作为评定水泥质量的依据之一。

筛析法测定水泥细度是用 $80\mu m$ 或 $45\mu m$ 的方孔筛对水泥试样进行筛析，用筛网上所得筛余物的质量占原始质量的百分数来表示水泥样品的细度，适合于矿渣硅酸盐水泥、火山灰硅酸盐水泥、粉煤灰硅酸盐水泥及复合硅酸盐水泥。

比表面积是指单位质量的水泥粉末所具有的总表面积，以 m^2/kg 表示，适合于硅酸盐水泥和普通硅酸盐水泥。

一、负压筛法

（一）检测主要仪器设备

（1）试验筛。由圆形筛框和筛网组成，筛孔为 $80\mu m$ 方孔或 $45\mu m$ 方孔。

（2）负压筛析仪。负压筛析仪由筛座、负压筛、负压源及收尘器组成，筛析仪负压可调范围为 4000～6000Pa。

（3）天平。最大量程为 100g，分度值不大于 0.05g。

（二）检测方法及操作步骤

（1）将负压筛放在筛座上，盖上筛盖，接通电源，检查控制系统，调节负压至 $4000 \sim 6000 Pa$。

（2）称取水泥试样（$80 \mu m$ 方孔筛称取试样 $25g$，$45 \mu m$ 方孔筛称取试样 $10g$），置于洁净的负压筛中，盖上筛盖，放在筛座上，开动筛析仪连续筛析 $2min$，在此期间，如有试样附着在筛盖上，可轻轻敲击，使试样落下。筛毕，用天平称量全部筛余物。

注意：当工作负压小于 $4000Pa$ 时，应清理收尘器内水泥，使负压恢复正常。

图 2-2　水泥负压筛析仪

（三）试验结果

水泥试样筛余百分数按下式计算：

$$F = \frac{R_s}{W} \times 100\%　(2-9)$$

式中　F——水泥试样筛余百分数，%；

　　　R_s——水泥筛余物的质量，g；

　　　W——水泥试样的质量，g。

结果计算精确至 0.1%。

【规范要求】　$80 \mu m$ 方孔筛筛余不大于 10%，$45 \mu m$ 方孔筛筛余不大于 30%。

二、比表面积法

（一）检测主要仪器设备

（1）比表面积测定仪。由透气圆筒、压力计和抽气装置三部分组成。

（2）天平。分度值为 $1mg$。

（3）滤纸、秒表、烘干箱等。

（二）仪器校准

1. 仪器漏气的检查

将透气圆筒上口用橡皮塞塞紧，接到压力计上。用抽气装置从压力计一臂中抽出部分气体，然后关闭阀门，观察是否漏气。如发现漏气，用活塞油脂加以密封。

2. 试料层体积的测定

水银排代法：将两片滤纸沿圆筒壁放入透气圆筒内，用一个直径比透气圆筒小的细长棒往下按，直到滤纸平整放在金属的穿孔板上。然后装满水银，用一小块薄玻璃板轻压水银表面，使水银表面与圆筒口平齐，并须保证在玻璃板和水银表面之间没有气泡或空洞存在。从圆筒中倒出水银，称量，精确至 $0.05g$。重复几次测定，到数值基本

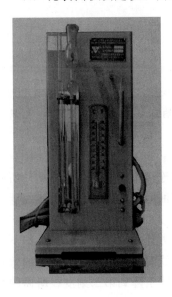

图 2-3　比表面积仪

不变为止。然后从圆筒中倒出水银，同上述方法除去气泡、压平、倒出水银称量，重复几次，直到水银值相差小于 0.05g 为止。应制备坚实的水泥层，如水泥太松或不能压到要求体积时，应调整水泥的试用量。

圆筒内试料层体积 V 按下式计算，精确到 $5 \times 10^{-9} \mathrm{m}^3$：

$$V = 10^{-6}(P_1 - P_2)/\rho_{水银} \qquad (2-10)$$

式中　V——试料层体积，m^3；

　　　P_1——未装水泥时，充满圆筒的水银质量，g；

　　　P_2——装水泥后，充满圆筒的水银质量，g；

　　　$\rho_{水银}$——试验温度下水银的密度，$\mathrm{g/cm}^3$。

试料层体积的测定，至少应进行两次。每次应单独压实，若两次数值相差不超过 $5 \times 10^{-9} \mathrm{m}^3$，则取两者的平均值，精确至 $10^{-10} \mathrm{m}^3$，并记录测定过程中圆筒附近的温度，每隔一季度至半年重新校核试料层体积。

三、检测方法及操作步骤

1. 试样准备

将（110±5）℃下烘干并在干燥器中冷却到室温的标准试样，倒入 100mL 的密闭瓶内，用力摇动 2min，将结块成团的试样振碎，使试样松散，静置 2min 后，打开瓶盖，轻轻搅拌，使在松散过程中落到表面的细粉，分布到整个试样中。

2. 确定试样量

校正试验用的标准试样和被测定水泥的质量，应达到在制备的试料层中的空隙率为 0.500±0.005，计算式为

$$W = \rho V(1-\varepsilon) \qquad (2-11)$$

式中　W——需要的试样量，kg（精确至 1mg）；

　　　ρ——试样密度，$\mathrm{kg/m}^3$；

　　　V——按本方法测定的试料层体积，m^3；

　　　ε——试料层空隙率。

注意：空隙率是指试料层中孔的体积与试料层总的体积之比，一般水泥采用 0.500±0.005，如有些粉料算出的试样量在圆筒中的有效体积中容纳不下或经捣实后未能充满圆筒的有效体积，则允许适当地改变空隙率。

3. 透气试验

把装有试料层的透气圆筒连接到压力计上，要保证紧密连接不致漏气，并不振动所制备的试料层。为避免漏气，可先在圆筒下锥面涂一薄层活塞油脂，然后把它插入压力计顶端锥形磨口处，旋转两周。

打开微型电磁泵慢慢从压力计一臂中抽出空气，直到压力计内液面上升到扩大部下端时关闭阀门。当压力计内液体的弯月液面下降到第一个刻度线时开始计时，当液体的弯月面下降到第二条刻度线时停止计时，记录液面从第一条刻度线下降到第二刻度线所需的时间，以秒表记录，并记下试验时的温度。

4. 检测结果

根据不同的情况，采用不同的计算公式，计算被测试样的比表面积，并以两次检测结果的算术平均值表示，精确至 $10 \text{cm}^2/\text{g}$。如果两次检测结果相差大于 2%，应重新检测。

(1) 当被测物料的密度、试料层中空隙率与标准试样相同，试验时温差不大于 $3℃$ 时，可按下式计算被测水泥的比表面积：

$$S = \frac{S_s \sqrt{T}}{\sqrt{T_s}} \tag{2-12}$$

如试验时温差大于 $3℃$ 时，可按下式计算被测水泥的比表面积：

$$S = \frac{S_s \sqrt{T}}{\sqrt{T_s}} \cdot \frac{\sqrt{\eta_s}}{\sqrt{\eta}} \tag{2-13}$$

式中　S——被测试样的比表面积，cm^2/g；

　　　S_s——标准样品的比表面积，cm^2/g；

　　　T——被测试样检测时压力计中液面降落测得的时间，s；

　　　T_s——标准样品检测时压力计中液面降落测得的时间，s；

　　　η——被测试样检测温度下的空气黏度，$\mu\text{Pa} \cdot \text{s}$；

　　　η_s——标准样品检测温度下的空气黏度，$\mu\text{Pa} \cdot \text{s}$。

(2) 被测试样的试料层中空隙率与标准试样试料层中空隙率不同，检测时温度不大于 $3℃$ 时，可按下式计算被测水泥的比表面积：

$$S = \frac{S_s \sqrt{T}(1-\varepsilon_s)\sqrt{\varepsilon^3}}{\sqrt{T_s}(1-\varepsilon)\sqrt{\varepsilon_s^3}} \tag{2-14}$$

如试验时温差大于 $3℃$ 时，可按下式计算被测水泥的比表面积：

$$S = \frac{S_s \sqrt{T}(1-\varepsilon_s)\sqrt{\varepsilon^3}}{\sqrt{T_s}(1-\varepsilon)\sqrt{\varepsilon_s^3}} \cdot \frac{\sqrt{\eta_s}}{\sqrt{\eta}} \tag{2-15}$$

式中　ε——被测试样试料层中的空隙率；

　　　ε_s——标准样品试料层中的空隙率。

(3) 被测试样的密度和空隙率均与标准试样不同，检测时温度不大于 $3℃$ 时，可按下式计算被测水泥的比表面积：

$$S = \frac{S_s \sqrt{T}(1-\varepsilon_s)\sqrt{\varepsilon^3}}{\sqrt{T_s}(1-\varepsilon)\sqrt{\varepsilon_s^3}} \cdot \frac{\rho_s}{\rho} \tag{2-16}$$

如试验时温差大于 $3℃$ 时，可按下式计算被测水泥的比表面积：

$$S = \frac{S_s \sqrt{T}(1-\varepsilon_s)\sqrt{\varepsilon^3}}{\sqrt{T_s}(1-\varepsilon)\sqrt{\varepsilon_s^3}} \cdot \frac{\sqrt{\eta_s}}{\sqrt{\eta}} \cdot \frac{\rho_s}{\rho} \tag{2-17}$$

式中　ρ——被测试样的密度，g/cm^3；

　　　ρ_s——标准样品的密度，g/cm^3。

【规范要求】　硅酸盐水泥和普通硅酸盐水泥比表面积不小于 $300 \text{m}^2/\text{kg}$。

任务三　水泥标准稠度用水量试验

【试验指标分析】 水泥的凝结时间和安定性都与用水量有关，为了消除实验条件的差异而有利于比较，水泥净浆必须有一个标准的稠度。本实验的目的就是测定水泥净浆达到标准稠度时的用水量，以便为进行凝结时间和安定性实验做好准备。

一、检测主要仪器设备

测定水泥标准稠度和凝结时间的维卡仪，试模：采用圆模；水泥净浆搅拌机；搪瓷盘；小插刀；量水器（最小可读为 0.1mL，精度 1%）；天平；玻璃板（150mm×150mm×5mm）等。

图 2-4　水泥净浆搅拌机

二、水泥净浆拌制

用水泥净浆搅拌机搅拌，搅拌锅和搅拌叶片先用湿布擦过，将拌和水倒入搅拌锅中，然后 5～10s 内小心将称好的 500g 水泥加入水中，防止水和水泥溅出，拌和时，先将锅放在搅拌机的锅座上，升至搅拌位置，启动搅拌机，低速搅拌 120s，停 15s，同时将叶片和锅壁上的水泥浆刮入锅中间，接着高速搅拌 120s 停机。

三、实验方法与步骤

1. 标准法测定

拌和完毕，立即取适量水泥净浆一次性将其装入已置于玻璃底板上的试模中，用宽约 25mm 的直边小刀轻轻拍打超出试模部分的浆体 5 次以排除浆体中的空隙，然后在试模表面约 1/3 处，略倾斜于试模分别向外轻轻锯掉多余的净浆，再从试模边沿轻抹顶部一次，使净浆表面光滑，抹平后迅速将试模和底板移到维卡仪上，并将其中心定在试杆下，降低试杆直至与水泥净浆表面接触，拧紧螺丝 1～2s 后，突然放松，使试杆垂直自由地沉入水泥净浆中。在试杆停止沉入或释放试杆 30s 时记录试杆距底板之间的距离，升起试杆后，立即擦净。以试杆沉入净浆并距底板(6±1)mm 的水泥净浆为标准稠度水泥净浆。其拌和水量为该水泥的标准稠度用水量（*P*），按水泥质量的百分比计。

(a) 试锥　　　　(b) 试杆

图 2-5　维卡仪

2. 代用法测定

采用代用法测定水泥标准稠度用水量可用调整水量和不变水量两种方法的任一种测定。采用调整水量方法时拌和水量按经验找水，采用不变水量方法时拌和水量用 142.5mL。

拌和完毕，立即将拌制好的净浆一次装入锥模中，用宽约 25mm 的直边刀在浆体表面轻轻插捣 5 次，再轻振 5 次，刮去多余的净浆，抹平后，迅速放到测定仪试锥下面的固定位置上。将试锥降至净浆表面，拧紧螺丝 1～2s，然后突然放松螺丝，让试锥沉入净浆中，到停止下沉或释放试锥 30s 时记录下沉深度。

记录试锥下沉深度 $S(mm)$。以锥下沉深度 $S(mm)=(30\pm1)mm$ 为标准稠度净浆。其拌和水量为该水泥的标准稠度用水量（P），按水泥质量的百分比计。若试锥下沉深度 S（mm）不在此范围内，则根据测得的下深 S（mm），按以下经验式计算标准稠度用水量 P（%）：

$$P=33.4-0.185S \tag{2-18}$$

当试锥下沉深度小于 13mm 时，应采用调整水量法测定。

注意：整个操作应在搅拌后 1.5min 内完成。

四、结果计算与数据处理

水泥的标准稠度用水量，按水泥质量的百分比计：

$$P=（拌和用水量/水泥质量）\times100\% \tag{2-19}$$

如超出范围，需另称试样，调整水量，重做实验，直至达到满足要求时为止。

任务四　水泥净浆凝结时间试验

【试验指标分析】

一、硅酸盐水泥的凝结硬化

1. 硅酸盐水泥的水化特性及水化产物

水泥熟料与水发生的化学反应，简称为水泥的水化反应。通用硅酸盐水泥熟料矿物的水化反应如下：

$$2(3CaO \cdot SiO_2)+6H_2O=3CaO \cdot 2SiO_2 \cdot 3H_2O+3Ca(OH)_2 \tag{2-20}$$

$$2(2CaO \cdot SiO_2)+4H_2O=3CaO \cdot 2SiO_2 \cdot 3H_2O+Ca(OH)_2 \tag{2-21}$$

$$3CaO \cdot Al_2O_3+6H_2O=3CaO \cdot Al_2O_3 \cdot 6H_2O \tag{2-22}$$

$$4CaO \cdot Al_2O_3 \cdot Fe_2O_3+7H_2O=3CaO \cdot Al_2O_3 \cdot 6H_2O+CaO \cdot Fe_2O_3 \cdot H_2O$$

$$\tag{2-23}$$

从上述反应式可知，通用硅酸盐水泥熟料的水化产物分别是水化硅酸钙（凝胶体）、氢氧化钙（晶体）、水化铝酸钙（晶体）和水化铁酸钙（凝胶体），在完全水化的水泥石中，水化硅酸钙约占 50%，氢氧化钙约占 25%。通常认为，水化硅酸钙凝胶体对水泥石的强度和其他性质起着决定性的作用。

硅酸盐水泥的凝结硬化是一个复杂的物理、化学变化过程。水泥的凝结硬化性能主要取决于其熟料的主要矿物成分及其相对含量。

四种熟料矿物水化反应时所表现出的水化特性见表2-6。

表2-6　　　　　　　　　　　　　　四种熟料矿物的水化特性

矿物组成		硅酸三钙	硅酸二钙	铝酸三钙	铁铝酸四钙
水化反应速度		快	慢	快	中
水化热		高	低	高	中
水化物的强度	早期	高	低	中	低
	后期	高	高	低	中
干缩性		中	小	大	中
抗化学腐蚀性		中	中	差	好

通用硅酸盐水泥熟料是几种矿物熟料的混合物，熟料的比例不同，其水化特性也会发生改变。掌握水泥熟料矿物的水化特性，对分析判断水泥的工程性质、合理选用水泥以及改良水泥品质，具有重要意义。

由于铝酸三钙的水化反应极快，使水泥产生瞬时凝结，为了方便施工，在生产通用硅酸盐水泥时需掺加适量的石膏，达到调节凝结时间的目的。石膏和铝酸三钙的水化产物水化铝酸钙发生反应，生成水化硫铝酸钙针状晶体（钙矾石），反应式如下：

$$3CaO \cdot Al_2O \cdot 6H_2O + 3(CaSO_4 \cdot 2H_2O) + 19H_2O = 3CaO \cdot Al_2O \cdot 3CaSO_4 \cdot 31H_2O$$

$$(2-24)$$

水化硫铝酸钙难溶于水，生成时附着在水泥颗粒表面，能减缓水泥的水化反应速度。

2. 水泥熟料的凝结硬化过程及水泥石结构

通用硅酸盐水泥熟料的凝结硬化过程主要是随着水化反应的进行，水化产物不断增多，水泥浆体结构逐渐致密，大致可分为三个阶段。

（1）溶解期。水泥加水拌和后，水化反应首先从水泥颗粒表面开始，水化生成物迅速溶解于周围水体。新的水泥颗粒表面与水接触，继续水化反应，水化产物继续生成并不断溶解，如此继续，水泥颗粒周围的水体很快达到饱和状态，形成溶胶结构，如图2-6（a）、图2-6（b）所示。

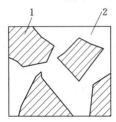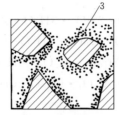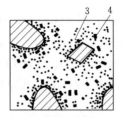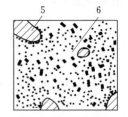

（a）分散在水中未　　　（b）在水泥颗粒表　　　（c）膜层长大并出　　　（d）水化物逐步发展，
　　水化的水泥颗粒　　　面形成水化物膜层　　　现网状构造（凝胶）　　填充毛细孔（硬化）

图2-6　水泥凝结硬化过程示意

1—水泥颗粒；2—水分；3—凝胶；4—晶体；5—水泥颗粒的未水化内核；6—毛细孔

（2）凝结期。溶液饱和后，继续水化的产物逐渐增多并发展成为网状凝胶体（水化硅酸钙、水化铁酸钙胶体中分布有大量的氢氧化钙、水化铝酸钙及水化硫铝酸钙晶体）。随着凝胶体逐渐增多，水泥浆体产生絮凝并开始失去塑性，如图 2-6（c）所示。

（3）硬化期。凝胶体的形成与发展，使水泥的水化反应越来越困难。随着水化反应继续缓慢地进行，水化产物不断生成并填充在浆体的毛细孔中，随着毛细孔的减少，浆体逐渐硬化，如图 2-6（d）所示。

硬化后的水泥石结构由凝胶体、未完全水化的水泥颗粒和毛细孔组成。

3. 影响水泥凝结硬化的因素

影响水泥凝结硬化的因素，除了水泥熟料矿物成分及其含量外，还与下列因素有关：

（1）水泥细度的影响。细度指水泥颗粒的粗细程度。细度越大，水泥颗粒越细，比表面积越大，与水接触面积也就大，因此，水化反应越容易进行，水泥的凝结硬化越快，早期强度较高，但水泥颗粒过细时，会增加磨细的能耗和提高成本，且不易久存。此外，水泥过细时，其硬化过程中还会产生较大的体积收缩。

（2）拌和用水量的影响。水泥水化反应理论用水量占水泥重量的 23%。加水太少，水化反应不能充分进行；加水太多，难以形成网状构造的凝胶体，延长水泥浆的凝结时间，延缓甚至不能使水泥浆硬化从而降低其强度。

（3）养护条件（温度和湿度）的影响。水泥的水化反应随温度升高，反应加快。负温条件下，水化反应停止，甚至水泥石结构有冻坏的可能。水泥水化反应必须在潮湿的环境中才能进行，潮湿的环境能保证水泥浆体中的水分不蒸发，水化反应得以维持。

（4）养护时间（龄期）的影响。保持合适的环境温度和湿度，使水泥水化反应不断进行的措施，称为养护。水泥石强度增长在早期较快，后期逐渐减缓，28d 以后显著变慢。

（5）储存条件的影响。由于储存不当，水泥在使用前可能已经受潮，使其部分颗粒已经发生了水化而形成结块；若直接使用这种水泥时会表现出严重的强度降低。即使在良好的条件下储存，由于空气中水分和 CO_2 的作用，水泥也会产生缓慢的水化和碳化，因此，工程实际中不宜久存水泥。

二、检测目的

水泥的凝结时间分为初凝时间和终凝时间。初凝时间是指从水泥加水拌和起到水泥浆开始失去可塑性所需要的时间；终凝时间是指从水泥加水拌和起到水泥浆完全失去可塑性所需要的时间。水泥的凝结时间对工程施工意义重大，为使混凝土或砂浆有足够的时间进行搅拌、运输、浇筑、振捣或砌筑，水泥的初凝时间不能太短；为加快混凝土的凝结硬化、缩短施工工期，水泥的终凝时间又不能太长。

三、检测主要仪器设备

测定仪与测定标准稠度用水量时所用的测定仪相同，只是将试杆换成试针，试模，湿气养护箱［养护箱应能将温度控制在（20±1）℃，湿度大于 90% 的范围］，玻璃板（150mm×150mm×5mm）。

四、试样的制备

以标准稠度用水量制成标准稠度净浆，将标准稠度净浆一次装满试模，振动数次刮平，立即放入湿气养护箱中。水泥全部加入水中的时间为凝结时刻的起始时间。

五、实验方法与步骤

（1）将圆模内侧稍许涂上一层机油，放在玻璃板上，调整凝结时间测定仪的试针，当试针接触玻璃板时，指针应对准标尺零点。

（2）初凝时间的测定：试样在湿气养护箱中养护至加水后 30min 时进行第一次测定。测定时，从湿气养护箱中取出试模放到试针下，降低试针与水泥净浆表面接触。拧紧定位螺钉 1~2s 后，突然放松（最初测定时应轻轻扶持金属棒，使徐徐下降，以防试针撞弯，但结果以自由下落为准），试针垂直自由地沉入水泥净浆。观察试针停止下沉或释放试针30s 时指针的读数，临近初凝时，每隔 5min（或更短时间）测定一次，当试针沉至距底板（4±1）mm 时，为水泥达到初凝状态，到达初凝时应立即重复测一次，两次结论相同时才能定为到达初凝状态。并记录此时刻。

（3）终凝时间的测定：为了准确观测试针沉入的状况，在终凝针上安装了一个环形附件。在完成初凝时间测定后，立即将试模连同浆体以平移的方式从玻璃板取下，翻转180°，直径大端向上，小端向下放在玻璃板上，再放入湿气养护箱中继续养护，临近终凝时间时每隔 15min 测定一次，当试针沉入实体 0.5mm 时，即环形附件开始不能在试体上留下痕迹时，为水泥达到终凝状态，到达终凝时应立即重复测一次，两次结论相同时才能定为到达终凝状态。并记录此时刻。

注意：每次测定不能让试针落入原针孔，每次测实完毕须将试针擦拭干净并将试模放回湿气养护箱内，在整个测试过程中试针贯入的位置至少要距圆模内壁 10mm，且整个测试过程要防止试模受振。

六、结果计算与数据处理

起始时刻至初（终）凝状态的历时时长即为初（终）凝时间，用 min 来表示。

【规范要求】 硅酸盐水泥初凝不小于 45min，终凝不大于 390min；其他五种通用硅酸盐水泥初凝不小于 45min，终凝不大于 600min。

任务五 水泥体积安定性试验

【试验指标分析】 水泥体积安定性是指水泥浆在凝结硬化过程中，体积变化是否均匀的性质。测定方法可以用雷氏法（标准法）也可用饼法（代用法），有争议时以雷氏法为准。饼法是观察水泥净浆试饼沸煮后的外形变化来检验水泥的体积安定性；雷氏法是测定水泥净浆在雷氏夹中沸煮后的膨胀值。

一、试验仪器

雷氏沸煮箱、雷氏夹（图 2-7）、雷氏夹膨胀测定仪、玻璃板。若采用雷氏法时，每个雷氏夹需配备质量约 $75\sim80$g 的玻璃板两块；若采用饼法时，一个样品需准备两块约 100mm$\times100$mm 的玻璃板。

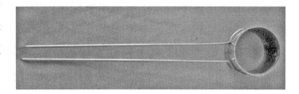

图 2-7 雷氏夹

二、试件成型方法

1. 试饼的成型方法

将制好的净浆取出一部分分成两等份，使之成球形，放在预先准备好的玻璃板上，轻轻振动玻璃板并用湿布擦过的小刀由边缘向中间抹动，做成直径 $70\sim80$mm、中心厚约 10mm、边缘渐薄、表面光滑的试饼，接着将试饼放入湿气养护箱内养护（24 ± 2）h。

2. 雷氏夹试件的制备方法

将预先制备好的雷氏夹放在已稍擦油的玻璃板上，并立刻将已制备好的标准稠度净浆一次装满雷氏夹，装浆时一只手轻轻扶持雷氏夹，另一只手用宽约 25mm 的直边刀在浆体表面轻轻插捣 3 次，然后抹平，盖上稍涂油的玻璃板，接着立刻将试模移至湿气养护箱内养护（24 ± 2）h。

三、实验方法与步骤

（1）调整好沸煮箱内的水位，使其能保证在整个沸煮过程中都没过试件，不需中途添补试验用水，同时又保证能在（30 ± 5）min 内升温至沸腾。

（2）脱去玻璃板取下试件。当用饼法时先检查试饼是否完整（如已开裂翘曲要检查原因，确认无外因时，该试饼已属不合格，不必沸煮），在试饼无缺陷情况下，将试饼放在沸煮箱的水中篦板上，然后在（30 ± 5）min 内加热至沸，并恒沸 3h±5min。

当用雷氏法时，先测量试件指针尖端间的距离 A，精确到 0.5mm，接着将试件放入水中篦板上，指针朝上，试件之间互不交叉，然后在（30 ± 5）min 内加热至沸，并恒沸 3h±5min。

四、实验结果处理

沸煮结束即放掉箱中热水，打开箱盖，待箱体冷却至室温，取出试件进行判别。

【规范要求】 若为试饼，目测未发现裂缝，用直尺检查也没有弯曲的试饼为安定性合格，反之为不合格。当两个试饼判别结果有矛盾时，该水泥的安定性为不合格；若为雷氏夹，测量试件指针尖端间的距离 C，记录至小数点后一位，当两个试件煮后增加距离（$C-A$）的平均值不大于 5.0mm 时，即认为该水泥安定性合格。当两个试件的（$C-A$）值相差超过 4.0mm 时，应用同一样品立即重做一次试验。

任务六 水泥胶砂强度试验（ISO 法）

【试验指标分析】 水泥的强度是指水泥胶结砂的强度，而不是水泥净浆的强度。由于水泥强度随凝结硬化逐渐增长，所以国家标准规定了不同龄期的强度值，用以限定不同强度等级水泥的强度增长速度。水泥强度等级按规定龄期的抗压强度和抗折强度来划分，各强度等级水泥的各龄期强度不得低于表2-7中的数值。

表2-7　　　　　　　　　　　　通用硅酸盐水泥的强度指标　　　　　　　　　　单位：MPa

品　　种	强度等级	抗压强度，≥		抗折强度，≥	
		3d	28d	3d	28d
硅酸盐水泥	42.5	17.0	42.5	3.5	6.5
	42.5R	22.0		4.0	
	52.5	23.0	52.5	4.0	7.0
	52.5R	27.0		5.0	
	62.5	28.0	62.5	5.0	8.0
	62.5R	32.0		5.5	
普通硅酸盐水泥	42.5	17.0	42.5	3.5	6.5
	42.5R	22.0		4.0	
	52.5	23.0	52.5	4.0	7.0
	52.5R	27.0		5.0	
矿渣硅酸盐水泥 火山灰质硅酸盐水泥 粉煤灰硅酸盐水泥 复合硅酸盐水泥	32.5	10.0	32.5	2.5	5.5
	32.5R	15.0		3.5	
	42.5	15.0	42.5	3.5	6.5
	42.5R	19.0		4.0	
	52.5	21.0	52.5	4.0	7.0
	52.5R	23.0		4.5	

注　强度等级中带"R"者为早强型水泥。

一、主要仪器设备

水泥胶砂搅拌机（图2-8）、水泥试模及振实台（图2-9、图2-10）、抗折抗压强度试验机（图2-11）、抗压强度试验机用夹具。

二、胶砂的制备

1. 原材料

制备水泥胶砂的原材料包括符合ISO标准要求的标准砂、水及水泥，其中标准砂1350g，水225mL，水泥450g，水泥、砂、水或试验用具的温度与试验室相同，称量用的天平精度应为±1g，当用自动滴管加225mL水时，滴管精度应达到±1mL。

图2-8　水泥胶砂搅拌机

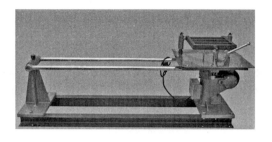

图 2 - 9　水泥振实台

图 2 - 10　水泥试模

图 2 - 11　水泥抗折抗压强度试验机

2. 搅拌

每锅胶砂用搅拌机进行机械搅拌。把水加入锅里，再加水泥，把锅放在固定架上，上升至固定位置。然后立即开动机器，低速搅拌 30s 后，在第二个 30s 开始的同时均匀地将砂子加入。当各级砂分装时，从最粗粒级开始，依次将所需的每级砂量加完，把机器转至高速再拌 30s。

三、试件制备

（1）尺寸。一锅胶砂制成三个试体，每个试体尺寸应是 40mm×40mm×160mm 的棱柱体。

（2）用振实台成型，胶砂制备后立即进行成型，将空试模和模套固定在振实台上，用一个适当的勺子直接从搅拌锅里将胶砂分两层装入试模，装第一层时，每个槽里约放 300 g 胶砂，用大播料器垂直架在模套顶部，沿每个模槽来回一次将料层播平，接着振实 60 次。再装入第二层胶砂，用小播料器播平，再振实 60 次。移走模套，从振实台上取下试模，用一金属直尺以近似 90° 的角度架在试模模顶的一端，然后沿试模长度方向以横向锯割动作慢慢向另一端移动，一次将超过试模部分的胶砂刮去，并用同一直尺以近乎水平的情况下将试体表面抹平。在试模上作标记或加字条标明试件编号。

四、试件的养护

1. 脱模前的处理和养护

去掉留在模子四周的胶砂,立即将做好标记的试模放入雾室或湿箱的架子上养护,湿空气应能与试模各边接触。养护时不应将试模放在其他试模上,一直养护到规定的脱模时间取出脱模。脱模前对试件编号或做其他标记。两个龄期以上的试件,在编号时应将同一试模中的三条试件分在两个以上的龄期内。

2. 脱模

脱模应非常小心。对于 24h 龄期的,应在破型试验前 20min 内脱模。对于 24h 以上龄期的,应在成型后 20~24h 脱模。

3. 水中养护

将做好标记的试件立即水平或竖直放在(20±1)℃水中养护,水平放置时刮平面应朝上。试件放在不易腐烂的篦子上,并彼此间保持一定的间距,以让水与试件的六个面接触,养护期间试件之间的间隔或试件上表面的水深不得小于 5mm。每个养护池只养护同类型的水泥试件。最初用自来水装满养护池,随后随时加水保持适当的恒定水位,不允许在养护期间全部换水。除 24h 龄期或延迟至 48h 脱模的试件外,任何到龄期的试件应在试验(破型)前 15min 从水中取出。揩去试件表面沉积物,并用湿布覆盖至试验为止。

4. 强度试验试件的龄期

试体龄期是从水泥加水搅拌开始试验时算起。不同龄期强度试验在下列时间里进行:24h±15min、48h±30min、72h±45min、7d±2h、28d±8h。

五、检测程序

1. 程序

先测定抗折强度,然后在折断的棱柱体上进行抗压强度试验,受压面是试件成型时的两个侧面,面积为 40mm×40mm。当不需要抗折强度数值时,抗折强度试验可以省去。但抗压强度试验应在不使试件受有害应力情况下折断的两截棱柱体上进行。

2. 抗折强度测定

将试件一个侧面放在试验机支撑圆柱上,试件长轴垂直于支撑圆柱,通过加荷圆柱以(50±10)N/s 的速率均匀地将荷载垂直地加在棱柱体相对侧面上,直至折断。

保持两个半截棱柱体处于潮湿状态直至抗压试验。

结果评定:取三个测值的平均计算抗折强度,若三个测值中有一个与平均值的相对误差大于±10%时,则取剩余两个测值的平均计算抗折强度,计算精确至 0.1MPa。

3. 抗压强度测定

抗压强度试验用规定的仪器,在半截棱柱体的侧面上进行。

半截棱柱体中心与压力机压板受压中心差应在±0.5mm 内,棱柱体露在压板外的部分约有 10mm。

在整个加荷过程中以(2400±200)N/s 的速率均匀地加荷直至破坏。

以一组三个棱柱体上得到的六个抗压强度测定值的算术平均值作为试验结果。若六个测值中有一个与平均值的相对误差大于±10％时，应剔除这个结果，而以剩余五个测值的平均值作为试验结果，若五个测值中再有超出它们平均值的相对误差±10％时，则此组结果作废。

任务七　水泥化学指标试验

【试验指标分析】　水泥化学指标包括不溶物、烧失量、三氧化硫、氧化镁和氯离子含量。各项检测指标应符合表2-8的规定。

表2-8　　　　　　　　　　　　　　通用硅酸盐水泥的化学指标　　　　　　　　　　　　　　　　％

品种	代号	不溶物（质量分数）	烧失量（质量分数）	三氧化硫（质量分数）	氧化镁（质量分数）	氯离子（质量分数）
硅酸盐水泥	P·Ⅰ	≤0.75	≤3.0	≤3.5	≤5.0	≤0.06
	P·Ⅱ	≤1.50	≤3.5			
普通硅酸盐水泥	P·O	—	≤5.0			
矿渣硅酸盐水泥	P·S·A	—	—	≤4.0	≤6.0	
	P·S·B	—	—		—	
火山灰质硅酸盐水泥	P·P	—	—	≤3.5	≤6.0	
粉煤灰硅酸盐水泥	P·F	—	—			
复合硅酸盐水泥	P·C	—	—			

【知识拓展】

一、水泥石的侵蚀及防止

1. 溶出性侵蚀（淡水侵蚀）

水泥石长期处于淡水中，氢氧化钙易被水溶解，使水泥石中的石灰浓度逐渐降低，当浓度低于其他水化产物赖以稳定存在的极限浓度时，其他水化产物，如水化硅酸钙、水化铝酸钙等，也将被溶解。在流动及有压水的作用下，溶解物不断被水流带走，水泥石结构遭到破坏。

2. 酸性侵蚀

（1）碳酸侵蚀。在雨水、工业污水及地下水中，常含有较多的二氧化碳，当其含量超过一定量时，二氧化碳与水泥石中的氢氧化钙反应生成碳酸钙，碳酸钙与二氧化碳反应生成碳酸氢钙，反应式如下：

$$Ca(OH)_2 + CO_2 + H_2O = CaCO_3 + 2H_2O \tag{2-25}$$

$$CaCO_3 + CO_2 + H_2O = Ca(HCO_3)_2 \tag{2-26}$$

由于碳酸氢钙易溶于水，若被流动的水带走，化学平衡遭到破坏，反应不断向右边进行，则水泥石中的石灰浓度不断降低，水泥石结构逐渐破坏。

（2）一般酸性侵蚀。某些工业废水或地下水中常含有盐酸、硝酸、氢氟酸等无机酸和醋酸、乙酸等有机酸，当水泥石长期与这些酸类物质接触时，易发生化学反应而使水泥石遭到破坏，典型的化学反应如下：

$$2HCl + Ca(OH)_2 = CaCl_2 + 2H_2O \qquad (2-27)$$

$$H_2SO_4 + Ca(OH)_2 = CaSO_4 \cdot 2H_2O \qquad (2-28)$$

生成的氯化钙易溶解于水，被水带走后，降低了水泥石的石灰浓度；二水石膏在水泥石孔隙中结晶膨胀，使水泥石结构开裂。

3. 盐类侵蚀

（1）硫酸盐侵蚀。在海水、盐沼水、地下水及某些工业废水中常含有硫酸钠、硫酸钙、硫酸镁等硫酸盐，硫酸盐与水泥石中的氢氧化钙发生反应，均能生成石膏。石膏与水泥石中的水化铝酸钙反应，生成水化硫铝酸钙。石膏和水化硫铝酸钙在水泥石孔隙中产生结晶膨胀，使水泥石结构破坏。

（2）镁盐侵蚀。在海水及某些地下水中常含有大量的镁盐，水泥石长期处于这种环境中，发生如下反应：

$$MgSO_4 + Ca(OH)_2 + 2H_2O = CaSO_4 \cdot 2H_2O + Mg(OH)_2 \qquad (2-29)$$

$$MgCl_2 + Ca(OH)_2 = CaCl_2 + Mg(OH)_2 \qquad (2-30)$$

生成的氯化钙易溶解于水，氢氧化镁松软无胶结力，石膏产生有害性膨胀，均能造成水泥石结构的破坏。

4. 强碱的腐蚀

水泥石在一般情况下能够抵抗碱类的腐蚀，但是在长期处于较高浓度的强碱溶液中时，也会受到腐蚀，而且随着温度的升高，腐蚀作用也会加快。

5. 侵蚀的防止

根据水泥石侵蚀的原因及侵蚀的类型，工程中针对不同的腐蚀环境可采取下列防止侵蚀的措施：

（1）根据环境介质的侵蚀特性，合理选择水泥品种。如掺混合材料的硅酸盐水泥具有较强的抗溶出性侵蚀能力，抗硫酸盐硅酸盐水泥抵抗硫酸盐侵蚀的能力较强。

（2）提高水泥石的密实度。通过合理的材料配比设计，提高施工质量，均可以获得均匀密实的水泥石结构，避免或减缓水泥石的侵蚀。

（3）设置保护层。必要时可在水泥石表面设置耐腐蚀性强且不透水的保护层，隔绝侵蚀性介质，使之不遭受侵蚀。如设置沥青防水层、不透水的水泥砂浆层及塑料薄膜防水层等，均能起到保护作用。

二、混合材料

通用硅酸盐水泥的熟料相同，除Ⅰ型硅酸盐水泥外，其余均在生产过程中掺入了数量不等的混合材料。

为了改善硅酸盐水泥的某些性能或调节水泥强度等级，生产水泥时，在水泥熟料中掺入人工或天然矿物材料而得到其他通用硅酸盐水泥，这种矿物材料称为混合材料。混合材料分活性混合材料和非活性混合材料两种。

1. 活性混合材料

活性混合材料是指具有微弱水硬性或潜在水硬性，在激发剂的作用下，能生成水硬性物质的矿物。混合材料的这种性质，称为火山灰性或潜在水硬性。常用的激发剂有碱性激发剂（石灰）与硫酸盐激发剂（石膏）两类。

工程上常用的活性混合材料有以下三类：

（1）粒化高炉矿渣。粒化高炉矿渣是冶炼生铁时高炉中的熔融矿渣，经骤冷处理而成的粒状矿物。粒化高炉矿渣质地疏松、呈玻璃体结构，主要化学成分为二氧化硅及三氧化二铝。

（2）火山灰质混合材料。凡具有火山灰性的天然或人工的矿物质材料，统称为火山灰质混合材料。火山灰质材料中含有较多的活性氧化硅及活性氧化铝，能与石灰在常温下反应，生成水化硅酸钙及水化铝酸钙。

火山灰质混合材料品种较多，天然的主要有火山灰、凝灰岩、浮石、沸石岩、硅藻土等，人工的主要有煤矸石、烧页岩、烧黏土、硅质渣、硅粉等。

（3）粉煤灰。粉煤灰是火山灰质混合材料的一种。粉煤灰是从火力发电厂的煤粉炉烟道气体中收集的粉末，主要化学成分为氧化硅及氧化铝，含少量氧化钙，具有火山灰性质。

2. 非活性混合材料

凡不具有活性或活性甚低的人工或天然矿物质材料，统称为非活性混合材料。非活性混合材料经磨细后，掺加到水泥中，可以调节水泥强度，节约水泥熟料，还可以降低水泥的水化热。

常用的非活性混合材料，主要有磨细的石灰岩、砂岩以及活性指标低于国家标准规定的活性混合材料。非活性混合材料应具有足够的细度，不含或较少含有对水泥有害的杂质。

三、六种通用硅酸盐水泥的特性及其应用

硅酸盐水泥的成分基本上同硅酸盐水泥熟料，其性质主要由熟料的性质决定。硅酸盐水泥具有快硬早强、水化热高、抗冻性较好、耐热性较差和耐侵蚀性较差的特点。

普通硅酸盐水泥的混合材料用量较硅酸盐水泥略有增加，其性能与硅酸盐水泥基本相同，但早期强度略有降低，抗冻及耐冲磨性能稍差。

由于矿渣水泥、火山灰水泥、粉煤灰水泥及复合水泥在生产时掺加了较多的混合材料，使得这四种水泥中水泥熟料大为减少，又由于活性混合材料能与水泥中的水化产物发生二次反应，故四种水泥与硅酸盐水泥相比较具有以下共同特性：

（1）凝结硬化慢，早期强度低。由于水泥熟料的减少，四种水泥中硅酸三钙及铝酸三钙的含量相应减少，使得四种水泥凝结硬化较慢，早期强度较低。

（2）水化热低。由于熟料矿物的减少，使发热量大的硅酸三钙、铝酸三钙含量相对减少，水泥水化放热速度减缓，水化热低，故四种水泥适合于大体积混凝土工程的混凝土配制。

（3）抗侵蚀能力稍强。由于熟料水化产物氢氧化钙与活性混合材料发生二次反应，易受侵蚀的氢氧化钙含量大为减少，故四种水泥抗溶出性侵蚀能力及抗硫酸盐侵蚀能力稍强。

（4）抗冻、耐磨性较差。水泥熟料矿物的减少，硅酸三钙、铝酸三钙这些决定水泥早强及水化热高的矿物相应减少，四种水泥早期强度较低，故抗冻及耐磨性能较差。

（5）抗碳化能力差。熟料中的水化产物氢氧化钙参与二次反应后，水泥石中石灰浓度（碱度）降低，水泥石表层的碳化发展速度加快，碳化深度加大，容易造成钢筋混凝土中的钢筋锈蚀。

由于四种水泥中所掺混合材料的数量及品种有所不同，矿渣水泥、火山灰水泥及粉煤灰水泥又具有各自的特性：

矿渣难于磨细，且矿渣玻璃体亲水性差，故矿渣水泥的泌水性较大，干缩性较大；由于矿渣的耐火性强，矿渣水泥具有较高的耐热性（温度不大于 $200℃$ ）。

火山灰水泥颗粒较细，泌水性较小，在潮湿环境下养护时，水泥石结构致密，抗渗性强；但在干燥环境下，硬化时会产生较大的干缩。

粉煤灰颗粒细且呈球形（玻璃微珠），吸水性较小，故粉煤灰水泥的干缩性较小，抗裂能力强。

普通水泥、矿渣水泥、火山灰水泥、粉煤灰水泥及复合水泥的不合格品的判定标准同硅酸盐水泥。

上述特性决定了六种通用硅酸盐水泥的用途。适用范围见表 2 - 9。

表 2 - 9　　　　　　　　　　　通用硅酸盐水泥的选用

	混凝土工程特点及所处环境	优先选用	可以选用	不宜选用
普通混凝土	1　一般气候环境	普通水泥	矿渣水泥、火山灰水泥、粉煤灰水泥、复合水泥	
	2　干燥环境	普通水泥	矿渣水泥	火山灰水泥、粉煤灰水泥
	3　高湿度环境或长期处于水中	矿渣水泥、火山灰水泥、粉煤灰水泥、复合水泥	普通水泥	
	4　大体积混凝土	矿渣水泥、火山灰水泥、粉煤灰水泥、复合水泥		硅酸盐水泥、普通水泥
有特殊要求的混凝土	1　要求快硬高强（>C40）的混凝土	硅酸盐水泥	普通水泥	矿渣水泥、火山灰水泥、粉煤灰水泥、复合水泥
	2　严寒地区露天混凝土，寒冷地区处于水位升降范围内的混凝土	普通水泥	矿渣水泥（强度等级32.5）	火山灰水泥、粉煤灰水泥
	3　严寒地区处于水位升降范围内的混凝土	普通水泥（强度等级42.5）		矿渣水泥、火山灰水泥、粉煤灰水泥、复合水泥
	4　有抗渗要求的混凝土	普通水泥、火山灰水泥		矿渣水泥
	5　有抗磨要求的混凝土	硅酸盐水泥、普通水泥	矿渣水泥（强度等级32.5）	火山灰水泥、粉煤灰水泥
	6　受侵蚀性介质作用的混凝土	矿渣水泥、火山灰水泥、粉煤灰水泥、复合水泥		硅酸盐水泥、普通水泥

四、水泥交货验收与储运

交货时水泥的质量验收可抽取实物试样以其检验结果为依据，也可以生产者同编号水泥的检验报告为依据。采取何种方法由买卖双方商定，并在合同或协议中注明。卖方有告知买方验收方法的责任。

1. 水泥的包装与标志

按照国家标准《通用硅酸盐水泥》（GB 175—2007）规定，水泥可以散装或袋装，袋装水泥每袋净含量为50kg，且应不少于标志质量的99%；随即抽取20袋总质量（含包装袋）应不少于1000kg。其他包装形式由供需双方协商确定，但有关袋装质量要求，应符合上述规定。水泥包装袋上应清楚标明：执行标准、水泥品种、代号、强度等级、生产者名称、生产许可证标志（QS）及编号、出厂编号、包装日期、净含量。包装袋两侧应根据水泥的品种采用不同的颜色印刷水泥名称和强度等级，硅酸盐水泥和普通硅酸盐水泥采用红色，矿渣硅酸盐水泥采用绿色，火山灰质硅酸盐水泥、粉煤灰硅酸盐水泥和复合硅酸盐水泥采用黑色或蓝色。散装发运时应提交与袋装标志相同内容的卡片。

2. 水泥的运输与储存

水泥在运输期间应注意防雨防潮，避免受潮风化而结块失效。水泥应按照品种、强度、出厂日期、生产厂家等分别存放，先到先用。储存袋装水泥的仓库或散装水泥的储罐应密闭、干燥、隔潮，袋装水泥离地离墙须在30cm以上，堆放高度不超过10袋。袋装水泥不宜露天直接堆放。

项目五　其他品种水泥

【知识导学】

一、快硬硅酸盐水泥

凡以硅酸盐水泥熟料和适量石膏磨细制成的，以3d抗压强度表示抗压强度等级的水硬性胶凝材料，称为快硬硅酸盐水泥（简称快硬水泥），分为32.5、37.5和42.5三个强度等级。

快硬硅酸盐水泥的生产方法与硅酸盐水泥基本相同，在生产过程中，通过控制生产工艺条件，减少原料中有害杂质，提高熟料中凝结硬化快的硅酸三钙及铝酸三钙含量，使制品的性质符合国家标准要求。快硬水泥中硅酸三钙含量为50%～60%，铝酸三钙含量为8%～14%，硅酸三钙和铝酸三钙总量应不少于60%～65%。

快硬硅酸盐水泥具有早期强度高、水化放热量大的特点，主要用来配制早强、高强混凝土。适用于紧急抢修、低温施工及抗冲击、抗震性工程，也常用于配制高强度混凝土及预应力混凝土预制构件。

二、抗硫酸盐硅酸盐水泥

抗硫酸盐硅酸盐水泥（简称抗硫酸盐水泥）按抵抗硫酸盐腐蚀程度将抗硫酸盐水泥分

为中抗硫酸盐水泥和高抗硫酸盐水泥两种；按照强度等级分 32.5 和 42.5 两种。其生产方法基本上同硅酸盐水泥，主要是控制水泥熟料中的矿物成分含量，使其各项技术指标达到国家标准的要求。《抗硫酸盐硅酸盐水泥》（GB 748—2005）规定：硅酸三钙的含量对中抗硫酸盐水泥不得大于 55%，对高抗硫酸盐水泥不得大于 50%；铝酸三钙的含量对中抗硫酸盐水泥不得大于 5%，对高抗硫酸盐水泥不得大于 3%。抗硫酸盐水泥具有抗硫酸盐侵蚀能力强及水化热低的特点，适用于受硫酸盐侵蚀、受冻融和干湿作用的海港工程、地下与隧道工程及水利工程等工程中。

三、中热硅酸盐水泥、低热硅酸盐水泥及低热矿渣硅酸盐水泥

国家标准《中热硅酸盐水泥、低热硅酸盐水泥及低热矿渣硅酸盐水泥》（GB 200—2003）规定：以适当成分的硅酸盐水泥熟料，加入适量石膏磨细制成的具有中等水化热的水硬性胶凝材料，称为中热硅酸盐水泥（简称中热水泥）。以适当成分的硅酸盐水泥熟料，加入适量石膏磨细制成的具有低水化热的水硬性胶凝材料，称为低热硅酸盐水泥（简称低热水泥）。以适当成分的硅酸盐水泥熟料，加入矿渣、适量石膏磨细制成的具有低水化热的水硬性胶凝材料，称为低热矿渣硅酸盐水泥（简称低热矿渣水泥）。中热水泥、低热水泥及低热矿渣水泥是专门为要求水化热低的大坝和大体积混凝土工程研制的，在生产过程中，控制水泥熟料中发热量大的矿物成分。其中，中热水泥熟料中的铝酸三钙含量不得超过 6%，硅酸三钙含量不得超过 55%；低热水泥中铝酸三钙含量不得超过 6%，硅酸三钙含量不得超过 40%；低热矿渣水泥中的铝酸三钙含量不得超过 8%。三种水泥的比表面积应不低于 250m²/kg；初凝时间不得早于 60min，终凝时间不得迟于 12h。安定性用沸煮法检验必须合格。

中热水泥及低热水泥主要用于大坝溢流面和水位变动区等部位，要求低水化热和较高耐磨性及抗冻性的工程；低热矿渣水泥主要用于大坝或大体积混凝土建筑物内部及水下等要求低水化热的工程。

四、铝酸盐水泥

按照国家标准《铝酸盐水泥》（GB/T 201—2015）规定：凡以铝酸钙为主的铝酸盐水泥熟料磨细制成的水硬性胶凝材料，称为铝酸盐水泥，代号 CA。

铝酸盐水泥凝结硬化快，早期强度高，水化放热量大，适用于抢建抢修和冬季施工等特殊需要工程，但不能用于大体积混凝土工程。由于铝酸盐水泥水化产物不含氢氧化钙，而且硬化后结构致密，因此它具有较强的抗硫酸盐侵蚀能力，适用于受硫酸盐侵蚀及海水侵蚀的工程。铝酸盐水泥具有较高的耐热性，可用来配制耐火混凝土等。铝酸盐水泥还是配制不定型耐久材料，配制膨胀水泥、自应力水泥化学建材的添加料。

在施工过程中，为防止凝结时间失控（闪凝），铝酸盐水泥一般不得与硅酸盐水泥、石灰等能析出氢氧化钙的胶凝材料混合，使用前拌和设备等必须冲洗干净。铝酸盐水泥对碱液侵蚀无抵抗能力，故不得用于接触碱性溶液的工程。用铝酸盐水泥配制的混凝土后期强度下降较大，应按最低稳定强度设计。

五、膨胀水泥

一般水泥在硬化过程中均会产生一定的收缩，收缩造成的裂缝破坏了结构的整体性，使混凝土的抗渗、抗冻、抗侵蚀等性能显著降低。膨胀水泥是由胶凝物质和膨胀剂混合制成的，这种水泥在硬化过程中能生成大量膨胀性物质，形成比较密实的水泥石结构。

膨胀水泥按所含主要水硬性物质，可划分如下：

（1）硅酸盐膨胀水泥。以硅酸盐水泥熟料、膨胀剂和石膏，按一定比例混磨而成。

（2）铝酸盐膨胀水泥。以铝酸盐水泥熟料、二水石膏和少量助磨剂，按一定比例粉磨而成。

（3）硫铝酸盐膨胀水泥。以无水硫铝酸钙和硅酸二钙为主要矿物成分的熟料，加适量石膏磨细制成。

按膨胀值的大小，可划分如下：

（1）膨胀水泥。线膨胀率一般为1‰以下，可用于补偿水泥的收缩。

（2）自应力水泥。线膨胀率一般为1‰～3‰，除补偿水泥收缩外，尚有一定的线膨胀值，在膨胀过程受到限制时（如受到钢筋的限制），水泥石本身会受到压应力，称自应力。自应力值大于2MPa的膨胀水泥，称为自应力水泥。

膨胀水泥和自应力水泥的膨胀作用，均是由于在水泥硬化初期，铝酸盐与石膏遇水化合，生成高硫型水化硫铝酸钙（钙矾石），钙矾石结晶长大使水泥石结构膨胀。

膨胀水泥适用于补偿收缩混凝土结构工程，防渗层及防渗混凝土，构件的结合部、结构的加固与修补，固结机器底座及地脚螺丝等。

自应力水泥主要用于制造自应力混凝土压力管及其配件。

附表 水泥试验报告

报告编号：SLBG-BLS-SN-2015-001　　　报告日期：2015年3月2日

委托单位				
工程名称	×××××××××××工程		检验类别	送检
试验依据	GB/T 1346—2011、GB/T 17671—2011 等		评定依据	GB 175—2007
样品信息	样品编号	SLYP-BLS-SN-2015-001	规格型号	P·O42.5
	样品名称	水泥	代表数量	—
	生产单位	×××××××水泥厂	批　号	—
	试样描述	未受潮、无结块	送样日期	2015年1月20日
	取样地点		试验日期	2015年2月2日—2015年3月2日
	送样人		试验环境	20℃，54%
	见证人		拟用部位	/
仪器设备	水泥胶砂搅拌机、电子天平、水泥净浆搅拌机、恒应力加荷试验机等			

	试验项目						
序号	检验项目	标准要求			试验结果		结果判定
1	密度/(g/cm³)	—			3.08		
2	比表面积/(m²/kg)	≥300			332		合格
3	细度/%	0.080mm 方孔筛筛余		≤10			
4	安定性	合格			合格		合格
5	标准稠度	—			27.2		
6	凝结时间/min	初凝	≥45		268		合格
		终凝	≤600		325		合格
7	强度等级/MPa	龄期	3d	28d	3d	28d	
		抗折	≥3.5	≥6.5	5.9	8.0	合格
		抗压	≥17.0	≥42.5	33.8	50.7	合格

检验结论	经检测，该样品所检项目检测结果符合《通用硅酸盐水泥》（GB 175—2007）中 7.3.1、7.3.2、7.3.3、7.3.4 的相关技术要求。 （盖　　章）
备注	

批准：　　　　　　　审核：　　　　　　　　　　　　试验：

日期：　年　月　日　　日期：　年　月　日　　　　日期：　年　月　日

思考与习题

一、单项选择题（在每小题的 4 个备选答案中，选出 1 个正确答案，并将其代码填在题干后的括号内）

1. 标准稠度水泥浆试锥下沉值是（　　　　）。

A. (30 ± 1)mm　　　B. (30 ± 2)mm　　　C. (20 ± 1)mm　　　D. (20 ± 1)mm

2. 浆体在凝结硬化过程中，其体积发生微小膨胀的是（　　　　）材料。

A. 石灰　　　　　　B. 石膏　　　　　　C. 普通水泥　　　　　D. 黏土

3. 石灰是在（　　　　）中硬化的。

A. 干燥空气　　　　B. 水蒸气　　　　　C. 水　　　　　　D. 与空气隔绝的环境

4. 水泥安定性是指水泥在凝结硬化过程中（　　　　）。

A. 体积变小　　　　B. 不软化　　　　　C. 体积变大　　　　D. 体积均匀变化

5. 矿渣硅酸盐水泥中，粒化高炉矿渣的掺量应控制在（　　　　）。

A. 10%～20%　　　B. 20%～70%　　　C. 20%～30%　　　D. 30%～40%

6. 硅酸盐水泥熟料中，早期强度最高的矿物成分是（　　　　）。

A. C_3S　　　　　B. C_2S　　　　　C. C_3A　　　　　D. C_4AF

7. 国家标准规定，普通硅酸盐水泥的细度在标准筛上的筛余量不得超过（　　　　）。

A. 8%　　　　　　B. 10%　　　　　　C. 12%　　　　　　D. 15%

8. 石灰膏在储灰坑中陈伏的主要目的是（　　　　）。

A. 充分熟化　　　　B. 增加产浆量　　　C. 减少收缩　　　　D. 降低发热量

9. 下列水泥中，干缩性最大的是（　　　　）。

A. 普通水泥　　　　B. 矿渣水泥　　　　C. 火山灰水泥　　　D. 粉煤灰水泥

10. 水泥试件标准养护温度是（　　　　）。

A. (25 ± 1)℃　　　B. (25 ± 2)℃　　　C. (20 ± 1)℃　　　D. (20 ± 2)℃

二、多项选择题（在每小题的 5 个备选答案中，选出 2～5 个正确答案，并将其代码填在题干后的括号内）

1. 作为水泥混合材料的激发剂，主要是指（　　　　）。

A. $Ca(OH)_2$　B. $CaCl_2$　　　C. $CaCO_3$　　　D. MgO　　　E. $CaSO_4$

2. 硅酸盐水泥的初凝时间不得早于（　　　　），终凝时间不得迟于（　　　　）。

A. 30min　　　B. 45min　　　C. 12h　　　D. 15h　　　E. 6.5h

3. 造成水泥安定性不良的原因是熟料中含有过量的（　　　　）。

A. 氧化钙　　　B. 氧化镁　　　C. 氧化铝　　　D. 氧化硅　　　E. 氧化铁

4. 检测水泥体积安定性的方法有（　　　　）。

A. 坍落度法　　B. 维勃稠度法　C. 雷氏法　　　D. 试饼法　　　E. 分层度法

5. 石灰浆体在空气中硬化是由于（　　　　）。

A. 熟化作用　　B. 水化作用　　C. 溶解作用　　D. 碳化作用　　E. 结晶作用

6. 水泥熟料中的主要矿物成分有（　　　　）。

A. 铁铝酸四钙 B. 氢氧化钙 C. 硅酸三钙 D. 硅酸二钙 E. 铝酸三钙

7. 水泥侵蚀的基本原因是（　　）。

A. 水泥石本身不密实 B. 水泥石中存在氢氧化钙

C. 水泥中存在水化铝酸钙 D. 水泥中存在水化硅酸钙

E. 腐蚀与通道的联合作用

8. 下列材料中，属于水硬性胶凝材料的是（　　）。

A. 硅酸盐水泥 B. 水玻璃 C. 高铝水泥 D. 矿渣水泥 E. 石油沥青

9. 生产水泥，掺加混合材料的目的是（　　）。

A. 调节性能 B. 增加产量 C. 降低成本 D. 提高等级 E. 废物利用

三、判断题（你认为正确的，在题干后画"√"，反之画"×"）

1. 硅酸盐水泥细度越大，其标准稠度用水量越大。（　　）

2. 生石灰中氧化钙含量大于5%时，称为钙质石灰，小于5%，称为镁质石灰。（　　）

3. 水泥浆越稀，则其凝结硬化的就越快。（　　）

4. 水泥为水硬性胶凝材料，在运输及存放时不怕受潮。（　　）

5. 石膏具有良好的抗火性，故可用于高温环境。（　　）

6. 建筑石膏的吸湿性很强，故可用于潮湿环境。（　　）

四、名词解释

1. 石灰的熟化

2. 硅酸盐水泥

3. 水硬性胶凝材料

4. 水泥的初凝时间

5. 水泥水化热

6. 气硬性胶凝材料

7. 水泥的体积安定性

8. 水泥的细度

五、简答题

1. 石灰与石膏是气硬性胶凝材料，为什么石灰不宜单独使用，而石膏却可以单独使用？

2. 生产水泥时，为什么要掺入适量的石膏？

3. 如何评价水泥水化热的利弊？

4. 生石灰到工程现场为何不宜放置过久？

5. 使用石灰膏时，为何要陈伏后才能使用？

6. 建筑石膏及制品为何多用于室内装饰？

7. 水泥在储运过程中应注意哪些问题？

8. 硅酸盐水泥有哪些主要矿物成分？这些矿物成分单独与水作用时，有何特性？

9. 硅酸盐水泥的技术要求有哪几项？提出这些技术要求的意义是什么？

10. 硅酸盐水泥的侵蚀有哪些类型？内因是什么？

11. 混合材料有哪些？掺入水泥后的作用是什么？为何要发展掺混合材料的水泥？

12. 掺混合材料的水泥有哪些共性与特性？

六、计算题

测得某水泥 28d 龄期的抗压强度分别是 43.0MPa、42.0MPa、40.8MPa、43.0MPa、40.0MPa、41.0MPa，试计算其抗压强度代表值。

模块三　砂　石　料

【目标及任务】　为了在砂浆、混凝土中合理使用天然砂、机制砂、卵石和碎石，保证建设用砂、石的质量，确保对原材料性能检验结果的准确性、可靠性和操作的一致性。本模块主要介绍混凝土用砂石骨料的性能及检测方法，要求掌握砂石料的基本性能指标的测定方法。

【知识导学】　混凝土骨料可占混凝土体积的70％以上，水工大体积混凝土中骨料体积比可达到85％，毫无疑问，骨料质量对混凝土来说十分重要。国内大量工程实践表明，混凝土骨料料源选择研究工作是否充分，不仅对工程质量和投资有直接影响，而且直接关系到工程建设能否顺利进行。

混凝土用骨料，按其粒径大小不同分为细骨料和粗骨料。粒径为0.15～4.75mm的集料称为细骨料（砂）；粒径大于4.75mm的称为粗骨料（石子）。其总体积占混凝土体积的70％～80％，因此骨料的性能对所配制的混凝土性能有很大影响，为保证混凝土的质量，对骨料技术性能的要求主要有：有害杂质含量少；具有良好的颗粒形状，适宜的颗粒级配；表面粗糙，与水泥黏结牢固；性能稳定，坚固耐久等。

【工作任务】　砂石料取样及一般规定

一、试验依据

砂石料试验采用的标准及规范：

（1）《建设用砂》（GB/T 14684—2011）。

（2）《建设用卵石、碎石》（GB/T 14685—2011）。

二、骨料试验的一般规定

（一）检验分类

检验分为出厂检验和型式检验。

1. 出厂检验的项目

天然砂：颗粒级配、含泥量、云母含量、松散堆积密度、泥块含量。

机制砂：颗粒级配、压碎指标、石粉含量、松散堆积密度、泥块含量。

建设用卵石、碎石：压碎指标、颗粒级配、含泥量、泥块含量及针片状含量。

2. 型式检验项目

有下列情况之一时，应进行型式检验：①新产品投产和老产品转产时；②原料资源或生产工艺发生变化时；③正常生产时；④国家质量监督机构要求检查时。

型式检验的项目为

建设用砂：颗粒级配、含泥量、石粉含量和泥块含量、有害物质及坚固性，碱骨料反应根据需要进行；

建设用卵石、碎石：颗粒级配、含泥量和泥块含量、针片状含量、有害物质、坚固性及强度，碱骨料反应根据需要进行。

（二）组批规则

砂、石试验均按同分类、规格、类别及日产量，每 600t 为一验收批，不足 600t 者以一批计；日产量超过 2000t，按 1000t 为一批，不足 1000t 时按一批计。

（三）判定规则

检验（含复验）后，各项性能指标都符合 GB/T 14684—2011、GB/T 14685—2011 规定时，可判为该产品合格。

若颗粒级配、含泥量、石粉含量、泥块含量、松散堆积密度及压碎指标中有一项性能指标不符合要求，则应从同一批产品中加倍取样，对不符合要求的项目进行复检，复检后该项指标符合要求时，可判该类产品合格，仍然不符合本标准要求时，则该批产品判为不合格。

（四）试样取样及处理

1. 取样方法

在料堆上取样时，取样部位应均匀分布。取样前先将取样部位表层铲除，然后从不同部位抽取大致等量的砂 8 份组成一组样品；对于石子由各部位抽取大致 15 等份（在料堆的顶部、中部和底部由均匀分布的 15 个不同部位取得）组成一组样品。

从皮带运输机取样应用接料器在皮带运输机尾的出料处定时抽取，砂为 4 份，石子为 8 份，分别组成一组样品。

从火车、汽车、货船上取样时，应以不同部位和深度抽取大致相等的 8 份砂，16 份石子，分别组成一组样品。

2. 试样数量

单项试验的最少取样数量应符合表 3-1、表 3-2 的规定。做几项试验时，如确能保证试样经一项试验后不致影响另一项试验的结果时，可用同一试样进行几项不同的试验。

3. 试样处理

用分料器法：将样品在潮湿状态下拌和均匀，然后通过分料器，取接料斗中的其中一份再次通过分料器。重复上述过程，直到把样品缩分到试验所需量为止。

人工四分法：将所取样品置于平板上，在潮湿状态下拌和均匀，并堆成厚度约为 20mm 的圆饼，然后沿互相垂直的两条直径把圆饼分成大致相等的 4 份，取其中对角线的两份重新拌匀，再堆成圆饼。重复上述过程，直到把样品缩分到试验所需量为止。

堆积密度及人工砂坚固性检验所用试样可不经缩分，在拌匀后直接进行试验。

（五）试验环境和试验用筛

（1）试验室的温度应保持在（20±5）℃。

（2）试验用筛应满足 GB/T 6003.1 和 GB/T 6003.2 中方孔试验筛的规定，筛孔大于 4.00mm 的试验筛采用穿孔板试验筛。

表 3 - 1 　　　　　　　　　　　　　单项试验所需砂的最少数量 　　　　　　　　　　　　　单位：kg

序号	试验项目	最少取样数量	序号	试验项目		最少取样数量
1	颗粒级配	4.4	8	硫化物及硫酸盐含量		0.6
2	含泥量	4.4	9	氯化物含量		4.4
3	石粉含量	6.0	10	坚固性	天然砂	8.0
4	泥块含量	20.0			人工砂	20.0
5	云母含量	0.6	11	表观密度		2.6
6	轻物质含量	3.2	12	堆积密度与空隙率		5.0
7	有机质含量	2.0	13	碱骨料反应		20.0

表 3 - 2 　　　　　　　　　　　　单项试验所需碎石或卵石取样数量 　　　　　　　　　　　　单位：kg

序号	试验项目	不同最大粒径下的最少取样量/mm							
		9.5	16.0	19.0	26.5	31.5	37.5	63.0	75.0
1	颗粒级配	9.5	16.0	19.0	25.0	31.5	37.5	63.0	80.0
2	含泥量	8.0	8.0	24.0	24.0	40.0	40.0	80.0	80.0
3	泥块含量	8.0	8.0	24.0	24.0	40.0	40.0	80.0	80.0
4	针片状颗粒含量	1.2	4.0	8.0	12.0	20.0	40.0	40.0	40.0
5	有机物含量								
6	硫化物及硫酸盐含量	按试验要求的粒级和数量取样							
7	坚固性								
8	岩石抗压强度	随机选取完整石块锯切或钻取成试验用样品							
9	压碎指标值	按试验要求的粒级和数量取样							
10	表观密度	8.0	8.0	8.0	8.0	12.0	16.0	24.0	24.0
11	堆积密度与空隙率	40.0	40.0	40.0	40.0	80.0	80.0	120.0	120.0
12	碱骨料反应	20.0	20.0	20.0	20.0	20.0	20.0	20.0	20.0

项目一　砂　　料

【知识导学】 混凝土的细骨料主要采用天然砂和机制砂。

天然砂是岩石经风化、水流搬运和分选、堆积所形成的大小不等、由不同矿物散粒组成的混合物，按其产源不同又可分为河砂、湖砂、山砂及淡化海砂。河砂和海砂由于长期受水流的冲刷作用，颗粒表面比较圆滑、洁净、且产源较广，但海砂中常含有贝壳碎片及可溶盐等有害杂质；山砂颗粒多具棱角，表面粗糙，砂中含泥量及有机质等有害杂质较多。建筑工程中一般多采用河砂做细骨料。

机制砂是由机械破碎、筛分制成的，粒径小于4.75mm的岩石颗粒，但不包括软质岩、风化岩石的颗粒。机制砂单纯由矿石、卵石或尾矿加工而成，其颗粒尖锐，有棱角，较洁净，但片状颗粒及细粉含量较多，成本较高。

砂中不应混有草根、树叶、树枝、塑料、煤块、煤渣等杂物。砂中如含有云母、轻物质、有机物、硫化物及硫酸盐、氯盐等，其含量不应超过表 3-3 的规定。砂中云母为表面光滑的小薄片，与水泥浆黏结差，会影响混凝土的强度及耐久性。有机物、硫化物及硫酸盐对水泥有侵蚀作用，而氯盐对混凝土中的钢筋有侵蚀作用。

表 3-3　　　　　　　　　　　　有 害 物 质 含 量

项　　目	指　标		
	Ⅰ 类	Ⅱ 类	Ⅲ 类
云母（按质量计）/%，<	1.0	2.0	2.0
轻物质（按质量计）/%，<	1.0	1.0	1.0
有机物（比色法）	合格	合格	合格
硫化物及硫酸盐（按 SO_3 质量计）/%，<	0.5	0.5	0.5
氯化物（以氯离子质量计）/%，<	0.01	0.02	0.06

根据《建设用砂》（GB/T 14684—2011）的规定，砂按细度模数大小分为粗、中、细三种规格，按技术要求分为Ⅰ类、Ⅱ类、Ⅲ类。

【工作任务】　细骨料（砂）常规指标试验

砂的常规指标包括砂的含泥量及泥块含量、表观密度、堆积密度、空隙率、颗粒级配筛析和含水率等。

任务一　砂 的 含 泥 量 试 验

【试验指标分析】　含泥量是指砂中粒径小于 0.075mm 颗粒的含量；泥块含量是指砂中粒径大于 1.18mm，经水洗手捏后变成小于 0.60mm 颗粒的含量。

一、检测目的

砂中含泥量影响混凝土的强度。泥块对混凝土的抗压、抗渗、抗冻等均有不同程度的影响，尤其是包裹型的泥更为严重。泥遇水成浆，胶结在砂石表面，不易分离，影响水泥与砂石的黏结力。天然砂中含泥量、泥块含量应符合规定。

二、主要仪器设备

（1）方孔筛：孔径为 0.075mm 及 1.18mm 各一个。

（2）电热鼓风干燥箱：能使温度控制在（105±5）℃。

（3）天平：称量 1000g，感量 0.1g；称量 10kg，感量 1g 各一个。

（4）容器：要求淘洗试样时，保持试样不溅出（深度大于 250mm）。

（5）浅盘、毛刷等。

三、检测方法及操作步骤

（1）按规定取样，并将试样缩分至约 1100g，放在烘箱中于（105±5）℃下烘干至恒

重，待冷却至室温后，分为大致相等的两份备用。

（2）称取试样 500g（G_0），精确至 0.1g；将试样倒入淘洗容器中，注入清水，使水面高于试样面约 150mm，充分搅拌均匀后，浸泡 2h，然后用手在水中淘洗试样，使尘屑、淤泥和黏土与砂粒分离，把浑水缓缓倒入 1.18mm 及 75μm 的套筛上（1.18mm 筛放在 75μm 筛上面），滤去小于 75μm 的颗粒。试验前筛子的两面应先用水润湿，在整个过程中应小心防止砂粒流失。

（3）再向容器中注入清水，重复上述操作，直至容器内的水目测清澈为止。

（4）用水淋洗剩余在筛上的细粒，并将 75μm 筛放在水中（使水面略高出筛中砂粒的上表面）来回摇动，以充分洗掉小于 75μm 的颗粒，然后将两只筛的筛余颗粒和清洗容器中已经洗净的试样一并倒入搪瓷盘，放在烘箱中于（105±5）℃下烘干至恒重，待冷却至室温后，称出其质量（G_1），精确至 0.1g。

四、试验结果

含泥量按下式计算，精确至 0.1%：

$$G_a = \frac{G_0 - G_1}{G_0} \times 100\% \tag{3-1}$$

式中　G_a——含泥量，%；

$\quad\quad$ G_0——试验前烘干试样质量，g；

$\quad\quad$ G_1——试验后烘干试样质量，g。

含泥量取两次试验结果的算术平均值作为测定值，精确至 0.1%。

注意：恒量系指试样在烘干 3h 以上，其前后质量之差不大于该项试验所要求的称量精度。

【规范要求】　Ⅰ类砂含泥量不大于 1.0%，Ⅱ类砂含泥量不大于 3.0%，Ⅲ类砂含泥量不大于 5.0%。

任务二　砂的表观密度试验

【试验指标分析】　砂的表观密度是指砂在自然状态下，单位体积的干质量。自然状态下的体积是指包括孔隙在内的体积。外形规则的材料可根据其外形尺寸计算出其体积，外形不规则的材料可使用排水法测得其体积。

表观密度是反映整体材料在自然状态下的物理参数。表观密度 ρ_0，一般是指材料在气干状态下的 ρ_0；在烘干状态下的 ρ_0，称为干表观密度。

一、主要仪器设备

（1）电热鼓风干燥箱：能使温度控制在（105±5）℃。

（2）天平：称量 1000g、感量 0.1g，称量 2kg、感量 1g 各一台。

（3）容量瓶（图 3-1）：500mL，1000mL，磨口。

（4）方孔筛：孔径为 4.75mm 的筛一只。

（5）温度计、干燥器、浅盘、滴管、毛刷等。

二、检测方法及操作步骤

（1）按规定取样，并将试样缩分至约 660g，放在烘箱中于 (105 ± 5)℃下烘干至恒重，待冷却至室温后，分为大致相等两份备用。

（2）称取试样 300g (G_0)，精确至 0.1g。将试样倒入容量瓶，注入冷开水至接近 500mL 的刻度处，用手旋转摇动容量瓶，使砂样充分摇动，排除气泡，塞紧瓶盖，静置 24h。然后用滴管小心加水至容量瓶 500mL 刻度处，塞紧瓶塞，擦干瓶外水分，称出其质量 (G_1)，精确至 0.1g。

（3）倒出瓶内水和试样，洗净容量瓶，再向容量瓶内注入水，至 500mL 刻度处，塞紧瓶塞，擦干瓶外水分，称出其质量 (G_2)，精确至 0.1g。

图 3-1 容量瓶

三、试验结果

砂的表观密度按下式计算（精确至 $10kg/m^3$）：

$$\rho_0 = \left(\frac{G_0}{G_0 + G_2 - G_1}\right)\rho_H \tag{3-2}$$

式中 ρ_0、ρ_H——砂的表观密度和水的密度，kg/m^3；

G_0、G_1、G_2——烘干试样质量，试样、水及容量瓶的总质量，水及容量瓶的总质量，g。

表观密度取两次试验结果的算术平均值（精确至 $10kg/m^3$），如两次之差大于 $20kg/m^3$，须重新试验。

【规范要求】 砂的表观密度不小于 $2500kg/m^3$。

任务三 砂的堆积密度试验

【试验指标分析】 砂的堆积密度是指砂在自然堆积状态下单位体积的质量。堆积密度的堆积体积 V_0' 中，既包括了砂子颗粒内部的孔隙，也包括了颗粒间的空隙。松散体积用容量筒测定。其堆积密度不仅与其颗粒的宏观结构、含水状态等有关，而且还与其颗粒间空隙或颗粒间被挤压实的程度等因素有关。因此，堆积密度变化范围更大。

表观密度、堆积密度常用来计算材料的密实度、空隙率和孔隙率，或用来计算材料的用量、自重、运输量及堆积空间等。并且，材料的表观密度大小直接影响材料的强度、保温、隔热等性能。

一、主要仪器设备

（1）电热鼓风烘箱：能使温度控制在 (105 ± 5)℃。

（2）天平：称量 10kg，感量 1g。

图 3-2　漏斗

（3）容量筒：圆柱形金属筒，内径 108mm，净高 109mm，壁厚 2mm，筒底厚约 5mm，容积为 1L。

（4）方孔筛：孔径为 4.75mm 的筛一只。

（5）直尺、漏斗（图 3-2）或料勺、浅盘、毛刷等。

二、检测方法及操作步骤

（1）试样制备。按规定取样，用浅盘装试样约 3L，在温度为 (105±5)℃的烘箱中烘干至恒量，冷却至室温，筛除大于 4.75mm 的颗粒，分成大致相等的两份备用。

（2）松散堆积密度测定。将一份试样，通过漏斗或用料勺，从容积筒口以上 50mm 处徐徐装入，装满并超出筒口。用钢尺沿筒口中心线向两个相反方向刮平（勿触动容量筒），称出试样和容量筒总质量，精确至 1g。

（3）紧密堆积密度。取试样一份分两次装满容量筒。每次装完后在筒底垫放一根直径为 10mm 的圆钢（第二次垫放钢筋与第一次方向垂直），将筒按住，左右交替击地面 25 次。再加试样直至超过筒口，用直尺沿筒口中心线向两边刮平，称出试样和容量筒总质量，精确至 1g。

三、试验结果

松散或紧密堆积密度按下式计算，精确至 $10kg/m^3$：

$$\rho_1 = \frac{G_1 - G_2}{V} \tag{3-3}$$

式中　ρ_1——松散或紧密堆积密度，kg/m^3；

　　　G_1——试样和容量筒总质量，g；

　　　G_2——容量筒质量，g；

　　　V——容量筒的容积，L。

堆积密度取两次试验结果的算术平均值，精确至 $10kg/m^3$。

空隙率按下式计算，精确至 1%：

$$V_0 = \left(1 - \frac{\rho_1}{\rho_0}\right) \times 100\% \tag{3-4}$$

式中　V_0——空隙率，%；

　　　ρ_1——试样的松散（或紧密）堆积密度，kg/m^3；

　　　ρ_0——试样的表观密度，kg/m^3。

空隙率取两次试验结果的算术平均值，精确至 1%。

【规范要求】　砂的松散堆积密度不小于 $1400kg/m^3$。

任务四　砂的颗粒级配试验

【试验指标分析】　砂的颗粒级配与粗细程度

砂的颗粒级配，是表示砂大小颗粒的搭配情况。在混凝土中砂粒之间的空隙是由水泥浆所填充的，空隙率越小，混凝土骨架越密实，所需水泥浆越少，且有助于混凝土强度和耐久性的提高。

砂的粗细程度，是指不同粒径的砂粒，混合在一起后的总体粗细程度。在相同质量条件下，细砂的总表面积较大，而粗砂的总表面积较小。在混凝土中，砂子的表面需要由水泥浆包裹，砂子的总表面积越大，则需要包裹砂粒表面的水泥浆就越多。因此，一般说用粗砂拌制混凝土比用细砂所需的水泥浆少。

所以建设用砂应同时考虑砂的颗粒级配和粗细程度。应选择颗粒级配好、粗细程度均匀的砂，即砂中含有较多的粗颗粒，并以适当的中颗粒及少量细颗粒填充其空隙，达到空隙率及总表面积均较小。这样的砂，不仅水泥浆用量较少，而且还可提高混凝土的密实性与强度。可见控制砂的颗粒级配和粗细程度有很大的技术经济意义，因而它是评定砂质量的重要指标。

砂的颗粒级配和粗细程度，用筛分析的方法进行测定。用级配区表示砂的颗粒级配，用细度模数（M_X）表示砂的粗细。筛分析的方法，是用一套孔径（净尺寸）为 4.75mm、2.36mm、1.18mm、0.60mm、0.30mm 及 0.15mm 的标准筛，将 500g 质量的干砂试样由粗到细依次过筛，然后称量余留在各个筛上的砂的质量，并计算出各筛上的分计筛余百分率 α_1、α_2、α_3、α_4、α_5、α_6（各筛上的筛余量占砂样总量的百分率）及累计筛余百分率 A_1、A_2、A_3、A_4、A_5 和 A_6（各个筛和比该筛粗的所有分计筛余百分率的和）。累计筛余与分计筛余的关系见表 3-4。

根据下列公式计算砂的细度模数 M_X：

$$M_X = \frac{(A_2 + A_3 + A_4 + A_5 + A_6) - 5A_1}{100 - A_1} \tag{3-5}$$

细度模数（M_X）越大，表示砂越粗，建筑用砂的规格按细度模数划分，M_X 为 3.7～3.1 为粗砂，M_X 为 3.0～2.3 为中砂，M_X 为 2.2～1.6 为细砂。混凝土用砂以中砂为好。

表 3-4　　　　　　　　　　　　　累计筛余与分计筛余的关系

筛孔尺寸/mm	分计筛余/%	累计筛余/%
4.75	α_1	$A_1 = \alpha_1$
2.36	α_2	$A_2 = \alpha_1 + \alpha_2$
1.18	α_3	$A_3 = \alpha_1 + \alpha_2 + \alpha_3$
0.60	α_4	$A_4 = \alpha_1 + \alpha_2 + \alpha_3 + \alpha_4$
0.30	α_5	$A_5 = \alpha_1 + \alpha_2 + \alpha_3 + \alpha_4 + \alpha_5$
0.15	α_6	$A_6 = \alpha_1 + \alpha_2 + \alpha_3 + \alpha_4 + \alpha_5 + \alpha_6$

根据 0.60mm 筛孔的累计筛余百分率，分成三个级配区（表 3-5），混凝土用砂的颗粒级配，应处于表 3-5 中的任何一个级配区以内。但砂的实际筛余率，除 4.75mm 和 0.60mm 筛挡外，允许稍有超出，但其总量不应大于 5%。

为便于应用，可将表 3-5 中的数据，绘制成砂级配曲线图，即以累计筛余百分率为纵坐标，以筛孔尺寸为横坐标，画出砂的"Ⅰ、Ⅱ、Ⅲ"三个区的级配曲线，如图 3-3

所示。使用时，将砂子筛分试验测算得到的各累计筛余百分率，点绘到图 3-3 中，并连成曲线，然后观察此筛分结果的曲线，只要曲线落在三个区的任何一个区内，判断砂子级配合格。

表 3-5　　　　　　　　　　　　　　砂 级 配 区 的 规 定

砂的分类	天然砂			机制砂		
	级　　　配　　　区					
筛孔尺寸/mm	Ⅰ区	Ⅱ区	Ⅲ区	Ⅰ区	Ⅱ区	Ⅲ区
	累计筛余（按重量计）/%					
9.50	0	0	0	0	0	0
4.75	10～0	10～0	10～0	10～0	10～0	10～0
2.36	35～5	25～0	15～0	35～5	25～0	15～0
1.18	65～35	50～10	25～0	65～35	50～10	25～0
0.60	85～71	70～41	40～16	85～71	70～41	40～16
0.30	95～80	92～70	85～55	95～80	92～70	85～55
0.15	100～90	100～90	100～90	97～85	94～80	94～75

注　1. 砂的实际颗粒级配与表中所列数字相比，除 4.75mm 和 0.6mm 筛挡外，可以略有超出，但是超出总量应小于 5%。

　　2. Ⅰ区人工砂中 0.15mm 筛孔的累计筛余可以放宽到 100%～85%；Ⅱ区人工砂中 0.15mm 筛孔的累计筛余可以放宽到 100%～80%；Ⅲ区人工砂中 0.15mm 筛孔的累计筛余可以放宽到 100%～75%。

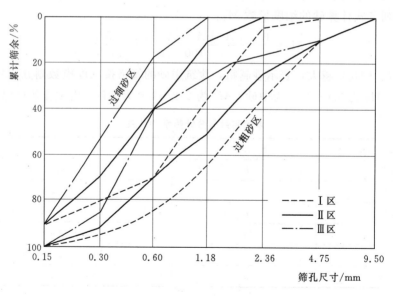

图 3-3　砂的 1、2、3 级配区曲线

一般处于Ⅰ区的砂较粗，属于粗砂，其保水性较差，应适当提高砂率，并保证足够的水泥用量，以满足混凝土的和易性；Ⅲ区砂细颗粒多，配制混凝土的黏聚性、保水性易满足，但混凝土干缩性大，容易产生微裂缝，宜适当降低砂率；Ⅱ区砂粗细适中，级配良好，拌制混凝土时宜优先选用。如果砂的自然级配不符合要求，应采用人工级配的方法来

改善。最简单的措施是将粗、细砂按适当比例进行
掺配。

一、主要仪器设备

（1）鼓风烘箱：能使温度控制在（105±5）℃。

（2）摇筛机（图3-4）。

（3）方孔筛（图3-4）：孔径为0.15mm、0.30mm、0.60mm、1.18mm、2.36mm、4.75mm及9.5mm的筛各一只。

（4）天平：称量1000g，感量1g。

（5）搪瓷盘，毛刷等。

图3-4　方孔筛及摇筛机

二、检测方法及操作步骤

（1）按规定取样，筛除大于9.50mm的颗粒（并算出其筛余百分率），并将试样缩分至约1100g，放在烘箱中于（105±5）℃下烘干至恒重，待冷却至室温后，分为大致相等的两份备用。

（2）称取试样500g，精确至1g。将试样倒入按孔径大小从上到下组合的套筛（附筛底）上，然后进行筛分。

（3）将套筛置于摇筛机上，摇10min；取下套筛，按筛孔大小顺序再逐个用手筛，筛至每分钟通过量小于试样总量0.1%为止。通过的颗粒进入下一号筛，并和下一号筛中试样一起过筛，按这样顺序进行，直至每个筛全部筛完为止。

注意：当试样含泥量超过5%时，应将试样水洗然后烘干至恒重在进行筛分。

（4）称出各号筛的筛余量，精确至1g，试样在各筛上的筛余量不得超过按下式计算出的量：

$$G = \frac{Ad^{0.5}}{200} \qquad (3-6)$$

式中　G——在一个筛上的筛余量，g；

　　　A——筛面面积，mm²；

　　　d——筛孔尺寸，mm²。

超过时应按下列方法之一进行处理：

1）将该粒级试样分成少于按上式计算出的量，分别筛分，并以筛余量之和作为该号筛的筛余量；

2）将该粒级及以下各粒级的筛余混合均匀，称出其质量，精确至1g。再用四分法缩分为大致相等的两份，取其中一份，称出其质量，精确至1g，继续筛分。计算该粒级及以下各粒级的分计筛余量时应根据缩分比例进行修正。

三、试验结果

（1）计算分计筛余百分率：各号筛的筛余量与试样总量之比，计算精确至0.1%。

（2）计算累计筛余百分率：该号筛的筛余百分率加上该号筛以上各筛余百分率之和，计算精确至 0.1%。

（3）砂的细度模数按下式计算（精确至 0.01）：

$$M_X = \frac{(A_2 + A_3 + A_4 + A_5 + A_6) - 5A_1}{100 - A_1} \tag{3-7}$$

式中　A_1、A_2、A_3、A_4、A_5、A_6——4.75mm、2.36mm、1.18mm、$600\mu m$、$300\mu m$、$150\mu m$ 筛的累计筛余百分率。

累计筛余百分率取两次试验结果的算术平均值，精确至 1%。细度模数取两次试验结果的算术平均值，精确至 0.1；如两次的细度模数之差超过 0.2 时，须重新试验。

任务五　砂的含水率试验

【试验指标分析】　一般地，我们把砂的含水状态分为四种，分别是干燥、气干、饱和面干及湿润状态。水工混凝土多按饱和面干状态砂作为基准状态设计配合比。工业与民用建筑中则习惯用干燥状态的砂（含水率小于 0.5%）及石子（含水率小于 0.2%）来设计配合比。

砂的含水状态主要与其本身的组成、孔隙含量，特别是毛细孔的含量有关。同时还与周围环境的湿度，温度有关。当空气中湿度在较长时间内稳定时，砂的含水率处于平衡状态。

砂子吸水后，除了本身质量增加外，可削弱材料内部质点间的结合力或吸引力，导致其强度的降低、体积膨胀。在多数情况下，材料的吸水性对材料的使用是不利的，这会对工程带来不利的影响。

一、主要仪器设备

（1）电热鼓风干燥箱：能使温度控制在 （105±5）℃。

（2）天平：称量 1000g，感量 0.1g，称量 10kg，感量 1g 各一个。

（3）饱和面干试模及重约 340g 的捣棒。

（4）小铲、小勺、吸管、浅盘、毛刷、毛巾等。

二、检测方法及操作步骤

（1）将自然潮湿状态下的试样用四分法缩分至约 1100g，拌匀后分为大致相等的两份备用。

（2）称取试样一份，精确至 1g，放在干燥箱中于 （105±5）℃下烘干至恒量，待冷却至室温后，称出其质量，精确至 1g。

三、试验结果

含水率按下式计算，精确至 0.1%：

$$Z = \frac{G_1 - G_2}{G_1} \times 100\% \tag{3-8}$$

式中　Z——含水率,%；

　　G_1——烘干前的试样质量，g；

　　G_2——烘干后的试样质量，g。

含水率取两次试验结果的算术平均值，精确至 0.1%；两次试验结果之差大于 0.2%时，应重新试验。

附表　建设用砂试验报告

报告编号：XGL20150709-01　　报告日期：2015年7月9日

委托单位：	××××××××××工程项目部
工程名称：	××××××××××××××工程

样品编号：	XGL20120702-01	规　　格：	河砂、中砂
产　　地：	××××砂场	取样地点：	工地送样
抽样方法：	随机　代表数量：　750t	取 样 人：	
检验依据：	GB/T 14684—2011	检测日期：	2015年7月3日起
主要检验设备及编号：	震击式摇筛机、电子天平、砂料标准筛、烘箱等		

检　验　结　果		
检验项目	标准要求	实测值
含泥量/%	≤3.0	2.1
堆积密度/(kg/m³)	≥1400	1640
表观密度/(kg/m³)	≥2500	2650
饱和面干吸水率/%		1.20
细度模数 F·M	2.3~3.0	2.64
泥块含量	≤1.0	0
有机质含量	合格	合格
硫化物及硫酸盐含量/%	≤0.5	0.16
云母含量/%	≤2.0	0.6
坚固性/%	≤8	3

颗粒级配	筛孔/mm	9.50	4.75	2.36	1.18	0.60	0.30	0.15	<0.15
	累计筛余/%	0	1.8	7.0	27.7	54.1	84.2	95.7	99.4

检验结论	经检测，该样品所检项目检测结果符合《建设用砂》（GB/T 14684—2011）中6.1、6.2.1、6.3、6.4.1、6.5中Ⅱ类砂的相关技术要求。 （盖　　章）
备注	

批准：　　　　　　　　　审核：　　　　　　　　　试验：

　年　月　日　　　　　　　年　月　日　　　　　　　年　月　日

项目二 石 料

【知识导学】

石子是组成混凝土骨架的主要组分，其质量对混凝土工作性、强度及耐久性等有直接影响。因此，石料除应满足一般要求外，还应对其颗粒形状、表面状态、强度、粒径及颗粒级配有一定的要求。

混凝土中常用的粗骨料有碎石和卵石。卵石又称砾石，它是由天然岩石经自然风化、水流搬运和分选、堆积形成的，粒径大于4.75mm的岩石颗粒。碎石是由天然岩石、卵石或矿山废石经机械破碎、筛分而成的粒径大于4.75mm的岩石颗粒。卵石按其产源可分为河卵石、海卵石及山卵石等几种，其中以河卵石应用较多。卵石中有机杂质含量较多，但与碎石比较，卵石表面光滑，棱角少，空隙率及表面积小，拌制的混凝土水泥浆用量少，和易性较好，但与水泥石胶结力差。在相同条件下，卵石混凝土的强度较碎石混凝土低。碎石由天然岩石或卵石经破碎、筛分而成，表面粗糙，棱角多，较洁净，与水泥浆黏结比较牢固。

根据《建设用卵石、碎石》（GB/T 14685—2011）的规定，按卵石、碎石技术要求，石子分为Ⅰ类、Ⅱ类、Ⅲ类。

【工作任务】 碎石、卵石常规指标试验

包括有石子的含泥量，表观密度、堆积密度、空隙率、颗粒级配筛析试验、含水率、针片状颗粒含量、颗粒级配及压碎指标测定。

任务一 石子的颗粒级配试验

【试验指标分析】 粗骨料的颗粒级配对混凝土的影响与细骨料相同，且其影响程度更大。良好的粗骨料对提高混凝土强度、耐久性、节约水泥用量是极为有利的。

粗骨料的颗粒级配与细骨料的颗粒级配原理相同。取一套孔径为2.36mm、4.75mm、9.50mm、16.0mm、19.0mm、26.5mm、31.5mm、37.5mm、53.0mm、63.0mm、75.0mm及90mm的标准方孔筛进行试验，按各筛上的累计筛余百分率划分即可。

粗骨料级配按供应情况可分为连续粒级和单粒粒级两种。连续级配（粒级）是将石子按其尺寸大小分级，分级尺寸是连续的，即从某一最大粒级以下依次有其他粒级。连续级配集料与天然集料情况比较接近，配制的混凝土一般工作性良好，不易发生离析，是最常用的集料，但不一定是级配最好的集料。单粒级集料能避免连续级配中的较大粒级集料在堆放及装卸过程中的离析现象，可以通过各粒级的不同组合，配制成各种不同要求的级配集料，以保证混凝土的质量和施工要求，便于大型混凝土搅拌厂使用。

水工混凝土所用粗骨料粒径大、用量多，为获得级配良好的粗骨料，同时为避免堆放、运输石子时产生分离，常常将石子筛分为若干单粒级，分别堆放，常分为4级：5～20mm（小石）；20～40mm（中石）；40～80mm（大石）；80～120（或150）mm（特大石）。根据建筑物结构情况及施工条件，确定最大粒径后，在混凝土拌和时再选择采用

一级、二级、三级或四级的石子配合使用。若石子最大粒径为 20mm，采用一级配，即只用小石一级；最大粒径为 40mm，采用二级配，即用小石与中石两粒级组合；最大粒径为 80mm，采用三级配，即用小石、中石、大石三粒级组合；最大粒径为 120（或 150）mm，采用四级配，即用小石、中石、大石、特大石四粒级组合。各级石子的配合比例，需通过试验来确定最佳的比例，其原理为空隙率达到最小或堆密度最大且满足混凝土拌和物和易性要求。

另外还有一种间断级配，即有意剔除中间尺寸的颗粒，使大颗粒与小颗粒间有较大的"空当"，按理论上计算，当分级增大时集料空隙率的降低速率较连续级配大，可较好地发挥集料的骨架作用而减少水泥用量，使用于低流动性或干硬性混凝土。但间断级配集料配制的混凝土拌和物往往易于离析、和易性较差，工程中较少采用。

在实际工程中，必须将试验选定的最优级配与料场中天然级配结合起来考虑，要进行调整与平衡计算，以减少集料生产中的弃料。

施工现场的分级石子中往往存在超、逊径现象。超（逊）径是指在某一级石子中混有大于（小于）这一级粒径的石子。规范规定，以原孔筛检验，超径量应小于 5%，逊径量应小于 10%。以超逊径筛检验，超径为零，逊径量小于 2%。若不符合要求，要进行二次筛分或调整集料级配。

《建设用卵石、碎石》（GB/T 14685—2011）规定，粗集料级配应符合表 3-6 的要求。

表 3-6　　　　　　　　　　碎石或卵石的颗粒级配范围

级配情况	公称粒级/mm	累计筛余（按质量计）/%											
		筛孔尺寸（圆孔筛）/mm											
		2.36	4.75	9.50	16.0	19.0	26.5	31.5	37.5	53.0	63.0	75.0	90
连续粒级	5～10	95～100	80～100	0～15	0								
	5～16	95～100	85～100	30～60	0～10	0							
	5～20	95～100	90～100	40～80	—	0～10	0						
	5～25	95～100	90～100	—	30～70	—	0～5	0					
	5～31.5	95～100	90～100	70～90	—	15～45	—	0～5	0				
	5～40	—	95～100	75～90	—	30～65	—	—	0～5	0			
单粒级	10～20		95～100	85～100	—	0～15	0						
	16～31.5		95～100		85～100			0～10	0				
	20～40			95～100		80～100			0～10	0			
	31.5～63				95～100			75～100	45～75		0～10	0	
	40～80					95～100			70～100		30～60	0～10	0

注　公称粒级的上限为该粒级的最大粒径。

一、主要仪器设备

（1）试验筛：孔径为 2.36mm、4.75mm、9.50mm、16.0mm、19.0mm、26.5mm、

31.5mm、37.5mm、53.0mm、63.0mm、75.0mm、90mm的筛各一只，并附有筛底和盖（筛框内径300mm）。

（2）台秤：称量10kg，感量1g。

（3）烘箱：能使温度控制在（105±5）℃。

（4）摇筛机。

（5）搪瓷盘、毛刷等。

二、检测方法及操作步骤

（1）按规定取样，将试样缩分到略多于表3-7规定的质量，烘干或风干后备用。

表3-7　　　　　　　　　　　颗粒级配所需试样质量

最大粒径/mm	9.5	16.0	19.0	26.5	31.5	37.5	63.0	75.0
最少试样质量/kg	1.9	3.2	3.8	5.0	6.3	7.5	12.6	16.0

（2）按上表规定称取试样一份，精确至1g。将试样倒入按筛孔大小从上到下组合的套筛上。

（3）将套筛在摇筛机上筛10min，取下套筛，按筛孔大小顺序再逐个用手筛，筛至每分钟通过量不超过试样总量的0.1%时为止。通过的颗粒并入下一号筛中，并和下一号筛中的试样一起过筛。对大于19.0mm的颗粒，筛分时允许用手拨动。

（4）称出各筛的筛余量，精确至1g。

注意：筛分后，若各筛的筛余量与筛底的试样之和超过原试样质量的1%时，须重新试验。

三、试验结果

（1）计算各筛的分计筛余百分率（筛余量与试样总质量之比），精确至0.1%。

（2）计算各筛的累计筛余百分率（该号筛的分计筛余百分率与该号筛以上各分计筛余百分率之和），精确至0.1%。

根据各号筛的累计筛余百分率，评定该试样的颗粒级配。

任务二　石子的表观密度试验

一、主要仪器设备

（1）鼓风烘箱：温度能控制在（105±5）℃。

（2）台秤：称量5kg，感量5g。

（3）吊篮：直径和高度均为150mm，由孔径为1~2mm的筛网或钻有2~3mm孔洞的耐蚀金属板制成。

（4）方孔筛：孔径为4.75mm的筛一只。

（5）盛水容器：有溢水孔。

（6）温度计、搪瓷盘、毛巾等。

二、检测方法及操作步骤

（1）按规定取样，用四分法缩分至不少于表3-8规定的数量，风干后筛去4.75mm以下的颗粒，洗刷干净后，分为大致相等的两份备用。

表3-8 表观密度试验所需试样数量

最大粒径/mm	小于26.5	31.5	37.5	63.0	75.0
最少试样质量/kg	2.0	3.0	4.0	6.0	6.0

（2）将一份试样装入吊篮，并浸入盛水的容器内，液面至少高出试样表面50mm。浸水24h后，移放到称量用的盛水容器中，升降吊篮，排除气泡（试样不得露出水面）。吊篮每升降一次约1s，升降高度约30~50mm。

（3）测量水温后（吊篮应在水中），称出吊篮及试样在水中的质量，精确至5g，称量时盛水容器中水面的高度由容器的溢水孔控制。

（4）提起吊篮，将试样倒入浅盘，在烘箱中烘干至恒量，冷却至室温，称出其质量，精确至5g。

（5）称出吊篮在同样温度水中的质量，精确至5g。称量时盛水容器中水面的高度由容器的溢水孔控制。

三、试验结果

表观密度按下式计算，精确至10kg/m³：

$$\rho_0 = \left(\frac{G_0}{G_0 + G_2 - G_1}\right)\rho_H \qquad (3-9)$$

式中 ρ_0——表观密度，kg/m³；

G_0——烘干后试样的质量，g；

G_1——吊篮及试样在水中的质量，g；

G_2——吊篮在水中的质量，g；

ρ_H——水的密度，1000 kg/m³。

表观密度取两次试验结果的算术平均值，若两次结果之差大于20 kg/m³，须重新试验。对材质不均匀的试样，如两次结果之差大于20kg/m³，可取四次试验结果的算术平均值。

【规范要求】 石子的表观密度不小于2600kg/m³。

任务三　石子的堆积密度及空隙率试验

一、主要仪器设备

（1）台秤：称量10kg、感量10g，称量50kg或100kg、感量50g各一台。

（2）容量筒：按石子最大粒径不同依表 3-9 选用。

（3）垫棒：直径 16mm、长 600mm 的圆钢，直尺、小铲等。

表 3-9　　　　　　　　　　　容量筒的选用规定

最大粒径/mm	容量筒容积/L	容量筒规格		
		内径/mm	净高/mm	壁厚/mm
9.5，16.0，19.0，26.5	10	208	294	2
31.5，37.5	20	294	294	3
53.0，63.0，75.0	30	360	294	4

二、检测方法及操作步骤

（1）按规定取样，烘干或风干，拌匀后分成大致相等的两份备用。

（2）松散堆积密度：将一份试样用小铲从容量筒口中心上方 50mm 处徐徐到入，当容量筒上部试样呈锥体，并向四周溢满时，停止加料。除去筒口表面以上的颗粒，并以合适的颗粒填入凹陷处，使凹凸部分体积大致相等。称出试样与筒的总质量。

（3）紧密堆积密度：将一份试样分三次装入容量筒，每装一层，均在筒底垫放一根圆钢，将筒按住，左右交替颠击地面 25 次（筒底垫放的钢筋方向与上一次垂直），试样装填完毕，再加试样直至超过筒口，用钢尺沿筒口边缘刮去高出的试样，并以合适的颗粒填入凹陷处，使凹凸部分体积大致相等。称出试样与筒的总质量，精确至 10g。

三、试验结果

（1）松散或紧密堆积密度按下式计算，精确至 $10kg/m^3$：

$$\rho_1 = \frac{G_1 - G_2}{V} \tag{3-10}$$

式中　ρ——松散或紧密堆积密度，kg/m^3；

　G_1——筒和试样总质量，g；

　G_2——筒本身质量，g；

　V——筒本身容积，L。

（2）空隙率按下式计算，精确至 1%：

$$V_0 = \left(1 - \frac{\rho_1}{\rho_0}\right) \times 100\% \tag{3-11}$$

式中　V_0——空隙率，%；

　ρ_1、ρ_0——石子的堆积密度及表观密度，kg/m^3。

取两次试验的算术平均值为结果。

【规范要求】　石子连续级配松散堆积空隙率Ⅰ类不大于 43%，Ⅱ类不大于 45%，Ⅲ类不大于 47%。

任务四　石子的含泥量试验

一、主要仪器设备

（1）方孔筛：孔径为 0.075mm 及 1.18mm 各一个。

（2）电热鼓风干燥箱：能使温度控制在（105±5）℃。

（3）天平：称量 10kg，感量 1g。

（4）容器：要求淘洗试样时，保持试样不溅出（深度大于 250mm）。

（5）浅盘、毛刷等。

二、检测方法及操作步骤

（1）按规定取样，并将试样缩分至略大于表 3－10 中规定的数量，放在烘箱中于（105±5）℃下烘干至恒量，待冷却至室温后，分为大致相等的两分备用。

表 3－10　　　　　　　　　　含泥量试验所需试样数量

最大粒径/mm	9.5	16.0	19.0	26.5	31.5	37.5	63.0	75.0
最少试样质量/kg	2.0	2.0	6.0	6.0	10.0	10.0	20.0	20.0

（2）称取上表中规定数量的试样一份，精确到 1g。将试样放入淘洗容器中，注入清水，使水面高于试样上表面 150mm，充分搅拌均匀后，浸泡 2h，然后用手在水中淘洗试样，使尘屑、淤泥和黏土与石子颗粒分离，把浑水缓缓倒入 1.18mm 及 75μm 的套筛上（1.18mm 筛放在 75μm 筛上面），滤去小于 75μm 的颗粒。试验前筛子的两面应先用水润湿。在整个试验过程中应小心防止大于 75μm 颗粒流失。

（3）再向容器中注入清水，重复上述操作，直至容器内的水目测清流为止。

（4）用水淋洗剩余在筛上的细粒，并将 75μm 筛放在水中（使水面略高出筛中石子颗粒的上表面）来回摇动，以充分洗掉小于 75μm 的颗粒，然后将两只筛上筛余的颗粒和清洗容器中已经洗净的试样一并倒入搪瓷盘中，置于烘箱中（105±5）℃下烘干至恒量，待冷却至室温后，称出其质量，精确至 1g。

三、试验结果

含泥量按下式计算，精确至 0.1%：

$$G_a = \frac{G_0 - G_1}{G_0} \times 100\% \qquad\qquad (3-12)$$

式中　G_a——含泥量，%；

　　　G_0——试验前烘干试样质量，g；

　　　G_1——试验后烘干试样质量，g。

含泥量取两次试验结果的算术平均值作为测定值，精确至 0.1%。

【规范要求】　石子含泥量Ⅰ类小于 0.5%，Ⅱ类小于 1.0%，Ⅲ类小于 1.5%。

任务五　石子的含水率试验

一、主要仪器设备

（1）电热鼓风干燥箱：能使温度控制在（105±5）℃。

（2）天平：称量10kg，感量1g。

（3）小铲、浅盘、毛刷、毛巾等。

二、检测方法及操作步骤

（1）按规定取样，并将试样缩分至略大于表3-11中规定的数量，放在烘箱中于（105±5）℃下烘干至恒量，待冷却至室温后，分为大致相等的两分备用。

表 3-11　　　　含水率试验所需试样数量

最大粒径/mm	9.5	16.0	19.0	26.5	31.5	37.5	63.0	75.0
最少试样质量/kg	2.0	2.0	4.0	4.0	4.0	6.0	6.0	6.0

（2）称取试样一份，精确至1g，放在烘箱中于（105±5）℃下烘干至恒量，待冷却至室温后，称出其质量，精确至1g。

三、试验结果

含水率按下式计算，精确至0.1%：

$$W = \frac{G_1 - G_2}{G_1} \times 100\% \tag{3-13}$$

式中　W——含水率，%；

G_1——饱和面干试样的质量，g；

G_2——烘干后试样的质量，g。

含水率取两次试验结果的算术平均值，精确至0.1%。

任务六　石子的针片状颗粒含量试验

【试验指标分析】　凡石子长度大于该颗粒所属粒级的平均粒径的2.4倍者为针状颗粒，厚度小于平均粒径0.4倍者为片状颗粒。平均粒径指该粒级上、下限粒径尺寸的平均值。针片状颗粒易折断，还会使石子的空隙率增大，对混凝土的和易性及强度影响很大，应限制其含量。

一、主要仪器设备

（1）针状规准仪与片状规准仪（图3-5）。

（2）天平：称量10kg，感量1g。

图 3-5　针状、片状规准仪

（3）方孔筛：孔径为 4.75mm、9.50mm、16.0mm、19.0mm、26.5mm、31.5mm 及 37.5mm 的筛各一个。

二、检测方法及操作步骤

按规定取样，并将试样缩分至略大于表 3-12 所规定的数量，烘干或风干后备用。

根据试样的最大粒径，称取按表 3-12 所规定的数量试样一份，精确到 1g。然后按表 3-13 规定的粒级按规定进行筛分。

表 3-12　　　　　　　　　针、片状颗粒含量试验所需试样数量

最大粒径/mm	9.5	16.0	19.0	26.5	31.5	37.5	63.0	75.0
最少试样质量/kg	0.3	1.0	2.0	3.0	5.0	10.0	10.0	10.0

表 3-13　　　针、片状颗粒含量试验的粒级划分及其相应的规准仪孔宽或间距　　　　单位：mm

石子粒级	4.75～9.5	9.5～16.0	16.0～19.0	19.0～26.5	26.5～31.5	31.5～37.5
片状规准仪相对应孔宽	2.8	5.1	7.0	9.1	11.6	13.8
针状规准仪相对应间距	17.1	30.6	42.0	54.6	69.6	82.8

按上表所规定的粒级分别用规准仪逐粒检验，凡颗粒长度大于针状规准仪上相应间距者，为针状颗粒；颗粒厚度小于片状规准仪上相应孔宽者，为片状颗粒。称出其总质量，精确至 1g。

三、试验结果

针、片状颗粒含量按下式计算，精确至 1%：

$$Q_C = \frac{G_2}{G_1} \times 100\% \qquad (3-14)$$

式中　　Q_C——针、片状颗粒含量，%；

G_1——试样的质量，g；

G_2——试样中所含针、片状颗粒的总质量，g。

【规范要求】　石子针片状含量要求见表 3-14。

表 3-14　　　　　　　　　　　碎石或卵石的针片状颗粒含量

项　目	指　标		
	Ⅰ类	Ⅱ类	Ⅲ类
针片状颗粒（按质量计）/%，<	5	15	25

任务七　石子的压碎指标值试验

【试验指标分析】　为保证混凝土的强度要求，粗集料都必须质地致密、具有足够的强度。碎石或卵石的强度，用岩石立方体强度和压碎指标两种方法表示。在选择采石场或对粗集料强度有严格要求或对质量有争议时，宜用岩石立方体强度做检验。对经常性的生产质量控制则用压碎指标值检验较为简便。

岩石立方体强度是将岩石制成 50mm×50mm×50mm 的立方体（或直径与高均为 50mm 的圆柱体）试件，在水饱和状态下，测其抗压强度（MPa），火成岩试件的强度应不小于 80MPa，变质岩应不小于 60MPa，水成岩应不小于 30MPa。

石子压碎指标的测定，可以间接推测其相应强度，评定石子的质量。压碎指标表示石子抵抗压碎的能力，混凝土用碎石或卵石的压碎指标值愈小，表示石子抵抗破碎的能力愈强。

一、主要仪器设备

（1）压力试验机：量程 300kN，示值相对误差 2%。

（2）天平：称量 10kg，感量 1g。

（3）受压试模（压碎值测定仪）。

（4）方孔筛：孔径分别为 2.36mm、9.50mm 及 19.0mm 的筛各一只。

（5）垫棒：φ10mm、长 500mm 圆钢。

二、检测方法及操作步骤

（1）按规定取样，风干后筛除大于 19.0mm 及小于 9.50mm 的颗粒，并除去针片状颗粒，分为大致相等的三份备用。

（2）称取试样 3000g，精确至 1g。将试样分两层装入圆模（置于底盘上）内，每装完一层试样后，在底盘下面垫放一直径为 10mm 的圆钢，将筒按住，左右交替颠击地面各 25 次，两层颠实后，平整模内试样表面，盖上压头。当圆模装不下 3000g 试样时，以装至距圆模上口 10mm 为准。

（3）把装有试样的圆模置于压力机上，开动压力试验机，按 1kN/s 速度均匀加荷至 200kN 并稳荷 5s，然后卸荷。取下加压头，倒出试样，用孔径 2.36mm 的筛筛除被压碎的细粒，称出留在筛上的试样质量，精确至 1g。

三、试验结果

压碎指标值按下式计算，精确至 0.1%：

$$Q_e = \frac{G_1 - G_2}{G_1} \times 100\% \qquad (3-15)$$

式中　Q_e——压碎指标值，%；

　　　G_1——试样质量，g；

G_2——试样压碎后的筛余量，g。

取 3 次测定的算术平均值作为试验结果，精确至 1%。

【规范要求】　石子压碎指标要求见表 3 - 15。

表 3 - 15　　　　　　　　　　　　碎石、卵石压碎指标值　　　　　　　　　　　　%

项　　目	Ⅰ类	Ⅱ类	Ⅲ类
碎石压碎指标，<	10	20	30
卵石压碎指标，<	12	16	16

附表　碎石试验报告

BG－03－01　　　　　　报告编号：CGL20141203－01

委托单位	××××××××××工程项目部		
工程名称	×××××××××工程	检验类别	送检
试验依据	GB/T 14685—2011	评定依据	GB/T 14685—2011
样品信息	样品编号　CGL20141127－01	规格	Ⅱ类
	样品名称　碎石	代表数量	
	产地　×××××××××石场	送样日期	2014 年 11 月 27 日
	试样描述　洁净、无杂质	试验日期	2014 年 12 月 1 日—2014 年 12 月 2 日
	送样人	试验环境	19℃
	见证人	拟用部位	
仪器设备	静水力学天平、电子天平、烘箱等		

试验项目

序号	检验项目	标准要求	试验结果	结果判定
1	表观密度/(kg/m³)	≥2600	2740	合格
2	饱和面干吸水率/%	≤2.0	0.92	合格
3	含泥量/%	≤1.0	0.4	合格
4	泥块含量/%	≤0.2	0	合格
5	针片状颗粒含量/%	≤10	2	合格
6	有机物含量	合格	合格	合格
7	硫化物及硫酸盐含量/%	≤1.0	0.04	合格
8	压碎值	≤20	6.4	合格
检验结论	经检测，该样品所检项目检测结果符合《建设用卵石、碎石》（GB/T 14685—2011）中 6.2、6.3、6.4、6.6.2、6.7、6.8 条款的相关要求。 （盖　　章）		
备注			

批准：　　　　　　　　审核：　　　　　　　　试验：

日期：　　年 月 日　　日期：　　年 月 日　　日期：　　年 月 日

思 考 与 习 题

一、单项选择题（在每小题的 **4** 个备选答案中，选出 **1** 个正确答案，并将其代码填在题干后的括号内）

1. 建筑工程一般采用（　　）作细骨料。

　　A. 山砂　　　　　　B. 河砂　　　　　　C. 湖砂　　　　　　D. 海砂

2. 混凝土对砂子的技术要求是（　　）。

　　A. 空隙率小　　　　　　　　　　　　　B. 总表面积小

　　C. 总表面积小，尽可能粗　　　　　　　D. 空隙率小，尽可能粗

3. 下列砂子，（　　）不属于普通混凝土用砂。

　　A. 粗砂　　　　　　B. 中砂　　　　　　C. 细砂　　　　　　D. 特细砂

4. 混凝土用砂的粗细及级配的技术评定方法是（　　）。

　　A. 沸煮法　　　　B. 筛析法　　　　C. 软炼法　　　　D. 筛分析法

5. 混凝土用石子的粒形宜选择（　　）。

　　A. 针状形　　　　B. 片状形　　　　C. 方圆形　　　　D. 椭圆形

6. 规范规定，混凝土用粗骨料的最大粒径不大于结构截面最小边长尺寸的（　　）。

　　A. 1/4　　　　　　B. 1/2　　　　　　C. 1/3　　　　　　D. 3/4

7. 配制 C25 现浇钢筋混凝土梁，断面尺寸 300mm×500mm，钢筋直径为 20mm，钢筋间最小中心距为 80mm，石子公称粒级宜选择（　　）。

　　A. 5～60　　　　B. 20～40　　　　C. 5～31.5　　　　D. 5～40

8. 计算普通混凝土配合比时，一般以（　　）的骨料为基准。

　　A. 干燥状态　　　B. 气干状态　　　C. 饱和面干状态　　D. 湿润状态

9. 大型水利工程中，计算混凝土配合比通常以（　　）的骨料为基准。

　　A. 干燥状态　　　B. 气干状态　　　C. 饱和面干状态　　D. 湿润状态

10. 下列用水，（　　）为符合规范的混凝土用水。

　　A. 河水　　　　　B. 海水　　　　　C. 饮用水　　　　　D. 生活用水

二、简答题

1. 普通混凝土由哪些材料组成？它们在混凝土中各起什么作用？

2. 混凝土对粗集料有哪几个方面的要求？

3. 在对砂、石的质量要求中，限制哪些有害物质的含量？为什么要限制？

4. 何谓集料的级配？级配好坏对混凝土性能有何影响？

5. 规范规定石子的最大粒径有何意义？如何确定石子的最大粒径？如何确定石子的级配？

三、计算题

对某工地的用砂试样进行筛分析试验，筛孔尺寸由大到小的分计筛余量分别为 20g、70g、80g、100g、150g、60g，筛底为 20g，求此砂样的细度模数并判断级配情况。

模块四　混　凝　土

【目标及任务】　混凝土是工程中使用最广泛的材料，其性能好坏对工程影响极大，为了确保工程质量，必须对混凝土材料的性能进行检测。本项目主要介绍了普通混凝土基本性能测定的目的和方法，要求掌握混凝土的基本性能指标的测定方法。

【知识导学】　混凝土是以胶凝材料、砂、石子和水，必要时掺入化学外加剂和矿物质混合材料，按适当比例配合，经过均匀拌制、密实成型及养护硬化后得到的人工石材。数千年前，我国劳动人民及埃及人就用石灰与砂配制成砂浆砌筑房屋，后来罗马人又使用石灰、砂及石子配制成混凝土，并在石灰中掺入火山灰配制成用于海岸工程的混凝土，这类混凝土强度不高，使用量少。

现代意义上的混凝土，是在约瑟夫·阿斯普丁 1824 年发明波特兰水泥以后才出现的。1830 年前后水泥混凝土问世；1850 年出现了钢筋混凝土，使混凝土技术发生了第一次革命；1928 年制成了预应力钢筋混凝土，产生了混凝土技术的第二次革命；1965 年前后混凝土外加剂，特别是减水剂的应用，使轻易获得高强度混凝土成为可能，混凝土的工作性显著提高，导致了混凝土技术的第三次革命。目前，混凝土技术正朝着高性能、超高强、轻质、高耐久性、多功能和智能化等方向发展。

一、混凝土的分类

水泥混凝土经过 170 多年的发展，已演变成了有多个品种的土木工程材料，混凝土通常从以下几个方面分类：

按所用胶凝材料可分为水泥混凝土、沥青混凝土、水玻璃混凝土、聚合物混凝土、聚合物水泥混凝土、石膏混凝土和硅酸盐混凝土等几种。

按干表观密度分为三类：重混凝土，其干表观密度大于 2600kg/m³，采用重骨料和水泥配制而成，主要用于防辐射工程，又称为防辐射混凝土；普通混凝土，其干表观密度为 1950～2600kg/m³，一般多在 2400kg/m³ 左右，用水泥、水与普通砂、石配制而成，是目前土木工程中应用最多的混凝土，广泛用于工业与民用建筑、道路与桥梁、海工与大坝、军事工程等工程，主要用作承重结构材料，目前全世界普通混凝土年用量达 40 多亿 m³，我国年用量在 15 亿 m³ 以上，轻混凝土，其干表观密度小于 1950kg/m³，包括轻骨料混凝土、大孔混凝土和多孔混凝土，可用作承重结构、保温结构和承重兼保温结构。

按施工工艺可分为泵送混凝土、预拌混凝土（商品混凝土）、喷射混凝土、自密实混凝土、离心混凝土等多种。

按用途可分为结构混凝土、防水混凝土、防辐射混凝土、耐酸混凝土、装饰混凝土、耐热混凝土、大体积混凝土、道路混凝土等多种。

按掺合料可分为：粉煤灰混凝土、硅灰混凝土、碱矿渣混凝土和纤维混凝土等多种。

按抗压强度大小可分为低强混凝土（小于 30MPa）、中强混凝土（ 30～60MPa）、高强混凝土（不小于 60MPa）和超高强混凝土（不小于 100MPa）等。

本模块讲述的混凝土，如无特别说明，均指普通水泥混凝土。

二、混凝土的特点及发展

普通混凝土与钢材、木材等常用土木工程材料相比有许多优点：原材料丰富，造价低廉，可以就地取材；可根据混凝土的用途，改变各材料的品种和用量，来配制不同性质的混凝土以满足不同工程的需要；凝结前有良好的可塑性，可利用模板浇灌成任何形状及尺寸的构件或结构物；与钢筋有较高的握裹力，混凝土与钢筋的线膨胀系数基本相同，两者复合后能很好地共同工作等。

普通混凝土也存在一些缺点：抗拉强度低，一般为抗压强度的 1/10～1/20，易产生裂缝，受拉时易产生脆性破坏，自重大，比强度小，不利于建筑物（ 构筑物）向高层、大跨度方向发展，耐久性不够，在自然环境、使用环境及内部因素作用下，混凝土的工作性能易发生劣化，硬化较慢，生产周期长，在自然条件下养护的混凝土预制构件，一般要养护 7～14d 方可投入使用。

混凝土正开始采用集中化、工厂化生产和管理，使混凝土发展成为技术含量和工业化程度都比较高的新型产业。各地区纷纷建立了大、中型预拌混凝土厂（站），可以为用户按工程要求直接供应各种规格的商品混凝土。

三、混凝土的基本要求

（1）拌和物具有与施工条件相适应的和易性，有一定的流动性、黏聚性、保水性，便于施工时浇筑振捣密实，并能保证混凝土的均匀性。

（2）养护到规定龄期，应达到设计要求的强度等级。

（3）硬化后混凝土具有与使用环境相适应的耐久性；如抗渗、抗冻、抗侵蚀等，耐磨性。

（4）在满足上述三个要求的前提条件下，混凝土各种材料的配合比要经济合理，混凝土水泥用量少，尽量使成本低，能耗小。

四、混凝土的主要组成材料

普通混凝土是由水泥、水、砂和石子组成，另外还常掺入适量的外加剂和掺合料。各组成材料技术指标应满足相关的技术要求。

砂子和石子在混凝土中起骨架作用，故称为骨料（ 又叫集料），砂子称为细骨料，石子称为粗骨料。水泥和水形成水泥浆包裹在骨料的表面并填充骨料之间的空隙，在混凝土硬化之前起润滑作用，赋予混凝土拌和物流动性，便于施工；硬化之后起胶结作用，将砂石骨料胶结成一个整体，使混凝土产生强度，成为坚硬的人造石材。砂、石构成的坚硬骨架可抑制由于水泥浆硬化和水泥石干燥而产生的收缩。外加剂起改性作用，掺合料起降低成本和改性作用。

水泥在混凝土中起胶结作用，是混凝土中最重要的组成材料。水泥的品种和强度等级，是影响混凝土强度、耐久性及经济性的重要因素。因此合理选择水泥的品种和强度等级是至关重要的。

选用何种水泥，应根据工程特点和所处的环境条件，参照有关规范规定选用。如混凝土重力坝，属大体积混凝土，宜选用水化热低的水泥，可优先考虑矿渣水泥。

水泥强度等级的选择应与混凝土的设计强度等级相适应。经验证明，一般情况下，水泥强度等级为混凝土强度等级的 1.5～2.0 倍；对于高强度混凝土可取 0.9～1.5 倍。

若用低强度等级水泥配制高强度等级混凝土，为满足强度要求必然使水泥用量过多，这不仅不经济，而且会使混凝土收缩和水化热增大；若以高强度等级水泥配制低强度等级混凝土，从强度考虑，少量水泥就能满足要求，但为了满足混凝土拌和物的和易性和混凝土的耐久性，就需要额外增加水泥用量，造成水泥浪费。

混凝土用水包括：饮用水、地表水（存在于江、河、湖、塘、沼泽和冰川等中的水）、地下水（存在于岩石缝隙或土壤孔隙中可以流动的水）、再生水（指污水经适当再生工艺处理后具有使用功能的水）、混凝土企业设备洗刷水和海水等。

混凝土拌和用水水质应满足《混凝土拌和用水标准》（JGJ 63—2006）的质量要求。

被检验水样应与饮用水样进行水泥凝结时间对比试验。对比试验的水泥初凝时间差及终凝时间差均不应大于 30min；同时，初凝和终凝时间应符合现行国家标准《硅酸盐水泥、普通硅酸盐水泥》（GB 175）的规定；被检验水样应与饮用水样进行水泥胶砂强度对比试验，被检验水样配制的水泥胶砂 3d 和 28d 强度不应低于饮用水配制的水泥胶砂 3d 和 28d 强度的 90%。

混凝土拌和用水不应有漂浮明显的油脂和泡沫，不应有明显的颜色和异味；混凝土企业设备洗刷水不宜用于预应力混凝土、装饰混凝土、加气混凝土和暴露于腐蚀环境的混凝土；不得用于使用碱活性或潜在碱活性骨料的混凝土；未经处理的海水严禁用于钢筋混凝土和预应力混凝土；在无法获得水源的情况下，海水可用于素混凝土，但不宜用于装饰混凝土。

五、混凝土外加剂

在混凝土中加入各种外加剂，改善了新拌和硬化混凝土性能，促进了混凝土新技术的发展，促进了工业副产品在胶凝材料系统中更多的应用，还有助于节约资源和环境保护，已经逐步成为优质混凝土必不可少的材料。近年来，国家基础建设保持高速增长，铁路、公路、机场、煤矿、市政工程、核电站、大坝等工程对混凝土外加剂的需求一直很旺盛，我国的混凝土外加剂行业也一直处于高速发展阶段。

混凝土外加剂是在拌制混凝土过程中掺入，用以改善混凝土性能的物质。外加剂的掺量应以外加剂的质量占混凝土中胶凝材料总质量的百分数表示，其掺量宜按供方的推荐掺量确定。

(一) 混凝土外加剂的主要功能

混凝土外加剂的主要功能如下：

(1) 改善混凝土或砂浆拌和物施工时的和易性。

(2) 提高混凝土或砂浆的强度及其他物理力学性能。

（3）节约水泥或代替特种水泥。

（4）加速混凝土或砂浆的早期强度发展。

（5）调节混凝土或砂浆的凝结硬化速度。

（6）调节混凝土或砂浆的含气量。

（7）降低水泥初期水化热或延缓水化放热。

（8）改善拌和物的泌水性。

（9）提高混凝土或砂浆耐各种侵蚀性盐类的腐蚀性。

（10）减弱碱集料反应。

（11）改善混凝土或砂浆的毛细孔结构。

（12）改善混凝土的泵送性。

（13）提高钢筋的抗锈蚀能力。

（14）提高集料与砂浆界面的黏结力，提高钢筋与混凝土的握裹力。

（15）提高新老混凝土界面的黏结力等。

（二）混凝土外加剂的品种

常用的外加剂有高性能减水剂（早强型、标准型、缓凝型）、高效减水剂（标准型、缓凝型）、普通减水剂（早强型、标准型、缓凝型）、引气减水剂、泵送剂、早强剂、缓凝剂、引气剂等。

1. 高性能减水剂

高性能减水剂是国内外近年来开发的新型外加剂品种，目前主要为聚羧酸盐类产品。它具有"梳状"的结构特点，有带有游离的羧酸阴离子团的主链和聚氧乙烯基侧链组成，用改变单体的种类，比例和反应条件可生产具有各种不同性能和特性的高性能减水剂。早强型、标准型和缓凝型高性能减水剂可由分子设计引入不同功能团而生产，也可掺入不同组分复配而成。其主要特点为：

（1）掺量低（按照固体含量计算，一般为胶凝材料质量的0.15％～0.25％），减水率高。

（2）混凝土拌和物工作性及保持性较好。

（3）外加剂中氯离子和碱含量较低。

（4）用其配制的混凝土收缩率较小，可改善混凝土的体积稳定性和耐久性。

（5）对水泥的适应性较好。

（6）生产和使用过程中不污染环境，是环保型的外加剂。

2. 高效减水剂

高效减水剂不同于普通减水剂，具有较高的减水率，较低引气量，是我国使用量大、面广的外加剂品种。目前，我国使用的高效减水剂品种较多，主要品种有萘系减水剂、氨基磺酸盐系减水剂、脂肪族（醛酮缩合物）减水剂、密胺系及改性密胺系减水剂、蒽系减水剂、洗油系减水剂等。高效减水剂可用于素混凝土、钢筋混凝土、预应力混凝土，并可用于制备高强混凝土。

缓凝型高效减水剂是以上述各种高效减水剂为主要组分，再复合各种适量的缓凝组分或其他功能性组分而成的外加剂。缓凝高效减水剂可用于大体积混凝土、碾压混凝土、炎热气候条件下施工的混凝土、大面积浇筑的混凝土、需长时间停放或长距离运输的混凝土、自密实混凝土及其他需要延缓凝结时间且有较高减水率要求的混凝土。

3. 普通减水剂

普通减水剂的主要成分为木质素磺酸盐，通常由亚硫酸盐法生产纸浆的副产品制得。常用的有木钙、木钠和木镁。其具有一定的缓凝、减水和引气作用。以其为原料，加入不同类型的调凝剂，可制得不同类型的减水剂，如早强型、标准型和缓凝型的减水剂。

普通减水剂宜用于日最低气温 5℃ 以上强度等级为 C40 以下的混凝土。早强型普通减水剂宜用于常温、低温和最低温度不低于 −5℃ 环境中施工的有早强要求的混凝土工程，炎热环境条件下不宜使用早强型普通减水剂。缓凝型普通减水剂可用于大体积混凝土、碾压混凝土、炎热气候条件下施工的混凝土、大面积浇筑的混凝土、需长时间停放或长距离运输的混凝土、滑模施工或拉模施工的混凝土等。

4. 引气剂及引气减水剂

引气剂是一种在搅拌过程中具有在砂浆或混凝土中引入大量、均匀分布的微气泡，而且在硬化后能保留在其中的一种外加剂，引气剂的种类较多，主要有可溶性树脂酸盐（松香酸）、文沙尔树脂、皂化的吐尔油、十二烷基磺酸钠、十二烷基苯磺酸钠、磺化石油羟类的可溶性盐等。引气减水剂是兼有引气和减水功能的外加剂。它是由引气剂与减水剂复合组成。

常用引气剂有松香热聚物、松香皂、松香树脂类、十二烷基磺酸盐、石油磺酸盐、脂肪醇聚氧乙烯磺酸钠以及皂苷类化合物等。

引气剂及引气减水剂宜用于有抗冻融要求的混凝土、泵送混凝土和易产生泌水的混凝土，也可用于抗渗混凝土、抗硫酸盐混凝土、贫混凝土等。

5. 泵送剂

泵送剂是改善混凝土泵送性能的外加剂。它由减水剂、调凝剂、引气剂、润滑剂等多种组分复合而成。泵送剂宜用于泵送施工的混凝土，可用于工业与民用建筑结构工程混凝土、桥梁混凝土、水下灌注桩混凝土和大坝混凝土等。

6. 早强剂

早强剂是能加速水泥水化和硬化，促进混凝土早期强度增长的外加剂，可缩短混凝土养护龄期，加快施工进度，提高模板和场地周转率。早强剂主要有硫酸盐、硫酸复盐、硝酸盐等无机盐类和三乙醇胺、甲酸盐、乙酸盐等有机化合物等，但现在越来越多地使用各种复合型早强剂。

早强剂宜用于蒸养、常温、低温和最低温度不低于 −5℃ 环境中施工的有早强要求的混凝土，炎热条件及环境温度低于 −5℃ 时不宜使用早强剂。

7. 缓凝剂

缓凝剂是可在较长时间内保持混凝土工作性，延缓混凝土凝结和硬化时间的外加剂，缓凝剂的种类较多，可分为有机和无机两大类。主要有以下种类：

（1）糖类及碳水化合物，如葡萄糖、淀粉、纤维素的衍生物等。

（2）羟基羧酸，如柠檬酸、酒石酸、葡萄糖酸以及其盐类。

（3）山梨醇、甘露醇等多元醇及其衍生物。

（4）可溶硼酸盐和磷酸盐等。

（三）影响水泥和外加剂适应性的主要因素

水泥与外加剂的适应性是一个十分复杂的问题，至少受到下列因素的影响。遇到水泥和外加剂不适应的问题，必须通过试验，对不适应因素逐个排除，找出其原因。

（1）水泥。矿物组成、细度、游离氧化钙含量、石膏加入量及形态、水泥熟料碱含量、碱的硫酸饱和度、混合材料种类及掺量、水泥助磨剂等。

（2）外加剂的种类和掺量。如萘系减水剂的分子结构，包括磺化度、平均分子量、分子量分布、聚合性能、平衡离子的种类等。

（3）混凝土配合比，尤其是水胶比、矿物外加剂的品种和掺量。

（4）混凝土搅拌时的加料程序、搅拌时的温度、搅拌机的类型等。

（四）应用外加剂主要注意事项

外加剂的使用效果受到多种因素的影响，因此，选用外加剂时应特别予以注意。

（1）外加剂的品种应根据工程设计和施工要求选择。应使用工程原材料，通过试验及技术经济比较后确定。

（2）几种外加剂复合使用时，应注意不同品种外加剂之间的相容性及对混凝土性能的影响。使用前应进行试验，满足要求后，方可使用。如：聚羧酸系高性能减水剂与萘系减水剂不宜复合使用。

（3）严禁使用对人体产生危害，对环境产生污染的外加剂。用户应注意工厂提供的混凝土外加剂安全防护措施的有关资料，并遵照执行。

（4）对钢筋混凝土和有耐久性要求的混凝土，应按有关标准规定严格控制混凝土中氯离子含量和碱的数量，混凝土中氯离子含量和总碱量是指其各种原材料所含氯离子和碱含量之和。

（5）由于聚羧酸系高性能减水剂的掺加量对其性能影响较大，用户应注意按照准确计量。

六、混凝土掺合料

混凝土掺合料是为了改善混凝土性能，节约用水，调节混凝土强度等级，在混凝土拌和时掺入天然的或人工的能改善混凝土性能的粉状矿物质。

掺合料可分为活性掺合料和非活性掺合料。

活性矿物掺合料本身不硬化或者硬化速度很慢，但能与水泥水化生成氧化钙起反应，生成具有胶凝能力的水化产物，如粉煤灰、粒化高炉矿渣粉、沸石粉、硅粉等。

非活性矿物掺合料基本不与水泥组分起反应，如石灰石、磨细石英砂等材料。

常用的混凝土掺合料有粉煤灰、粒化高炉矿渣、火山灰类物质。尤其是粉煤灰、超细粒化电炉矿渣、硅粉等应用效果良好。下面重点介绍粉煤灰、硅粉在混凝土中的作用。

（一）粉煤灰

从电厂煤粉炉烟道气体中收集到的粉末，称为粉煤灰。

1. 粉煤灰的分类

按其排放的方式的不同，分为干排灰及湿排灰两种，湿排灰内含水量大，活性降低较多，质量不如干排灰；按粉煤灰收集方法的不同，分为静电收尘灰和机械收尘灰，静电收尘灰颗粒细、质量好，机械收尘灰的颗粒较粗，质量较差；为改善粉煤灰的品质，可对粉煤灰进行再加工，经磨细处理的称为磨细灰；采用风选处理的，称为风选灰；未加工的称为原状灰；按煤种分为 F 类粉煤灰和 C 类粉煤灰。

2. 粉煤灰的主要化学成分

粉煤灰的化学成分主要有 SiO_2、Al_2O_3 及 Fe_2O_3 等，其中 SiO_2 及 Al_2O_3 二者之和常在 60％以上，是决定粉煤灰活性的主要成分，此外，还含有 CaO、MgO 及 SO_3 等，CaO 含量较高的粉煤灰，其活性一般也较高，SO_3 是有害成分，应限制其含量。

粉煤灰的矿物组成主要为硅铝玻璃体，呈实心或空心的微细球形颗粒，称为实心微球或空心微珠（简称漂珠）。其中实心微珠颗粒最细，表面光滑，是粉煤灰中需水量最小，活性最高的有效成分。粉煤灰中还含有多孔玻璃体，玻璃体碎块、结晶体及未燃尽碳粒等。未燃尽的颗粒，颗粒较粗，可降低粉煤灰的活性，增大需水性，是有害成分之一。粉煤灰中含碳量可用烧失量来评定。多孔玻璃体等非球形颗粒，表面粗糙，粒径较大，可增大需水量，当其含量较多时，使粉煤灰品质下降。

3. 技术要求

根据《用于水泥和混凝土中的粉煤灰》（GB/T 1596—2005），作为掺合料的粉煤灰成品被分为Ⅰ、Ⅱ、Ⅲ三个等级，具体要求如下。

（1）细度。粉煤灰作为混凝土掺合料，其对强度的贡献与 $45\mu m$ 方孔筛的筛余量有较高的相关性，颗粒愈细，活性愈高。粉煤灰的细度还影响到混凝土拌和物的和易性，粉煤灰细，混凝土和易性好，保水性好，不易离析。其 $45\mu m$ 方孔筛筛余要求Ⅰ级不大于 12.0％；Ⅱ级不大于 25.0％；Ⅲ级不大于 45.0％。

（2）需水量比。在一定程度上反映粉煤灰物理性质的优劣，颗粒细、微珠含量高的粉煤灰需水量比小。需水量比小的粉煤灰可以减少混凝土用水量，增进强度发展，提高抗渗性及耐久性。其需水比要求Ⅰ级不大于 95％；Ⅱ级不大于 105％；Ⅲ级不大于 115％。

（3）烧失量主要反映粉煤灰中的未燃尽碳的含量。烧失量的大小主要影响混凝土的需水性和外加剂的掺量。其烧失量要求Ⅰ级不大于 5.0％；Ⅱ级不大于 8.0％；Ⅲ级不大于 15.0％。

（4）三氧化硫。粉煤灰内的三氧化硫主要集中在其颗粒表层。在混凝土中三氧化硫能较快地析出，并参与火山灰反应形成硫铝酸钙。三氧化硫含量较高时，粉煤灰混凝土内生成较多的三硫型水化硫铝酸钙，产生一定的膨胀作用。为了保证混凝土的体积安定性，一般都限制三氧化硫含量。其三氧化硫要求不大于 3.0％。

（5）含水量。粉煤灰含水量影响卸料、储藏等操作。其含水量要求不大于 1.0％。

（二）硅粉（硅灰）

硅粉亦称硅灰，是从冶炼硅铁和其他硅金属工厂的废烟气中回收的副产品，硅粉呈灰白色，颗粒极细，活性很高，其主要成分为二氧化硅，二氧化硅含量一般为 85％～96％，其他氧化物的含量都很少，粒径为 $0.1\sim1.0\mu m$，是水泥粒径的 $1/50\sim1/100$，比表面积为 $20\sim25m^2/g$，密度为 $2.1\sim2.1g/cm^3$，松散容重为 $250\sim300kg/m^3$。硅粉是一种新型改善混凝土性能的掺合料。

混凝土中掺入硅粉后，可获取以下效果：

（1）改善混凝土拌和物的和易性。由于硅粉颗粒极细，比表面积大，其需水量为普通水泥的 $130\%\sim150\%$，故混凝土流动性随硅粉掺量增加而减少，为了保持混凝土流动性，必须掺用高效减水剂，硅粉的掺入，显著地改善了混凝土黏聚性及保水性，使混凝土完全不离析和几乎不泌水。宜配制高流态混凝土、泵送混凝土及水下灌注混凝土。

掺硅粉后，混凝土含气量略有减少。为了保持混凝土含气量不变，必须增加引气剂用量，当硅粉量为 10% 时，一般引气剂用量需增加 2 倍左右。

（2）配制高强混凝土。硅粉的活性很高，掺入混凝土后，由于颗粒极细，不易充分分散，使混凝土需水量增大，并不能提高混凝土强度，但当与高效减水剂配合使用时，硅粉与 $Ca(OH)_2$ 反应生成水化硅酸钙凝胶体，填充水泥颗粒间的空隙，改善界面结构及黏结力，可显著提高混凝土强度。一般硅粉掺量 $5\%\sim15\%$ 时（有时为了某些特殊目的，也可掺入 $20\%\sim30\%$），且在选用 62.5 以上的高强度等级水泥、品质优良的粗细骨料、掺入适量的高效减水剂的条件下，可配制出 28d 强度达 100MPa 的超高强混凝土。

为了保证硅粉在水泥浆中充分地分散，当硅粉掺量增多时，高效减水剂的掺量也必须相应的增加，否则混凝土强度不会提高。

（3）改善混凝土的孔隙结构，提高耐久性。混凝土中掺入硅粉后，虽然水泥石的总孔隙与不掺时基本相同，但其大孔减少，超微细孔隙增加，改善了水泥石的孔隙结构。因此，掺硅粉混凝土耐久性显著提高。

硅粉混凝土抗侵蚀性较好，适用于要求抗溶出性侵蚀及抗硫酸盐侵蚀的工程。硅粉还具有抑制碱骨料反应的作用，以及防止钢筋锈蚀的作用。

硅粉掺入混凝土的方法，有内掺法（取代同质量水泥）、外掺法（水泥用量不变）及硅粉和粉煤灰共掺法等多种。无论如何掺，都必须同时掺入适量高效减水剂，以使硅粉在水泥浆体内充分地分散。

将硅粉与铸石、铁钢砂等硬质高强骨料联合使用时，外掺 10% 左右的硅粉及适量高效减水剂，可配得抗压强度 $80\sim100MPa$ 的新型抗冲耐磨材料，适用于水工建筑物的抗冲刷部位及高速公路路面。

（三）沸石粉

沸石粉是由天然沸石岩磨细而成的，含有大量活性的氧化硅和氧化铝，能与水泥水化析出的氢氧化钙反应，生成胶凝材料。沸石作为一种价廉且容易开采的天然矿物，用来配制高性能混凝土具有较普遍的适用性和经济性。

沸石粉用作混凝土掺合料主要有以下几方面的效果：提高混凝土强度，配制高强度混凝土；提高拌和物的裹浆量；沸石粉高性能混凝土的早期强度较低，后期强度因火山灰反应使浆体的密实度增加而有所提高；能够有效抑制混凝土的碱骨料反应，并可提高混凝土的抗碳化和抗钢筋锈蚀耐久性；因沸石粉的吸水量较大，需同时掺加高效减水剂或与粉煤灰复合以改善混凝土的工作性。

（四）超细矿渣

粒化高炉矿渣经超细粉磨后具有很高的活性和极大的表面能，可以满足配制不同性能要求的高性能混凝土的需求。超细矿渣的比表面积一般大于 450 m²/kg，可等量替代 15%～50% 的水泥，掺入混凝土中可收到以下几方面的效果：

（1）采用高强度等级水泥及优质粗、细骨料并掺入高效减水剂时，可配制出高强混凝土及超高强混凝土。

（2）所配制出的混凝土干缩率大大减小，抗冻、抗渗性能提高，混凝土的耐久性得到显著改善。

（3）混凝土拌和物的工作性明显改善，可配出大流动性且不离析的泵送混凝土。

超细矿渣的生产成本低于水泥，使用其作为掺合料可以获得显著的经济效益。

【工作任务】 混凝土试验的一般要求

一、试验依据

（1）《普通混凝土拌和物性能试验方法标准》（GB/T 50080—2002）。

（2）《普通混凝土力学性能试验方法标准》（GB/T 50081—2002）。

（3）《普通混凝土配合比设计规程》（JGJ 55—2011）。

二、混凝土试验的一般规定

（一）取样

同一组混凝土拌和物的取样应从同一盘混凝土或同一车混凝土中取样。取样量应多于试验所需量的 1.5 倍；且不宜小于 20L。

混凝土拌和物的取样应具有代表性，宜采用多次采样的方法。一般在同一盘混凝土或同一车混凝土中的约 1/4 处、1/2 处和 3/4 处之间分别取样，从第一次取样到最后一次取样不宜超过 15min，然后人工搅拌均匀。

从取样完毕到开始做各项性能试验不宜超过 5min。

注意：取样要点是要有代表性、样品要均匀、操作时间要控制好。

（二）试样的制备

在试验室制备混凝土拌和物时，拌和时试验室的温度应保持在（20±5）℃，所用材料的温度应与试验室温度保持一致。

注意：需要模拟施工条件下所用的混凝土时，所用原材料的温度宜与施工现场保持一致。

试验室拌和混凝土时，材料用量应以质量计。称量精度：骨料为 ±1%；水、水泥、掺合料、外加剂均为 ±0.5%。

混凝土拌和物的制备应符合《普通混凝土配合比设计规程》（JGJ 55）中的有关规定。

从试样制备完毕到开始做各项性能试验不宜超过 5min。

（三）拌和方法

按所选混凝土配合比备料。

1. 人工拌和法

（1）干拌：用湿布润湿拌和板及拌和铲，将砂平摊在拌和板上，再倒入水泥，用铲自拌和板一端翻拌至另一端，重复几次直至拌匀；加入石子，再翻拌至均匀为止。

（2）湿拌：在混合均匀的干料堆上做一凹槽，倒入已称量好的水约一半左右，翻拌数次，并徐徐加入剩余的水，再仔细翻拌，直至拌和均匀。

（3）拌和时间控制：拌和物少于 30L 时，拌和 4～5min；30～50L 时，5～9min；51～75L 时，9～12min。

2. 机械拌和法

（1）预拌：按混凝土配合比取少量水泥、水及砂，在搅拌机中搅拌（涮膛），使水泥浆黏附满搅拌机的膛壁，刮去多余的砂浆。

（2）拌和：开动搅拌机，向搅拌机内依次加入砂、水泥和石子，干拌均匀。徐徐加入拌和水，水全部加入后，继续搅拌 2min。全部加料时间不超过 2min。

（3）卸出拌和料，在拌和板上人工拌和 1～2min，拌和完成。

注意：拌和完成后，应立即做坍落度测定或试件成型，从开始加水时算起，全部操作须在 30min 内完成。

项目一　混凝土拌和物试验

【知识导学】　混凝土在未凝结硬化以前，称为混凝土拌和物。混凝土拌和物指标检测包括和易性、表观密度及含气量。它必须具有良好的和易性，便于施工，以保证能获得良好的浇筑质量；混凝土拌和物凝结硬化以后，应具有足够的强度，以保证建筑物能安全地承受设计荷载；并应具有与所处环境相适应的耐久性。

一、混凝土拌和物性能分析及评价

拌和好的混凝土，必须满足其性能要求，目前评定混凝土拌和物的性能指标主要是和易性。

（一）和易性的概念

和易性是指混凝土拌和物易于施工操作（拌和、运输、浇筑、捣实）并能获得质量均匀、成型密实的性能。和易性是一项综合的技术性质，包括流动性、黏聚性和保水性等三方面的含义。

（1）流动性。是指混凝土拌和物在本身自重或施工机械振捣的作用下，能产生流动，并均匀密实地填满模板的性能。其大小直接影响施工时振捣的难易和成型的质量。

（2）黏聚性。是指混凝土拌和物在施工过程中其组成材料之间有一定的黏聚力，不致产生分层和离析的现象。它反映了混凝土拌和物保持整体均匀性的能力。

（3）保水性。是指混凝土拌和物在施工过程中，保持水分不易析出、不致产生严重泌水现象的能力。有泌水现象的混凝土拌和物，分泌出来的水分易形成透水的开口连通孔隙，影响混凝土的密实性而降低混凝土的质量。

混凝土拌和物的流动性、黏聚性和保水性之间是互相联系、互相矛盾的。和易性就是这三方面性质在某种具体条件下矛盾统一的概念。

（二）和易性的测定及指标选择

1. 和易性测定

目前，尚没有能够全面反映混凝土拌和物和易性的测定方法。在工地和试验室，通常是测定拌和物的流动性，同时辅以直观经验评定黏聚性和保水性，来评价和易性。对塑性和流动性混凝土拌和物，用坍落度测定；对干硬性混凝土拌和物，用维勃稠度测定。

当坍落度值大于 220mm 时，坍落度已经不能很好地反映混凝土拌和物的工作性，此时实验室往往测定其坍落扩散度。坍落扩散度是测量混凝土扩散后最终的最大直径和最小直径，在最大直径和最小直径的差值不超过 50mm 时，用其算术平均值作为坍落扩散度值。

坍落度越大，混凝土拌和物流动性越大。据坍落度的大小，可将混凝土拌和物分为低塑性混凝土（10～40mm）、塑性混凝土（50～90mm）、流动性混凝土（100～150mm）、大流动性混凝土（160～190mm）、流态混凝土（200～220mm）等 5 种级别。

对于干硬或较干稠的混凝土拌和物（坍落度小于 10mm），坍落度试验测不出拌和物稠度变化情况，宜用维勃稠度测定其和易性。

维勃稠度测定仪（简称维勃计）是瑞士 V·勃纳（V. Bahrner）提出的测定混凝土混合料的一种方法，国际标准化协会予以推荐，我国定为测定混凝土拌和物干硬性的试验方法。

黏聚性的检查方法是用捣棒在已坍落的混凝土锥体侧面轻轻敲打。如果锥体逐渐下沉，则表示黏聚性良好，如果锥体倒坍、部分崩裂或出现离析现象，则表示黏聚性不好。

保水性以混凝土拌和物中稀浆析出的程度来评定，坍落筒提起后如有较多的稀浆从底部析出，锥体部分的混凝土也因失浆而集料外露，则表明此混凝土拌和物的保水性能不好。如坍落筒提起后无稀浆或仅有少量稀浆自底部析出，则表示此混凝土拌和物保水性良好。

2. 坍落度的调整

（1）在按初步配合比计算好试拌材料的同时，还须备好两份为调整坍落度用的水泥和水。备用水泥和水的比例符合原定水灰比，其用量可为原计算用量的 5％和 10％。

（2）当测得的坍落度小于规定要求时，可掺入备用的水泥或水，掺量可根据坍落度相差的大小确定；当坍落度过大，黏聚性和保水性较差时，可保持砂率一定，适当增加砂和石子的用量。如保水性较差，可适当增大砂率，即其他材料不变，适当增加砂的用量。

3. 流动性（坍落度）的选择

正确选择混凝土拌和物的流动性（坍落度），对于保证混凝土质量及节约水泥有着重要意义。坍落度的选择要根据构件截面的大小、钢筋疏密和捣实方法来确定。当构件截面尺寸较小或钢筋较密，或采用人工插捣时，坍落度可选择大些。反之，如构件截面尺寸较大，或钢筋较疏，或采用振动器振捣时，坍落度可选择小些。

《混凝土结构工程施工及验收规范》（GB 50204—2015）中，混凝土浇筑时的坍落度见表 4-2，水工混凝土见表 4-1。

表 4-1　　　　水工混凝土在浇筑地点的坍落度（使用振捣器）（SL/T 191—2008）

建筑物的性质	标准圆锥坍落度/mm	建筑物的性质	标准圆锥坍落度/mm
水工素混凝土或少筋混凝土	10～40	配筋率超过 1% 的钢筋混凝土	50～90
配筋率超不超过 1% 的钢筋混凝土	30～60		

注　表中系采用机械振捣的坍落度，采用人工振捣时可适当增大。有温控要求或低温季节浇筑混凝土时，混凝土的坍落度可根据具体情况酌量增减。

表 4-2　　　　　　　　混凝土浇筑时的坍落度（GB 50204—2015）

项次	结　构　种　类	坍落度/mm
1	基础或地面等的垫层无配筋的大体积结构（挡土墙、基础等）或配筋稀疏的结构	10～30
2	板、梁和大型及中型截面的柱子等	30～50
3	配筋密列的结构（薄壁、斗仓、筒仓、细柱等）	50～70
4	配筋特密的结构	70～90
5	高层建筑、大流动性、流态、泵送混凝土	80～200

注　表中系采用机械振捣的坍落度，采用人工振捣时可适当增大。当需要配制大坍落度的混凝土拌和物时，则要掺用外加剂（减水剂）。

二、影响和易性的主要因素

1. 水泥品种及水泥浆的数量

不同品种的水泥，需水量不同，因此相同配合比时，拌和物的稠度也有所不同。需水量大者，其拌和物的坍落度较小，一般采用火山灰水泥、矿渣水泥时，拌和物的坍落度较普通水泥时小些。

混凝土拌和物中水泥浆的多少也直接影响混凝土拌和物流动性的大小。在水灰比不变的条件下，单位体积拌和物中，水泥浆越多，拌和物的流动性越大。但若水泥浆过多，将会出现流浆现象，使拌和物的黏聚性变差，对混凝土的强度与耐久性会产生一定影响，且水泥用量也大，不经济；水泥浆过少，则不能填满集料空隙或不能很好包裹集料表面，不宜成型。因此，混凝土拌和物中水泥浆的含量应以满足流动性要求为准。

2. 水灰比

在水泥用量不变的情况下，水灰比越小，则水泥浆越稠，混凝土拌和物的流动性越小。当水灰比过小时，会使施工困难，不能保证混凝土的密实性。增加水灰比会使流动性加大，但水灰比过大，又会造成混凝土拌和物的黏聚性和保水性不良，产生泌水、离析现象，并严重影响混凝土的强度及耐久性。所以水灰比不能过大或过小。水灰比应根据混凝土强度和耐久性要求，通过混凝土配合比设计确定。

无论是水泥浆的多少，还是水泥浆的稀稠，对混凝土拌和物流动性起决定作用的是用水量的大小。

3. 砂率

砂率是指混凝土拌和物内，砂的质量占砂、石总质量的百分数。单位体积混凝土中，在水泥浆量一定的条件下，砂率过小，则砂浆数量不足以填满石子的空隙体积，而且不能形成足够的砂浆层以包裹石子表面，这样，不仅拌和物的流动性小，而且粘聚性及保水性均较差，产生离析、流浆现象。若砂率过大，集料的总表面积及空隙率增大，包裹砂子表面的水泥浆层相对减薄，甚至水泥浆不足以包裹所有砂粒，使砂浆干涩，拌和物的流动性随之减小。砂率对坍落度的影响如图 4-1 所示。因此，砂率不能过小也不能过大，应选取最优砂率，即在水泥用量和水灰比不变的条件下，拌和物的黏聚性、保水性符合要求，同时流动性最大的砂率。同理，在水灰比和坍落度不变的条件下，水泥用量最小的砂率也是最优砂率。为了节约水泥，在工程中常采用最优砂率。

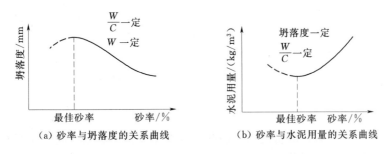

（a）砂率与坍落度的关系曲线　　　　（b）砂率与水泥用量的关系曲线

图 4-1　砂率与坍落度及水泥用量的关系曲线

4. 原材料品种及性质

水泥的品种、颗粒细度，集料的颗粒形状、表面特征、级配，外加剂等对混凝土拌和物和易性都有影响。采用矿渣水泥拌制的混凝土流动性比普通水泥拌制的混凝土流动性小，且保水性差；水泥颗粒越细，混凝土流动性越小，但黏聚性及保水性较好。卵石拌制的混凝土拌和物比碎石拌制的流动性好；河砂拌制的混凝土流动性好；级配好的集料，混凝土拌和物的流动性也好。加入减水剂和引气剂可明显提高拌和物的流动性；引气剂能有效地改善拌和物的保水性和黏聚性。

【工作任务】　混凝土拌和物性能试验

任务一　混凝土稠度试验

一、主要仪器设备

（1）坍落度筒（图 4-2）：为底部内径（200±2）mm，顶部内径（100±2）mm，高度（300±2）mm 的截圆锥形金属筒。

（2）捣棒：直径 16mm、长 600mm 的钢棒，端部应磨圆；直尺、小铲、泥抹及漏斗。

二、检测方法及操作步骤

（1）湿润坍落度筒及底板，在坍落度筒内壁和底板上应无明水。底板应放置在坚实水

图 4-2 混凝土坍落度筒

平面上，并把筒放在底板中心，然后用脚踩住两边的脚踏板，坍落度筒在装料时应保持固定的位置。

（2）把按要求取得的混凝土试样用小铲分三层均匀地装入筒内，使捣实后每层高度为筒高的 1/3 左右。每层用捣棒插捣 25 次。插捣应沿螺旋方向由外向中心进行，各次插捣应在截面上均匀分布。插捣筒边混凝土时，捣棒可以稍稍倾斜。插捣底层时，捣棒应贯穿整个深度，插捣第二层和顶层时，捣棒应插透本层至下一层的表面；浇灌顶层时，混凝土应灌到高出筒口。插捣过程中，如混凝土沉落到低于筒口，则应随时添加。顶层插捣完后，刮去多余的混凝土，并用抹刀抹平。

（3）清除筒边底板上的混凝土后，垂直平稳地提起坍落度筒。坍落度筒的提离过程应在 5～10s 内完成；从开始装料到提坍落度筒的整个过程应不间断地进行，并应在 150s 内完成。

（4）提起坍落度筒后，测量筒高与坍落后混凝土试体最高点之间的高度差，即为该混凝土拌和物的坍落度值；坍落度筒提离后，如混凝土发生崩坍或一边剪坏现象，则应重新取样另行测定；如第二次试验仍出现上述现象，则表示该混凝土和易性不好，应予记录备查。

（5）观察坍落后的混凝土试体的黏聚性及保水性。黏聚性的检查方法是用捣棒在已坍落的混凝土锥体侧面轻轻敲打，此时如果锥体逐渐下沉，则表示黏聚性良好，如果锥体倒塌、部分崩裂或出现离析现象，则表示黏聚性不好。保水性以混凝土拌和物从底部析出的稀浆程度来评定，坍落度筒提起后如有较多的稀浆从底部析出，锥体部分的混凝土也因失浆而骨料外露，则表明此混凝土拌和物的保水性能不好；如坍落度筒提起后无稀浆或仅有少量稀浆自底部析出，则表示此混凝土拌和物保水性良好。

（6）当混凝土拌和物的坍落度大于 220mm 时，用钢尺测量混凝土扩展后最终的最大直径和最小直径，在这两个直径之差小于 50mm 的条件下，用其算术平均值作为坍落扩展度值；否则，此次试验无效。

如果发现粗骨料在中央集堆或边缘有水泥浆析出，表示此混凝土拌和物抗离析性不好，应予记录。

三、试验结果

混凝土拌和物坍落度和坍落扩展度值以 mm 为单位，测量精确至 1mm，结果表达修约至 5mm。黏聚性和保水性的判定方法如上所述。

坍落度试验要点小结：混凝土样品搅拌均匀，底板坚实无明水，分三层装料，插捣时捣棒竖直，自外向内螺旋方向插捣 25 下，提起时间 5～10s，装料到提起过程不超过 150s。

任务二　混凝土拌和物表观密度试验

一、主要仪器设备

（1）容量筒：金属制成的圆筒，两旁装有提手，对骨料最大粒径不大于 40mm 的拌和物，采用容积为 5L 的容量筒；其内径与内高均为（186±2）mm，筒壁厚为 3mm；骨料最大粒径大于 40mm 时，容量筒的内径与内高均应大于骨料最大粒径的 4 倍。容量筒上缘及内壁应光滑平整，顶面与底面应平行并与圆柱体的轴垂直。

容量筒容积应予以标定，标定方法可采用一块能覆盖住容量筒顶面的玻璃板，先称出玻璃板和空桶的质量，然后向容量筒中灌入清水，当水接近上口时一边不断加水，一边把玻璃板沿筒口徐徐推入盖严，应注意使玻璃板下不带入任何气泡；然后擦净玻璃板面及筒壁外的水分，将容量筒连同玻璃板放在台秤上称其质量；两次质量之差即为容量筒的容积。

（2）台秤：称量 50kg，感量 50g。

（3）振动台、捣棒。

二、检测方法及操作步骤

（1）用湿布擦净筒内外，称出筒重，精确至 50g。

（2）根据拌和物稠度确定装料及捣实方法。坍落度不大于 70mm 时，用振动台振实为宜；坍落度大于 70mm 时，用捣棒捣实为宜。采用捣棒捣实时，应根据容量筒的大小决定分层与插捣次数：用 5L 容量筒时，分两层装入，每层插捣 25 次。用大于 5L 的容量筒时，每层高度不应大于 100mm，插捣次数不少于 12 次/100cm²。各次插捣应由边缘向中心均匀地插捣，插捣底层时捣棒应贯穿整个深度，插捣第二层时，捣棒应插透本层至下一层的表面；每一层插捣后用橡皮锤轻轻沿容器外壁敲打 5～10 次，进行振实，直至拌和物表面插捣孔消失并不见大气泡为止。

采用振动台振实时，应一次将拌和物灌到高出容量筒口，装料时可用捣棒稍加插捣，振动过程中如混凝土沉落到低于筒口，则应随时添加混凝土，振动直至表面出浆为止。

（3）用刮刀刮平筒口，表面若有凹陷应填平。擦净容量筒外壁，称出混凝土与容量筒总质量，精确至 50g。

三、试验结果

混凝土拌和物在捣实状态下的表观密度按下式计算，精确至 10kg/m^3：

$$\rho_h = \frac{m_2 - m_1}{V} \times 1000 \qquad (4-1)$$

式中　ρ_h——混凝土表观密度，kg/m^3；

m_1、m_2——容量筒的质量，kg；容量筒及试样总质量，kg；

V——容量筒的体积，L。

任务三 混凝土拌和物含气量试验

一、主要仪器设备

（1）含气量测定仪：如图 4-3 所示，由容器和盖体两部分组成。

（2）振动台。

（3）捣棒、台秤。

（4）橡皮锤。

二、检测方法及操作步骤

（1）用湿布擦净量钵与钵盖内表面，并使量钵呈水平放置。

（2）将新拌混凝土拌和物均匀的装入量钵内，使混凝土拌和物高出量钵少许。捣实可采用手工或机械方法。

注意：在施工现场测定混凝土拌和物含气量时应采用与施工振动频率相同的机械方法捣实。

图 4-3 含气量测定仪

（3）捣实完毕后，应立即用刮尺刮去表面多余的混凝土拌和物，表面如有凹陷应予填补，然后用馒刀抹平，并使其表面光滑无气泡。

（4）然后在正对操作阀孔的混凝土拌和物表面贴一小片塑料薄膜，擦净容器上口边缘，装好密封垫圈，加盖并拧紧螺栓。

（5）关闭操作阀和排气阀，打开排水阀和加水阀，通过加水阀，向容器内注入水，当排水阀流出的水流不含气泡时，在注水的状态下同时关闭加水阀和排水阀。

（6）然后开启进气阀，用气泵注入空气至气室内压力略大于 0.1MPa，待压力示值仪表示值稳定后微微开启排气阀调整压力至 0.1MPa，关闭排气阀。

（7）开启操作阀待压力示值仪稳定后测得压力值 P_{01}，开启排气阀，压力仪示值回零，重复上述（5）至（6）的步骤，对容器内试样再测一次压力值 P_{02}。

三、试验结果

混凝土拌和物含气量应按下式计算：

$$A = A_0 - A_g \qquad (4-2)$$

式中　A——混凝土拌和物含气量，%；

$\quad A_0$——两次含气量测定的平均值，%；

$\quad A_g$——集料含气量，%。

以两次测值的平均值作为试验结果，如果两次测值的含气量相差 0.2% 以上时，需要找出原因并且重做试验。

注意：在操作过程中，如气室压通过微调阀放尽，而量钵内还有压力时，绝对不能按下微调阀，应先打开排气阀跟进水阀，否则会把水吸入气室，使以后的测试产生误差，以及损坏仪器。

项目二　混凝土力学性能试验

【知识导学】　强度是混凝土最重要的力学性质，因为混凝土主要用于承受荷载或抵抗各种作用力。混凝土的强度包括抗压强度、抗拉强度、抗弯强度和抗剪强度和与钢筋的黏结强度等，其中抗压强度最大，抗拉强度最小，故混凝土主要用来承受压力。

混凝土强度与混凝土的其他性能关系密切。一般来说，混凝土的强度越高，其刚性、不透水性、抵抗风化和某些介质侵蚀的能力也就越高，通常用混凝土强度来评定和控制混凝土的质量。

一、混凝土的抗压强度

混凝土的抗压强度，是指其标准试件在压力作用下直到破坏时单位面积所能承受的最大应力。混凝土结构物常以抗压强度为主要参数进行设计，而且抗压强度与其他强度及变形有良好的相关性。因此，抗压强度常作为评定混凝土质量的指标，并作为确定强度等级的依据，在实际工程中提到的混凝土强度一般是指抗压强度。

按照《普通混凝土力学性能试验方法标准》（GB/T 50081—2002），制作边长为150mm 的立方体试件，在标准养护条件［温度（20±2）℃、相对湿度95％以上］下，养护至28d 龄期，用标准试验方法测得的极限抗压强度，称为混凝土标准立方体抗压强度，以 f_{cu} 表示。

按《混凝土结构设计规范》（GB 50010—2010）的规定，在立方体极限抗压强度总体分布中，具有95％强度保证率的立方体试件抗压强度，称为混凝土立方体抗压强度标准值（以 MPa 即 N/mm² 计），以 $f_{cu,k}$ 表示。立方体抗压强度标准值是按数据统计处理方法达到规定保证率的某一数值，它不同于立方体试件抗压强度。

混凝土强度等级是按混凝土立方体抗压强度标准值来划分的，采用符号 C 和立方体抗压强度标准值表示（混凝土的标准养护时间为28d，若采用长龄期养护时，需在符号 C 右下角注明养护时间，如养护时间为90d，强度 15MPa，则表示为 $C_{90}15$），可分为 C7.5、C10、C15、C20、C25、C30、C35、C40、C45、C50、C55、C60 等12个等级。例如，强度等级为 C25 的混凝土，是指 $25MPa \leqslant f_{cu,k} < 30MPa$ 的混凝土。

测定混凝土立方体试件抗压强度，也可以按粗集料最大粒径的尺寸选用不同的试件尺寸。但在计算其抗压强度时，应乘以换算系数，以得到相当于标准试件的试验结果。选用边长为100mm 的立方体试件，换算系数为0.95；边长为200mm 的立方体试件，换算系数为1.05。

在实际的混凝土工程中，为了说明某一工程中混凝土实际达到的强度，常把试块放在与该工程相同的环境下养护（简称同条件养护），按需要的龄期进行测试，作为现场混凝土质量控制的依据。

二、混凝土棱柱体（轴心）抗压强度

确定混凝土强度等级采用立方体试件，但是实际工程中钢筋混凝土构件形式极少是立方体的，大部分是棱柱型或圆柱形。为了使测得的混凝土强度接近于混凝土构件的实际情况，在钢筋混凝土结构计算中，计算轴心受压构件（例如柱子、桁架的腹杆等）时，都采用混凝土的轴心抗压强度作为设计依据。

按棱柱体抗压强度的标准试验方法，制成边长为 150mm×150mm×300mm 的标准试件，在标准养护 28d 的条件下，测其抗压强度，即为棱柱体抗压强度（f_{ck}）。通过试验分析，$f_{ck} \approx 0.67 f_{cu,k}$。

三、影响混凝土抗压强度的因素

硬化后的混凝土在未受到外力作用前，由于水泥水化造成的化学收缩和物理收缩引起浆体体积的变化，在粗骨料与砂浆界面上产生了分布极不均匀的拉应力，从而导致了界面上形成了许多微细的裂缝。另外，还因为混凝土成型后的泌水作用，某些上升的水分为粗骨料颗粒所阻止，因而聚集于粗骨料的下缘，混凝土硬化后就成为了界面裂缝，而此时当混凝土受力时，这些预存的界面裂缝就会逐渐扩大、延长并会合而连通起来，形成可见的裂缝，致使混凝土丧失连续性而遭到完全破坏。所以，影响混凝土强度的因素主要取决于水泥的强度及其与骨料的黏结强度。

另外还与材料之间的比例关系（水灰比、灰骨比、集料级配）、施工方法（拌和、运输、浇筑、养护）以及试验条件（龄期、试件形状与尺寸、试验方法、温度及湿度）等有关。

1. 水泥强度等级和水灰比

水泥强度的大小直接影响着混凝土强度的高低。在配合比相同的条件下，所用的水泥强度等级越高，配制的混凝土强度也越高。当用同一种水泥（品种及强度等级相同）时，混凝土的强度主要取决于水灰比。水灰比越大，混凝土强度越低，这是因为水泥水化时所需的化学结合水，一般只占水泥质量的 23% 左右，但在实际拌制混凝土时，为了获得必要的流动性，常需要加入较多的水（占水泥质量的 40%～70%）。多余的水分残留在混凝土中形成水泡，蒸发后形成气孔，使混凝土密实度降低，强度下降。水灰比大，则水泥浆稀，硬化后的水泥石与集料黏结力差，混凝土的强度也愈低。但是，如果水灰比过小，拌和物过于干硬，在一定的捣实成型条件下，无法保证浇筑质量，混凝土中将出现较多的蜂窝、孔洞，强度也将下降。试验证明，混凝土强度，随水灰比的增大而降低，呈曲线关系，而混凝土强度和灰水比的关系，则呈直线关系（图 4-4）。

应用数理统计方法，水泥的强度、水灰比、混凝土强度之间的线性关系可用以下经验公式表示：

$$f_{cu} = \alpha_a f_{ce}(C/W - \alpha_b) \tag{4-3}$$

式中　　f_{cu}——混凝土强度（28d），MPa；

　　　　f_{ce}——水泥 28d 抗压强度实测值，MPa；

　　α_a、α_b——回归系数，与集料品种、水泥品种等因素有关；

　　　　C/W——灰水比。

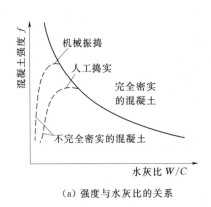

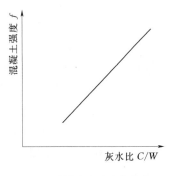

（a）强度与水灰比的关系　　　　　　　　（b）强度与灰水比的关系

图 4-4　混凝土强度与水灰比及灰水比的关系

一般水泥厂为了保证水泥的出厂强度等级，其实际抗压强度往往比其强度等级要高些。当无法取得水泥 28d 抗压强度实测值时，可用下式计算：

$$f_{ce}=r_c f_{ce,k} \qquad (4-4)$$

式中　$f_{ce,k}$——水泥强度等级值，MPa；

　　　r_c——水泥强度等级值的富余系数，可按实际统计资料确定。若无实际资料，则取 $r_c=1.13$。

f_{ce} 值也可根据 3d 强度或快测强度推定 28d 强度关系式推定得出。

上面的经验公式，一般适用于流动性混凝土和低流动性混凝土，不适用于干硬性混凝土。对流动性混凝土而言，只有在原材料相同、工艺措施相同的条件下，α_a、α_b 才可视为常数。因此必须结合工地的具体条件，如施工方法及材料的质量等，进行不同水灰比的混凝土强度试验，求出符合当地实际情况的 α_a、α_b 系数来，这样既能保证混凝土的质量，又能取得较高的经济效果。若无试验条件，可按《普通混凝土混合比设计规程》（JGJ 55—2011）提供的经验数值：采用碎石时，$\alpha_a=0.53$，$\alpha_b=0.20$；采用卵石时，$\alpha_a=0.49$，$\alpha_b=0.13$。

强度公式可解决两个问题：一是混凝土配合比设计时，估算应采用的 W/C 值；二是混凝土质量控制过程中，估算混凝土 28d 可以达到的抗压强度。

2. 集料的种类与级配

集料中有害杂质过多且品质低劣时，将降低混凝土的强度。集料表面粗糙，则与水泥石黏结力较大，混凝土强度高。集料级配良好、砂率适当，能组成密实的骨架，混凝土强度也较高。

3. 混凝土外加剂与掺合料

在混凝土中掺入早强剂可提高混凝土早期强度；掺入减水剂可提高混凝土强度；掺入一些掺合料可配制高强度混凝土。详细内容见混凝土外加剂及掺合料部分。

4. 养护温度和湿度

混凝土浇筑成型后，所处的环境温度和湿度，对混凝土的强度影响很大。混凝土的硬化在于水泥的水化作用，周围温度升高，水泥水化速度加快，混凝土强度发展也就加快。

反之，温度降低时，水泥水化速度降低，混凝土强度发展将相应迟缓。当温度降至冰点以下时，混凝土的强度停止发展，并且由于孔隙内水分结冰而引起膨胀，使混凝土的内部结构遭受破坏。混凝土早期强度低，更容易冻坏。湿度适当时，水泥水化能顺利进行，混凝土强度得到充分发展。如果湿度不够，会影响水泥水化作用的正常进行，甚至停止水化。这不仅严重降低混凝土的强度，而且水化作用未能完成，使混凝土结构疏松，渗水性增大，或形成干缩裂缝，从而影响其耐久性。

因此，混凝土成型后一定时间内必须保持周围环境有一定的温度和湿度，使水泥充分水化，以保证获得较好质量的混凝土。

5. 硬化龄期

混凝土在正常养护条件下，其强度将随着龄期的增长而增长。最初 7～14d 内，强度增长较快，28d 达到设计强度。以后增长缓慢，但若保持足够的温度和湿度，强度的增长将延续几十年。

6. 施工工艺

混凝土的施工工艺包括配料、拌和、运输、浇筑、养护等工序，每一道工序对其质量都有影响。若配料不准确、误差过大，搅拌不均匀，拌和物运输过程中产生离析，振捣不密实，养护不充分等均会降低混凝土强度。因此，在施工过程中，一定要严格遵守施工规范，确保混凝土的强度。

四、混凝土的抗拉强度

混凝土在直接受拉时，很小的变形就会开裂，它在断裂前没有残余变形，是一种脆性破坏。混凝土的抗拉强度一般为抗压强度的 1/10～1/20。我国采用立方体（国际上多用圆柱体）的劈裂抗拉试验来测定混凝土的抗拉强度，称为劈裂抗拉强度 $f_{st}^{劈}$，劈裂抗拉强度 $f_{st}^{劈}$ 与抗压强度之间的关系可近似地用下式表示：

$$f_{st}^{劈} = 0.23 f_{cu,k}^{2/3} \tag{4-5}$$

抗拉强度对于开裂现象有重要意义，在结构设计中抗拉强度是确定混凝土抗裂度的重要指标。对于某些工程（如混凝土路面、水槽、拱坝），在对混凝土提出抗压强度要求的同时，还应提出抗拉强度要求。

【工作任务】 混凝土力学性能指标检测

混凝土力学指标检测包括抗压强度、抗拉强度及抗渗性、抗冻性测定。

本任务主要介绍了混凝土抗压强度的测定方法，其他指标的测定如抗拉强度参见《普通混凝土力学性能试验方法标准》（GB/T 50081—2002）。

一、主要仪器设备

1. 压力试验机

除应符合《液压式压力试验机》（GB/T 3722—1992）及《试验机通用技术要求》（GB/T 2611—2007）中的技术要求外，其测量精度为±1%，试件破坏荷载应大于压力机全量程的 20％且小于压力机全量程的 80％。

2. 试模

由铸铁和钢制成，应具有足够的刚度并便于拆装。试模尺寸应根据骨料最大粒径确定：当骨料最大粒径在 30mm 以下时，试模边长为 100mm；骨料最大粒径 40mm 以下时，试模边长为 150mm；骨料最大粒径 60mm 以下时，试模边长为 200mm。

3. 捣实设备

可选用下列三种之一：①振动台：频率为（50±3）Hz，空载时振幅约为 0.5mm；②振动棒：直径 30mm 的高频振动棒；③捣棒：直径 16mm，长 600mm，一端为弹头形。

二、检测方法及操作步骤

（1）试件从养护地点取出后应及时进行试验，将试件表面与上下承压板面擦干净。

（2）将试件安放在试验机的下压板或垫板上，试件的承压面应与成型时的顶面垂直，试件的中心应与试验机下压板中心对准，开动试验机，当上压板与试件或钢垫板接近时调整球座，使接触均衡。

（3）在试验过程中应连续均匀地加荷，混凝土强度等级小于 C30 时，加荷速度取每秒钟 0.3～0.5MPa；混凝土强度等级不小于 C30 且小于 C60 时，取每秒钟 0.5～0.8MPa；混凝土强度等级不小于 C60 时取每秒钟 0.8～1.0MPa。

（4）当试件接近破坏开始急剧变形时，应停止调整试验机油门，直至破坏，然后记录破坏荷载。

三、试验结果

立方体抗压强度试验结果计算及确定按式（4-6）方法进行，精确至 0.1MPa：

$$f_{cu} = \frac{P}{A} \qquad (4-6)$$

式中　f_{cu}——混凝土立方体试件抗压强度，MPa；

　　　P——破坏荷载，N；

　　　A——受压面积，mm^2。

四、结果分析

以三个试件测值的算术平均值作为该组试件的抗压强度值。三个测值中的最大值或最小值，若有一个与中间值的差值超过中间值的 15％时，则把最大及最小值一并舍去，取中间值作为该组试件的抗压强度值。若有两个测值与中间值的差超过中间值的 15％，则该组试件的试验结果无效。

取 150mm×150mm×150mm 试件的抗压强度为标准值。用其他尺寸试件测得的强度值均应乘以换算系数，其值为：对 200mm×200mm×200mm 试件为 1.05；对 100mm×100mm×100m 试件为 0.95。

附表 ××××引水工程中心试验室混凝土抗压强度检验报告

报告编号：YAHHYS-SK20160425-01　　报告日期：2016 年 4 月 25 日

工程名称：　　　　　　　　　　××××引水工程

试验单位：　　中国水电建设集团××工程局有限公司××引水工程中心试验室

取样地点：　　　施工现场　　　　　　　取 样 人：　　　××

主要检验设备：TYE-2000B 型压力试验机等　　养护条件：　　标准养护

成型日期：　　　2016.03.28　　　　　　试验日期：　2016 年 4 月 25 日

检验依据：　　SL 352—2006　　　　　　检测环境：　　　20℃

检验结果

样品编号	工程部位	设计等级	龄期 /d	试件尺寸 /mm	折合成标准试件抗压强度/MPa		达设计强度 /%
					单个值	代表值	
YP-SK 20160328-01	××水库输水洞侧墙及顶拱混凝土衬砌	C25	28	150×150×150	29.7	30.2	121
					30.7		
					30.1		

备注	

批准：　　　　　审核：　　　　　　检验：　　　单位（章）

年　月　日　　　　年　月　日　　　　　　年　月　日

项目三　普通混凝土配合比设计

【知识导学】

混凝土配合比是指混凝土中各组成材料（水泥、水、砂、石）用量之间的比例关系。配合比设计就是根据原材料的性能和对混凝土的技术要求，通过计算和试配调整，确定出满足工程技术经济指标的混凝土各组成材料的用量。

一、混凝土配合比设计的基本要点

1. 混凝土配合比设计的基本资料

（1）混凝土强度设计等级。

（2）工程特征（工程所处环境、结构断面、钢筋最小净距等）。

（3）耐久性要求（如抗冻性、抗侵蚀、耐磨、碱集料等）。

（4）水泥强度等级和品种。

（5）砂、石的种类，石子最大粒径、密度等。

（6）施工方法等。

2. 混凝土配合比设计

混凝土配合比设计应满足下列要求：

（1）满足混凝土配制强度及其他力学性能要求。不论是何种混凝土结构，在设计时都会对不同的结构部位提出不同的"设计强度"要求。为了保证结构物可靠性，在配制混凝土配合比时，必须要考虑到结构物的重要性、施工单位施工水平、施工环境因素等，采用一个比设计强度高的"配制强度"，才能满足设计强度的要求。但是"配制强度"的高低一定要适宜，太低结构物不安全，太高会造成浪费。

（2）满足混凝土拌和物性能要求。按照结构物断面尺寸和形状、配筋的配制情况、施工方法及设备等，合理确定混凝土拌和物的工作性。

（3）满足混凝土的长期性能和耐久性能要求。根据结构物所处的环境条件，为保证结构的耐久性，在设计混凝土配合比时应考虑允许的"最大水胶比"和"最小水泥用量"。

（4）满足经济性的要求。在满足混凝土设计强度、工作性和耐久性的前提下，在配合比设计中要尽量降低高价材料（如水泥）的用量，并考虑应用当地材料和工业废料（如粉煤灰），以配制成性能优良、价格便宜的混凝土。

二、混凝土配合比设计的三个参数

（1）水胶比（W/B）。水胶比是混凝土中水与胶凝材料质量的比值，是影响混凝土强度和耐久性的主要因素。其确定原则是在满足强度和耐久性的前提下，尽量选择较大值，以节约胶凝材料。

（2）砂率（β_s）。砂率是指砂子质量占砂石总质量的百分率。砂率是影响混凝土拌和物和易性的重要指标。砂率的确定原则是在保证混凝土拌和物黏聚性和保水性要求的前提下，尽量取小值。

（3）单位用水量。单位用水量是指 $1m^3$ 混凝土的用水量，反映混凝土中水泥浆与集料之间的比例关系。在混凝土拌和物中，水泥浆的多少显著影响混凝土的和易性，同时也影响强度和耐久性。其确定原则是在达到流动性要求的前提下取较小值。

水胶比、砂率、单位用水量是混凝土配合比设计的三个重要参数。

三、混凝土配合比的表示方法

（1）单位用量表示法。即以每立方米混凝土中各项材料的质量表示，如：水泥 300kg、水 180kg、砂 720kg、石子 1200kg。

（2）相对用量表示法。即以水泥质量为 1 的各项材料相互间的质量比及水灰比来表示，将上例换算成质量比为水泥：砂：石＝1：2.1：4.1，水灰比＝0.60。

任 务 一　混 凝 土 配 合 比 设 计

一、混凝土配合比设计基本规定

（1）混凝土配合比设计应满足混凝土配制强度、拌和物性能、力学性能、长期性能和耐久性能的设计要求。混凝土拌和物性能、力学性能、长期性能和耐久性能的试验方法应分别符合现行国家标准《普通混凝土拌和物性能试验方法标准》（GB/T 50080）、《普通混凝土力学性能试验方法标准》（GB/T 50081）和《普通混凝土长期性能和耐久性能试验方法标准》（GB/T 50082）的规定。

（2）混凝土配合比设计应采用工程实际使用的原材料，并应满足国家现行标准的有关要求；配合比设计应以干燥状态骨料为基准，细骨料含水率应小于 0.5％，粗骨料含水率应小于 0.2％。

（3）混凝土的最大水胶比应符合《混凝土结构设计规范》（GB 50010）的规定（控制水胶比是保证耐久性的重要手段，水胶比是配比设计的首要参数）。

《混凝土结构设计规范》（GB 50010—2010）对不同环境条件的混凝土最大水胶比作了规定（表 4 - 3）。

表 4 - 3　　　　　　　　最大水胶比及最小胶凝材料用量表

环境类别	最大水胶比	最小胶凝材料用量/(kg/m³)		
		素混凝土	钢筋混凝土	预应力混凝土
一	0.60	250	280	300
二 a	0.55	280	300	300
二 b	0.50	320		
三 a	0.45	330		
三 b	0.40	330		

二、混凝土配合比设计过程

混凝土配合比设计步骤包括配合比计算、试配和调整、施工配合比的确定等。

（一）初步配合比计算

1. 计算配制强度（$f_{cu,o}$）

根据《普通混凝土配合比设计规程》（JGJ 55—2011）的规定，混凝土配制强度应按下列规定确定：

（1）当混凝土的设计强度小于 C60 时，配制强度应按下式确定：

$$f_{cu,o} \geqslant f_{cu,k} + 1.645\sigma \qquad (4-7)$$

式中 $f_{cu,o}$——混凝土配制强度，MPa；

         $f_{cu,k}$——混凝土立方体抗压强度标准值，这里取混凝土的设计强度等级值，MPa；

         σ——混凝土强度标准差，MPa。

（2）当混凝土的设计强度不小于 C60 时，配制强度应按下式确定：

$$f_{cu,o} \geqslant 1.15 f_{cu,k}$$

混凝土强度标准差 σ 应根据同类混凝土统计资料计算确定，其计算公式如下：

$$\sigma = \sqrt{\dfrac{\sum\limits_{i=1}^{n} f_{cu,i}^2 - nm f_{cu}^2}{n-1}} \qquad (4-8)$$

式中 $f_{cu,i}$——统计周期内同一品种混凝土第 i 组试件的强度值，MPa；

         $m f_{cu}$——统计周期内同一品种混凝土 n 组试件的强度平均值，MPa；

         n——统计周期内同品种混凝土试件的总组数。

当具有近 1～3 个月的同一品种、同一强度等级混凝土的强度资料，且试件组数不小于 30 时，其混凝土强度标准差 σ 应按上式进行计算。

对于强度等级不大于 C30 的混凝土，当混凝土强度标准差计算值不小于 3.0MPa 时，应按混凝土强度标准差计算公式计算结果取值；当混凝土强度标准差计算值小于 3.0MPa 时，应取 3.0MPa。

对于强度等级大于 C30 且小于 C60 的混凝土，当混凝土强度标准差计算值不小于 4.0MPa 时，应按混凝土强度标准差计算公式计算结果取值；当混凝土强度标准差计算值小于 4.0MPa 时，应取 4.0MPa。

当没有近期的同一品种、同一强度等级混凝土强度资料时，其强度标准差 σ 可按表 4-4 取值。

表 4-4   混凝土强度标准差 σ 值

混凝土强度等级	$\leqslant$C20	C25～C45	C50～C55
σ/MPa	4.0	5.0	6.0

2. 计算水胶比（W/B）

混凝土强度等级小于 C60 时，混凝土水胶比应按下式计算：

$$\frac{W}{B}=\frac{\alpha_a f_b}{f_{cu,o}+\alpha_a \alpha_b f_b}$$ (4-9)

式中　α_a、α_b——回归系数，回归系数可由表 4-5 采用；

f_b——胶凝材料 28d 胶砂抗压强度，可实测，MPa。

表 4-5 回归系数 α_a 和 α_b 选用表

系数	碎石	卵石
α_a	0.53	0.49
α_b	0.20	0.13

（1）当胶凝材料 28d 抗压强度 f_b 无实测值时，其值可按下式确定：

$$f_b = \gamma_f \gamma_s f_{ce}$$ (4-10)

式中　γ_f、γ_s——粉煤灰影响系数和粒化高炉矿渣粉影响系数，按表 4-6 选用；

f_{ce}——水泥 28d 胶砂抗压强度，可实测，MPa。

表 4-6 粉煤灰影响系数 γ_f 和粒化高炉矿渣粉影响系数 γ_s

掺量/%	粉煤灰影响系数（γ_f）	粒化高炉矿渣粉影响系数（γ_s）
0	1.00	1.00
10	0.85~0.95	1.00
20	0.75~0.85	0.95~1.00
30	0.65~0.75	0.90~1.00
40	0.55~0.65	0.80~0.90
50	—	0.70~0.85

注　采用Ⅰ级、Ⅱ级粉煤灰宜取上限值。

（2）采用 S75 级粒化高炉矿渣粉宜取下限值，采用 S95 级粒化高炉矿渣粉宜取上限值，采用 S105 级粒化高炉矿渣粉宜取上限值加 0.05。

（3）当超出表中的掺量时，粉煤灰和粒化高炉矿渣粉影响系数应经试验测定。

在确定 f_{ce} 值时，f_{ce} 值可根据 3d 强度或快测强度推定 28d 强度关系式得出。当无水泥 28d 抗压强度实测值时，其值可按下式确定：

$$f_{ce} = \gamma_c f_{ce,g}$$ (4-11)

式中　γ_c——水泥强度等级值的富裕系数（可按实际统计资料确定）；当缺乏实际统计资料时，可按表 4-7 选用；

$f_{ce,g}$——水泥强度等级值，MPa。

表 4-7 水泥强度等级值的富裕系数（γ_c）

水泥强度等级值	32.5	42.5	52.5
富裕系数	1.12	1.16	1.10

3. 每立方米混凝土用水量的确定

（1）干硬性和塑性混凝土用水量的确定。

水胶比在 0.40~0.80 范围内时，根据粗集料的品种、粒径及施工要求的混凝土拌和物稠度，其用水量可按表 4-8、表 4-9 选取。

表 4-8　　　　　　　　　　　　　　干硬性混凝土的用水量　　　　　　　　　　　单位：kg/m³

拌和物稠度		卵石最大粒径/mm			碎石最大粒径/mm		
项目	指标	10.0	20.0	40.0	16.0	20.0	40.0
维勃稠度/s	16~20	175	160	145	180	170	155
	11~15	180	165	150	185	175	160
	5~10	185	170	155	190	180	165

表 4-9　　　　　　　　　　　　　　塑性混凝土的用水量　　　　　　　　　　　单位：kg/m³

拌和物稠度		卵石最大粒径/mm				碎石最大粒径/mm			
项目	指标	10.0	20.0	31.5	40.0	16.0	20.0	31.5	40.0
坍落度/mm	10~30	190	170	160	150	200	185	175	165
	35~50	200	180	170	160	210	195	185	175
	55~70	210	190	180	172	220	205	195	185
	75~90	215	195	185	175	230	215	205	195

　　（2）流动性和大流动性混凝土的用水量宜按下列步骤计算：

　　1）以表 4-9 中坍落度 90mm 的用水量为基础，按坍落度每增大 20mm 用水量增加 5kg，计算出未掺外加剂时的混凝土用水量。当坍落度增大到 180mm 以上时，随坍落度的相应增加用水量可减少。

　　2）掺外加剂时的混凝土用水量可按下式计算：

$$m_{wa} = m_{wo}(1 - \beta) \qquad (4-12)$$

式中　　m_{wa}——掺外加剂混凝土每立方米混凝土的用水量，kg；

　　　　m_{wo}——未掺外加剂混凝土每立方米混凝土的用水量，kg；

　　　　β——外加剂的减水率，应经混凝土的试验确定，%。

　　4. 每立方米混凝土胶凝材料用量（m_{bo}）的确定

　　根据已选定的混凝土用水量 m_{wo} 和水胶比（W/B）可求出胶凝材料用量：

$$m_{bo} = \frac{m_{wo}}{W/B} \qquad (4-13)$$

　　每立方米混凝土矿物掺合料用量（m_{fo}）可按下式计算：

$$m_{fo} = m_{bo}\beta_f \qquad (4-14)$$

式中　　β_f——矿物掺合料掺量，%。

　　矿物掺合料在混凝土中的掺量应通过试验确定。采用硅酸盐水泥或普通硅酸盐水泥时，钢筋混凝土和预应力混凝土中矿物掺合料最大掺量宜分别符合表 4-10 和表 4-11 的规定。对基础大体积混凝土，粉煤灰、粒化高炉矿渣粉和复合掺合料的最大掺量可增加5%。采用掺量大于 30% 的 C 类粉煤灰的混凝土应以实际使用的水泥和粉煤灰掺量进行安定性检验。

表 4 - 10　　　　　　　　　　钢筋混凝土中矿物掺合料最大掺量

矿物掺合料种类	水胶比	最大掺量/%	
		采用硅酸盐水泥时	采用普通硅酸盐水泥时
粉煤灰	≤0.4	45	35
	>0.4	40	30
粒化高炉矿渣粉	≤0.4	65	55
	>0.4	55	45
钢渣粉	—	30	20
磷渣粉	—	30	20
硅灰	—	10	10
复合掺合料	≤0.4	65	55
	>0.4	55	45

表 4 - 11　　　　　　　　　　预应力混凝土中矿物掺合料最大掺量

矿物掺合料种类	水胶比	最大掺量/%	
		采用硅酸盐水泥时	采用普通硅酸盐水泥时
粉煤灰	≤0.4	35	30
	>0.4	25	20
粒化高炉矿渣粉	≤0.4	55	45
	>0.4	45	35
钢渣粉	—	20	10
磷渣粉	—	20	10
硅灰	—	10	10
复合掺合料	≤0.4	55	45
	>0.4	45	35

每立方米混凝土水泥用量（m_{co}）可按下式计算：

$$m_{co} = m_{bo} - m_{fo} \qquad (4 - 15)$$

为保证混凝土的耐久性，由以上计算得出的胶凝材料用量还要满足有关规定的最小胶凝材料用量的要求，如算得的胶凝材料用量少于规定的最小胶凝材料用量，则应取规定的最小胶凝材料用量值。

5. 砂率的确定

砂率可以根据以砂填充石子空隙，并稍有富裕，以拨开石子的原则来确定。

（1）坍落度为 10～60mm 的混凝土。当无历史资料可参考时，砂率可根据粗集料品种、粒径及水灰比按表 4 - 12 选取。

（2）坍落度大于 60mm 的混凝土砂率，可经试验确定，也可在表 4 - 12 的基础上，按坍落度每增大 20mm 砂率增大 1% 的幅度予以调整。

（3）坍落度小于 10mm 的混凝土及使用外加剂或掺合料的混凝土，其砂率应经试验确定。

表 4 - 12　　　　　　　　　　　　混凝土砂率选用表　　　　　　　　　　　　%

水胶比 (W/B)	卵石最大粒径/mm				碎石最大粒径/mm			
	10	20	31.5	40	16	20	31.5	40
0.40	26～32	25～31	24～30	24～30	30～35	29～34	28～33	27～32
0.50	30～35	29～34	28～33	28～33	33～38	32～37	31～36	30～35
0.60	33～38	32～37	31～36	31～36	36～41	35～40	34～39	33～38
0.70	36～41	35～40	35～39	34～39	39～44	38～43	37～42	36～41

注　1. 本表数值系中砂的选用砂率，对细砂或粗砂，可相应地减小或增大砂率。

　　2. 只用一个单粒级粗集料配制混凝土时，砂率应适当增大。

　　3. 对薄壁构件砂率取偏大值。

6. 粗集料和细集料用量的确定

(1) 当采用质量法时，应按下列公式计算：

$$\begin{cases} m_{co}+m_{fo}+m_{go}+m_{so}+m_{wo}=m_{cp} \\ \beta_s=\dfrac{m_{so}}{m_{so}+m_{go}}\times100\% \end{cases} \tag{4-16}$$

式中　m_{co}——每立方米混凝土的水泥用量，kg；

　　　　m_{fo}——每立方米混凝土的矿物掺合料用量，kg；

　　　　m_{go}——每立方米混凝土的粗集料用量，kg；

　　　　m_{so}——每立方米混凝土的细集料用量，kg；

　　　　m_{wo}——每立方米混凝土的用水量，kg；

　　　　m_{cp}——每立方米混凝土拌和物的假定质量（其值可取 2350～2450），kg；

　　　　β_s——砂率，%。

(2) 当采用体积法时，应按下列公式计算：

$$\begin{cases} \dfrac{m_{co}}{\rho_c}+\dfrac{m_{po}}{\rho_p}+\dfrac{m_{go}}{\rho_g}+\dfrac{m_{so}}{\rho_c}+\dfrac{m_{wo}}{\rho_w}+0.01\alpha=1 \\ \beta_s=\dfrac{m_{so}}{m_{so}+m_{go}}\times100\% \end{cases} \tag{4-17}$$

式中　ρ_c——水泥密度，kg/m³；

　　　　ρ_p——矿物掺合料密度，kg/m³；

　　　　ρ_g——粗集料的表观密度，kg/m³；

　　　　ρ_s——细集料的表观密度，kg/m³；

　　　　ρ_w——水的密度（可取 1000kg/m³），kg/m³；

　　　　α——混凝土的含气量百分数，在不使用引气型外加剂时，α 可取 1。

（二）配合比的试配、调整与确定

1. 配合比的试配、调整

以上求出的各材料用量，是借助于一些经验公式和数据计算出来的，或是利用经验资料查得的，因而不一定符合实际情况，必须通过试拌调整，直到混凝土拌和物的和易性符合要求为止，然后提出供检验混凝土强度用的基准配合比。

（1）试配。

1）材料要求。试配混凝土所用各种原材料，要与实际工程使用的材料相同，粗、细集料的称量均以干燥状态为基准。如不是干燥的集料配制，称料时应在用水量中扣除集料的水，集料也应增加。但在以后试配调整时仍应取原计算值，不计该项增减数值。

2）搅拌方法和拌和物数量。混凝土的搅拌方法，应尽量与生产时使用方法相同。试拌时，每盘混凝土数量一般应不少于表 4-13 中的建议值。如需要进行抗折强度试验，则应根据实际需要计算拌和用量。采用机械搅拌时，拌和量不应小于搅拌额定搅拌量的 1/4。

表 4-13   混凝土试配的最小搅拌量

集料最大粒径/mm	拌和物数量/L	集料最大粒径/mm	拌和物数量/L
31.5 及以下	20	40	25

（2）校核工作性，调整配合比。

按初步配合比计算出试配所需的材料用量，配制混凝土拌和物。首先通过试验测定混凝土的坍落度，同时观察拌和物的黏聚性和保水性，当不符合要求时，应进行调整。调整的基本原则如下：若流动性太大，可在砂率不变的条件下，适当增加砂、石的用量；若流动性太小，应在保持水胶比不变的情况下，适当增加水和胶凝材料；若黏聚性和保水性不良，实质上是混凝土中砂浆不足或砂浆过多，可适当增大砂率或适当降低砂率，调整和易性满足要求时的配合比，即是可供混凝土强度试验用的基准配合比，即当试拌调整工作完成后，应测出混凝土拌和物的实际表观密度。

2. 计算基准配合比

调整之后的基准配合比的计算可根据下式计算：

$$
\begin{cases}
m_{cJ} = \dfrac{\rho_{ct1} \times 1m^3}{m_{ws} + m_{cs} + m_{ss} + m_{gs} + m_{fs}} \cdot m_{cs} \\[3mm]
m_{wJ} = \dfrac{\rho_{ct1} \times 1m^3}{m_{ws} + m_{cs} + m_{ss} + m_{gs} + m_{fs}} \cdot m_{ws} \\[3mm]
m_{sJ} = \dfrac{\rho_{ct1} \times 1m^3}{m_{ws} + m_{cs} + m_{ss} + m_{gs} + m_{fs}} \cdot m_{ss} \\[3mm]
m_{gJ} = \dfrac{\rho_{ct1} \times 1m^3}{m_{ws} + m_{cs} + m_{ss} + m_{gs} + m_{fs}} \cdot m_{gs} \\[3mm]
m_{fJ} = \dfrac{\rho_{ct1} \times 1m^3}{m_{ws} + m_{cs} + m_{ss} + m_{gs} + m_{fs}} \cdot m_{fs}
\end{cases}
\tag{4-18}
$$

式中 m_{cJ}、m_{wJ}、m_{sJ}、m_{gJ}、m_{fJ}——基准配合比混凝土每立方米的水泥用量、水用量、细集料用量、粗集料用量和掺合料用量，kg；

m_{cs}、m_{ws}、m_{ss}、m_{gs}、m_{fs}——试拌时混凝土中水泥、水、细集料、粗集料和掺合料的实际用量，kg；

ρ_{ct1}——混凝土拌和物表观密度实测值，kg/m³。

3. 检验强度、确定试验配合比

（1）制作试件、检验强度。

经过和易性调整试验得出的混凝土基准配合比,其水胶比不一定选用恰当,混凝土的强度不一定符合要求,所以应对混凝土强度进行复核。混凝土强度试验时至少采用 3 个不同的配合比。其中一个是基准配合比,另两组的水胶比则分别增加及减少 0.05,用水量应与基准配合比相同,砂率可分别增加 1% 和减少 1%。

每组配合比制作一组(3 块)试件,在制作混凝土强度试件时,应检验混凝土拌和物的坍落度(或维勃稠度)、黏聚性、保水性及拌和物的表观密度,并以此结果作为代表相应配合比的混凝土拌和物的性能。按标准条件养护 28d,根据试验得出的混凝土强度与其相对应的胶水比关系,用作图法或内插法求出混凝土强度与其相应的胶水比。

(2)确定试验室配合比。

由试验得出的各胶水比值时的混凝土强度,用作图法或计算求出与 $f_{cu,o}$ 相对应的胶水比值,并按下列原则确定每立方米混凝土的材料用量:

1)用水量(m_w)和外加剂用量(m_a)。在试拌配合比的基础上,用水量(m_w)和外加剂用量(m_a)应根据确定的水胶比作调整。

2)胶凝材料用量(m_b)。胶凝材料用量(m_b)应以用水量乘以确定的胶水比计算得出。

3)粗、细集料用量(m_g 及 m_s)。粗、细集料用量(m_g 及 m_s)应根据用水量和胶凝材料用量进行调整。

(3)混凝土表观密度的校正。

其步骤如下:

1)计算出混凝土的表观密度值($\rho_{c,c}$):

$$\rho_{c,c} = m_c + m_f + m_g + m_s + m_w \tag{4-19}$$

2)将混凝土的实测表观密度值($\rho_{c,t}$)除以 $\rho_{c,c}$ 得出修正系数 δ,即

$$\delta = \frac{\rho_{c,t}}{\rho_{c,c}} \tag{4-20}$$

3)当 $\rho_{c,t}$ 与 $\rho_{c,c}$ 之差的绝对值不超过 $\rho_{c,c}$ 的 2% 时,由以上定出的配合比,即为确定的设计配合比;若两者之差超过 2%,则要将已定出的混凝土配合比中每项材料用量均乘以校正系数 δ,即为最终定出的设计配合比。

(三)施工配合比

设计配合比,是以干燥材料为基准的,而工地存放的砂、石材料都含有一定的水分。所以现场材料的实际称量应按工地砂、石的含水情况进行修正,修正后的配合比,叫做施工配合比。

现假定工地测出的砂的含水率为 $a\%$、石子的含水率为 $b\%$,则将上述设计配合比换算为施工配合比,其材料的称量应为:

水泥: $m_c' = m_c$ (kg)

砂: $m_s' = m_s(1 + a\%)$ (kg)

石子: $m_g' = m_g(1 + b\%)$ (kg) (4-21)

水: $m_w' = m_w - m_s \cdot a\% - m_g \cdot b\%$ (kg)

矿物掺合料: $m_f' = m_f$ (kg)

三、混凝土配合比设计习题

【例 4 - 1】 试设计某室内现浇钢筋混凝土 T 形梁所用混凝土配合比。

已知混凝土设计强度等级为 C30，施工单位无强度历史统计资料，要求混凝土拌和物的坍落度为 30～50mm。

组成材料：

水泥：强度等级为 42.5 的硅酸盐水泥，密度为 $3.1 \times 10^3 kg/m^3$。

掺合料：Ⅱ级粉煤灰，密度为 $2.19 \times 10^3 kg/m^3$，推荐掺量为 20%。

砂：中砂，表观密度为 $2.65 \times 10^3 kg/m^3$。

碎石：最大粒径为 31.5mm，表观密度为 $2.7 \times 10^3 kg/m^3$。

设计要求：

(1) 按题给资料计算出初步配合比。

(2) 按初步配合比在试验室进行试拌调整得出试验室配合比。

解：

1. 计算初步配合比

(1) 确定混凝土配制强度 $f_{cu,o}$。

按题意已知：设计要求混凝土强度为 30MPa，无历史统计资料，查表 4 - 4 知标准差为 5.0MPa。

混凝土配制强度为

$$f_{cu,o} = f_{cu,k} + 1.645\sigma = 30 + 1.645 \times 5 = 38.2 (MPa)$$

(2) 计算水胶比 $\dfrac{W}{B}$。

1) 按强度要求计算水胶比。

a) 计算水泥实际强度。由题意已知采用强度等级 42.5 的硅酸盐水泥，富裕系数为 1.16。则水泥实际强度为

$$f_{ce} = \gamma_c f_{ce,k} = 1.16 \times 42.5 = 49.3 (MPa)$$

b) 计算胶凝材料抗压强度。由粉煤灰掺量为 20%，查表 4 - 6 γ_f 可选取 0.80。则胶凝材料抗压强度为

$$f_b = \gamma_f \gamma_s f_{ce} = 0.80 \times 1.0 \times 49.3 = 39.4 (MPa)$$

c) 计算水胶比。已知混凝土配制强度为 38.2MPa，水泥实际强度为 49.3MPa，本单位无混凝土强度回归系数统一资料，查表得回归系数 $\alpha_a = 0.53$，$\alpha_b = 0.20$，计算水胶比为

$$\frac{W}{B} = \frac{\alpha_a \cdot f_b}{f_{cu,o} + \alpha_a \cdot \alpha_b \cdot f_b} = \frac{0.53 \times 39.4}{38.2 + 0.53 \times 0.20 \times 39.4} = 0.49$$

2) 按耐久性校核水胶比。

根据混凝土所处环境，允许最大水胶比为 0.6，按强度计算的水胶比满足耐久性要求，采用 0.49。

（3）选用单位用水量 m_{wo}。

由题意已知，要求混凝土拌和物坍落度为 30～50mm，碎石最大粒径为 31.5mm。查表 4-9 选用混凝土用水量为 185kg/m³。

（4）计算单位胶凝材料用量 m_{bo}。

1）已知混凝土单位用水量为 185 kg/m³，水胶比为 0.49，混凝土单位胶凝材料用量为

$$m_{\text{co}}=\dfrac{m_{\text{wo}}}{\dfrac{W}{B}}=\dfrac{185}{0.49}=378(\text{kg/m}^3)$$

2）按耐久性校核单位胶凝材料用量。

根据混凝土所处环境，最小胶凝材料用量不得小于 280kg/m³，按强度计算单位胶凝材料用量符合耐久性要求，采用单位胶凝材料用量 378 kg/m³。

其中粉煤灰用量为 $378\times20\%=76(\text{kg/m}^3)$，水泥用量为 $378\times80\%=302(\text{kg/m}^3)$。

（5）选定砂率 β_{s}。

按已知集料采用碎石、最大粒径 31.5mm，水胶比为 0.49，查表 4-12，选取砂率为 33%。

（6）计算砂石用量。

采用质量法。已知：单位胶凝材料用量为 378kg/m³，单位用水量为 185kg/m³，混凝土拌和物湿表观密度为 2400kg/m³，砂率为 33%，得

$$\begin{cases} m_{\text{go}}+m_{\text{so}}=m_{\text{cp}}-m_{\text{co}}-m_{\text{wo}}=2400-378-185 \\ \beta_{\text{s}}=\dfrac{m_{\text{so}}}{m_{\text{go}}+m_{\text{so}}}\times100\%=33\% \end{cases}$$

解方程组得：$m_{\text{so}}=606\text{kg/m}^3$，$m_{\text{go}}=1231\text{kg/m}^3$。

按质量法计算得初步配合比：$m_{\text{wo}}:m_{\text{fo}}:m_{\text{co}}:m_{\text{so}}:m_{\text{go}}=185:76:302:606:1231$，$W/B=0.49$。

2. 调整工作性，提出基准配合比

（1）计算试样材料用量。

按计算初步配合比取样 20L，则各种材料的用量为：水：$185\times0.02=3.70$（kg）；水泥：$302\times0.02=6.04$（kg）；粉煤灰：$76\times0.02=1.52$（kg）；砂：$606\times0.02=12.12$（kg）；石子：$1231\times0.02=24.62$（kg）。

（2）调整工作性。

按计算材料用量拌制混凝土拌和物，测定其坍落度为 20mm。为满足题给的施工和易性要求，为此，保持水胶比不变，增加 5% 水胶浆，故二次拌和的用水量为 $3.70\times(1+5\%)=3.88(\text{kg})$，水泥用量为 $6.04\times(1+5\%)=6.34(\text{kg})$，粉煤灰用量为 $1.52\times(1+5\%)=1.60(\text{kg})$。再经拌和，测得坍落度为 40mm，黏聚性和保水性亦良好，满足施工和易性要求。并测得拌和物的表观密度为 2420kg/m³。

（3）提出基准配合比。

由式（4-18）得

$$m_{\text{wJ}} = \frac{\rho_{\text{ct}} \times 1\text{m}^3 \times m_{\text{ws}}}{m_{\text{ws}} + m_{\text{cs}} + m_{\text{fs}} + m_{\text{ss}} + m_{\text{gs}}} = \frac{2420 \times 1 \times 3.88}{3.88 + 6.34 + 1.60 + 12.12 + 24.62} = 193(\text{kg})$$

$$m_{\text{cJ}} = \frac{\rho_{\text{ct}} \times 1\text{m}^3 \times m_{\text{cs}}}{m_{\text{ws}} + m_{\text{cs}} + m_{\text{fs}} + m_{\text{ss}} + m_{\text{gs}}} = \frac{2420 \times 1 \times 6.34}{3.88 + 6.34 + 1.60 + 12.12 + 24.62} = 316(\text{kg})$$

$$m_{\text{fJ}} = \frac{\rho_{\text{ct}} \times 1\text{m}^3 \times m_{\text{fs}}}{m_{\text{ws}} + m_{\text{cs}} + m_{\text{fs}} + m_{\text{ss}} + m_{\text{gs}}} = \frac{2420 \times 1 \times 1.60}{3.88 + 6.34 + 1.60 + 12.12 + 24.62} = 80(\text{kg})$$

$$m_{\text{sJ}} = \frac{\rho_{\text{ct}} \times 1\text{m}^3 \times m_{\text{ss}}}{m_{\text{ws}} + m_{\text{cs}} + m_{\text{fs}} + m_{\text{ss}} + m_{\text{gs}}} = \frac{2420 \times 1 \times 12.12}{3.88 + 6.34 + 1.60 + 12.12 + 24.62} = 604(\text{kg})$$

$$m_{\text{gJ}} = \frac{\rho_{\text{ct}} \times 1\text{m}^3 \times m_{\text{gs}}}{m_{\text{ws}} + m_{\text{cs}} + m_{\text{fs}} + m_{\text{ss}} + m_{\text{gs}}} = \frac{2420 \times 1 \times 24.62}{3.88 + 6.34 + 1.60 + 12.12 + 24.62} = 1227(\text{kg})$$

故可得出基准配合比为 $m_{\text{wJ}} : m_{\text{cJ}} : m_{\text{fJ}} : m_{\text{sJ}} : m_{\text{gJ}} = 193 : 316 : 80 : 604 : 1227$，即 $W/B = 0.49$。

3. 检验确定、测定试验室配合比

（1）检验强度。

以 0.49 为基准，选用 0.44、0.49 和 0.54 共 3 个水胶比，分别拌制 3 个试样，其中对 0.44 和 0.54 做和易性调整，满足设计要求。制作试件并标准养护，实测 28d 抗压强度结果见表 4-14 所列。

表 4-14　　　　　　　　　　不同水胶比的混凝土强度值

试样编号	W/B	B/W	抗压强度/MPa
Ⅰ	0.44	2.27	44.8
Ⅱ	0.49	2.04	38.8
Ⅲ	0.54	1.85	33.2

经内插计算得，相应混凝土配制强度 38.2MPa 的胶水比 $B/W = 2.01$，即水胶比为 0.50。

（2）混凝土试验室配合比。

根据新确定的水灰比，在用水量保持不变的情况下，可计算出试验室配合比，即 $m_{\text{w}} : m_{\text{c}} : m_{\text{f}} : m_{\text{s}} : m_{\text{g}} = 193 : 309 : 77 : 608 : 1233$。

按照此配合比拌制混凝土，测得坍落度值为 35mm，且黏聚性和保水性均良好，满足设计要求的和易性，实测出该混凝土拌和物的湿表观密度为 2410kg/m³，按此值计算混凝土的修正系数 δ：

$$\delta = \frac{\rho_{\text{c,t}}}{\rho_{\text{c,c}}} = \frac{2410}{2420} = 1.00$$

两者差值百分率为：

$$\delta = \left| \frac{\rho_{\text{c,t}} - \rho_{\text{c,c}}}{\rho_{\text{c,c}}} \right| = \left| \frac{2410 - 2420}{2420} \right| \times 100\% = 0.4\% < 2\%$$

因差值百分率未超出 2%，故配合比不必调整，因此最终实验室配合比为 $m_{\text{w}} : m_{\text{c}} : m_{\text{f}} : m_{\text{s}} : m_{\text{g}} = 193 : 309 : 77 : 608 : 1233$。

项目四　混凝土质量控制

【知识导学】 混凝土是由多种材料组合而成的一种复合材料，在生产过程中受多种因素的影响质量易波动，因而在混凝土的生产过程中要严格对其质量加以控制，以满足设计要求。

一、混凝土的质量检查及质量波动原因

1. 混凝土的质量检查

混凝土的质量检查是对混凝土质量的均匀性进行有目的的抽样测试及评价，包括对原材料、混凝土拌和物和硬化后混凝土的质量检查。具体检测指标包括混凝土和易性、表观密度、含气量、凝结时间、强度等。

2. 混凝土质量波动原因

造成混凝土质量波动的原因有：原材料质量（如水泥的强度、骨料的级配及含水率等）的波动，施工工艺（如配料、拌和、运输、浇筑及养护等）的不稳定性，施工条件和气温的变化，试验方法及操作所造成的试验误差，施工人员的素质等。在正常施工条件下，这些影响因素都是随机的，因此混凝土的质量也是随机变化的。混凝土质量控制的目的就是分析掌握质量波动规律，以控制正常波动因素，发现并排除异常波动因素，使混凝土质量波动控制在规定范围以内，以达到既保证混凝土质量又节约用料的目的。

二、混凝土的质量评定

1. 混凝土强度数理统计参数

（1）强度平均值$\overline{f_{cu}}$ 混凝土强度平均值$\overline{f_{cu}}$可用式（4-22）计算：

$$\overline{f_{cu}} = \frac{1}{n}\sum_{i=1}^{n} f_{cu,i} \qquad (4-22)$$

式中　$\overline{f_{cu}}$——统计周期内 n 组混凝土立方体试件的抗压强度平均值，MPa；

　　　$f_{cu,i}$——第 i 组混凝土立方体试件的抗压强度值，MPa；

　　　n——统计周期内相同强度等级的试件组数，n 值不应小于 30。

$\overline{f_{cu}}$仅代表混凝土强度总体的平均值，但不能说明混凝土强度的波动状况。

（2）标准值（均方差）σ。标准差按式（4-23）计算，精确到 0.01MPa。

$$\sigma = \sqrt{\frac{\sum_{i=1}^{n}(f_{cu,i} - \overline{f_{cu}})^2}{n-1}} \qquad (4-23)$$

式中　σ——混凝土强度标准差，MPa。

标准差是评定混凝土质量均匀性的主要指标，它在混凝土强度正态分布曲线图中表示分布曲线的拐点距离强度平均值的距离。σ 值越大，说明其强度离散程度越大，混凝土质量也越不稳定。衡量水工混凝土生产质量水平以现场试件 28d 龄期抗压强度标准差 σ 值表示，其评定标准见《水工混凝土施工规范》（SL 677—2014），见表 4-15。

表 4-15 混凝土生产质量水平评定 (SL 677—2014)

评定指标		优秀	合格
抗压强度标准差/MPa	$f_{cu,k} \leqslant 20$	≤3.5	≤4.5
	$20 < f_{cu,k} \leqslant 35$	≤4.0	≤5.0
	$f_{cu,k} > 35$	≤4.5	≤5.5

注 $C_{90}20$ 代表混凝土 90d 龄期的抗压强度标准值为 20MPa。

（3）变异系数（离差系数）C_v。变异系数可由下式计算：

$$C_v = \frac{\sigma}{\overline{f_{cu}}} \qquad (4-24)$$

C_v 表示混凝土强度的相对离散程度。C_v 值越小，说明混凝土的质量越稳定，混凝土生产的质量水平越高。

2. 混凝土强度的波动规律——正态分布

试验表明，混凝土强度的波动规律是符合正态分布的。即在施工条件相同的情况下，对同

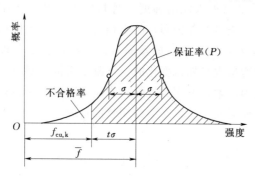

图 4-5 混凝土强度正态分布曲线

一种混凝土进行系统取样，测定其强度，以强度为横坐标，以某一强度出现的概率为纵坐标，可绘出强度概率正态分布曲线，如图 4-5 所示。正态分布的特点为：以强度平均值为对称轴，左右两边的曲线是对称的，距离对称轴越远的值，出现的概率越小，并逐渐趋近于零；曲线和横坐标之间的面积为概率的总和，等于 100%；对称轴两边，出现的概率相等，在对称轴两边的曲线上各有一个拐点，拐点距强度平均值的距离即为标准差。

3. 混凝土强度保证率 P

混凝土强度保证率，是指混凝土强度总体分布中，大于或等于设计要求的强度等级值的概率，以正态分布曲线的阴影部分面积表示，如图 4-5 所示。低于设计强度等级的强度所出现的概率为不合格。

强度保证率的计算方法为：先根据混凝土设计要求的强度等级（$f_{cu,k}$）、混凝土的强度平均值（$\overline{f_{cu}}$）、标准差（σ）或变异系数（C_v），计算出概率度 t：

$$t = \frac{\overline{f_{cu}} - f_{cu,k}}{\sigma} \qquad (4-25)$$

再根据 t 值，查规范可得强度保证率 P（%）。《混凝土强度检验评定标准》（GB/T 50107—2010）规定，同批试件的统计强度保证率不得小于 95%。

三、混凝土质量控制

混凝土质量控制的目的就是分析掌握其质量波动规律，控制正常波动因素，发现并排除异常波动因素，使混凝土质量波动控制在规定范围内，以达到既保证混凝土质量又节约用料的目的。

1. 原材料质量控制

原材料是决定混凝土性能的主要因素，材料的变化将导致混凝土性能的波动。因此，施工现场必须对所用材料及时检验。检验的内容主要有水泥的强度等级、凝结时间、体积安定性等，集料的含泥量、含水率、颗粒级配，砂的细度模数，石子的超、逊径等。

2. 严格计量

严格控制各组成材料的用量，做到准确称量，各组成材料的计量偏差应符合规范要求。水泥、砂、石称量偏差不大于 1%，拌和用水与外加剂的称量偏差不大于 0.5%。并应根据砂、石含水率的变化，及时调整砂、石和水的用量。

3. 施工过程的控制

拌和物在运输时要防止分层、泌水、流浆等现象，且尽量缩短运输时间，浇筑时按规定的方法进行，并严格限制卸料高度，防止离析，振捣均匀，严格漏振和过量振动，保证足够的温、湿度，加强对混凝土的养护。

4. 混凝土配制强度（$f_{cu,o}$）

从混凝土强度的正态分布图中可以看出，若按结构设计强度配制混凝土，则实际施工中将有一半达不到设计强度，即混凝土强度保证率只有 50%。因此，在混凝土配合比设计时，配制强度必须高于设计强度等级。配制强度可根据式（4-26）计算：

$$f_{cu,o} \geqslant f_{cu,k} + 1.645\sigma \tag{4-26}$$

式中　$f_{cu,o}$——混凝土配制强度，MPa；

　　　$f_{cu,k}$——设计的混凝土强度标准值，MPa；

　　　　σ——混凝土强度标准差，MPa。

由上式可知，设计要求的混凝土强度保证率越大则所对应的值就越大，配制强度就越高；当混凝土质量稳定性越差时配制强度也越高。

5. 混凝土质量控制图

为了掌握分析混凝土质量波动情况，及时分析出现的问题，将水泥强度、混凝土坍落度、混凝土强度等检验结果绘制成质量控制图。

质量控制图的横坐标为按时间测得的质量指标子样编号，纵坐标为质量指标的特征值，中间一条横线为中心控制线，上、下两条线为控制界线，如图 4-6 所示。图中横坐标表示混凝土浇筑时间或试件编号，纵坐标表示强度测定值，各点表示连续测得的强度，中心线表示平均强度 $\overline{f_{cu}}$，上、下控制线为 $\overline{f_{cu}} \pm 3\sigma$。

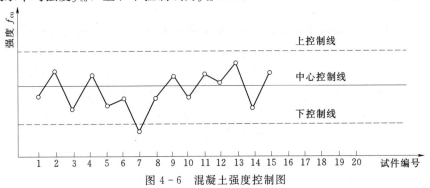

图 4-6　混凝土强度控制图

从质量控制图的变动趋势，可以判断施工是否正常。如果测得的各点几乎全部落在控制界限内，并且控制界限内的点子排列是随机的，即为施工正常。如果各点显著偏离中心线或分布在一侧，尤其是有些点超出上下控制线，说明混凝土质量均匀性已下降，应立即查明原因，加以控制。

项目五　其他混凝土

【知识导学】

一、高强混凝土

C60 及以上强度等级的混凝土简称高强混凝土。强度等级超过 C100 的混凝土称为超高强混凝土。

配制高强混凝土所用原材料应符合以下规定：应选用强度等级不低于 42.5 级且质量稳定的硅酸盐水泥或普通水泥；对强度等级为 C60 级的混凝土，其粗骨料的最大粒径不应大于 31.5mm，对强度等级高于 C60 级的混凝土，其粗骨料的最大粒径不应大于 25mm，针片状颗粒含量不宜大于 5.0%，含泥量不应大于 0.5%，泥块含量不宜大于 0.2%，碎石立方体抗压强度不应小于要求配制的混凝土抗压强度标准值的 1.5 倍；细骨料宜采用中砂，细度模数宜大于 2.6，含泥量不应大于 2.0%，泥块含量不应大于 0.5%。掺用高效减水剂或缓凝高效减水剂及优质的矿物掺合料。

高强混凝土配合比设计时，可根据现有试验资料选取基准配合比中的水灰比；水泥用量不应大于 550kg/m³，水泥和矿物掺合料的总量不应大于 600kg/m³；砂率及采用的外加剂和掺合料的品种、掺量应通过试验确定；在试配与确定配合比时，其中一个为基准配合比，另外两个配合比的水灰比宜较基准配合比分别增加或减少 0.02～0.03，并用不少于 6 次的重复试验验证，最后按强度试验结果中略高于配制强度的配合比作为混凝土配合比。

高强混凝土的特点是抗压强度高、变形小；在相同的受力条件下能减小构件体积，降低钢筋用量；致密坚硬、耐久性能好；脆性比普通混凝土高；抗拉、抗剪强度随抗压强度的提高有所增长，但拉压比和剪压比都随之降低。主要用于混凝土桩基、预应力轨枕、电杆、大跨度薄壳结构、桥梁、输水管等。

二、泵送混凝土

混凝土拌和物的坍落度不低于 100mm 并在泵压作用下，经管道实行垂直及水平输送的混凝土。

泵送混凝土所采用的原材料应符合下列要求：选用硅酸盐水泥、普通硅酸盐水泥、矿渣水泥、粉煤灰水泥，不宜采用火山灰水泥。粗骨料的最大粒径与输送管径之比，当泵送高度在 50m 以下时，对碎石不宜大于 1∶3，对卵石不宜大于 1∶2.5；泵送高度在 50～100m 时，对碎石不宜大于 1∶4，对卵石不宜大于 1∶3；泵送高度 100m 以上时，对碎石不宜大于 1∶5，对卵石不宜大于 1∶4；粗骨料应采用连续级配，且针片状颗粒含量不宜大于 10%。宜采用中砂，其通过 0.315mm 筛孔的颗粒含量不应小于 15%。泵送混凝土应掺用泵送剂或减水剂，并宜掺用优质粉煤灰或其他活性矿物掺合料。

泵送混凝土的用水量与水泥及矿物掺合料的总量之比不宜大于0.60，水泥和矿物掺合料的总量不宜小于300kg/m³，砂率宜为35%～45%，掺用引气型外加剂时，其混凝土含气量不宜大于4%。

泵送混凝土适用于需要采用泵送工艺混凝土的高层建筑，超缓凝泵送剂用于大体积混凝土，含防冻组分的泵送剂适用于冬季施工混凝土。

三、碾压混凝土

碾压混凝土是采用振动碾碾压密实的干硬性混凝土。碾压混凝土拌和物性能与常态混凝土完全不同，凝固后又与常规混凝土性能基本相同。

碾压混凝土拌和物是一种干硬性的拌和物，坍落度为零，其工作度用VC值（Vibrating Compacted Value，即在固定振动频率及振幅、固定压强条件下，拌和物从开始振动至表面泛浆所需时间的秒数，单位为s）表示。碾压混凝土胶凝材料比常态混凝土低，且粉煤灰掺量高达60%左右，因此碾压混凝土水化热温升较低，混凝土干缩小，对混凝土抗裂有利。

碾压混凝土主要用于混凝土大坝工程、混凝土围堰及机场、公路工程。

1. 碾压混凝土配合比特点

（1）粉煤灰掺量比普通混凝土高，高达40%～65%。

（2）单位用水量与胶凝材料用量比普通混凝土低很多。

（3）碾压混凝土一般选用缓混凝型的减水剂，推迟凝结时间，有利于层面结合。

（4）碾压混凝土减水剂掺量比普通混凝土高1.5～3倍，引气剂掺量高7～10倍，一是因为碾压混凝土粉煤灰掺量大，粉煤灰中碳颗粒对引气剂有吸附作用，使有效引气量降低；二是碾压混凝土属于硬性混凝土，搅拌时不易引气所致。

（5）碾压混凝土砂率比普通混凝土大。

2. 碾压混凝土拌和物的工作度

碾压混凝土拌和物的干硬程度称为工作度，常用VC值表示，即在规定振动频率[（50±3.3）Hz]、规定振幅[（0.5±0.1）mm]及规定的表面压重（17.75kg）条件下，拌和物从开始振动至表面泛浆所需要的时间（s）。

VC值越大，拌和物越干硬，可塑性越差，空气含量大且不易排出，混凝土拌和物不易被碾实，施工过程中粗骨料还容易发生分离；VC值过小，拌和物透气性较差，在碾压过程中气泡不易通过碾压层排出，拌和物也不易碾压密实。因此，VC值既不能过大也不能过小，根据已有经验，施工现场混凝土拌和物的VC值宜在5～15s范围内选用。从拌和机口到现场摊铺完毕，VC值约增大2～5s。

3. 碾压混凝土的原材料质量要求

（1）凡符合国家标准的硅酸盐系列水泥均可用于碾压混凝土。碾压混凝土中使用的水泥品种及其强度等级应与掺合料的品质、掺量一起经技术经济论证后确定。碾压混凝土施工所用水泥宜定厂、定品种供应，不宜在施工中途更换水泥厂家和水泥品种。我国已建水工碾压混凝土工程大多使用强度等级为32.5MPa或42.5MPa的普通硅酸盐水泥或硅酸盐水泥。临时工程的内部混凝土，可选用掺混合材料的 32.5MPa 的水泥。

（2）碾压混凝土施工前必须进行掺合料料源的调查研究和品质试验。碾压混凝土所用的掺合料一般应选用活性掺合料，如粉煤灰、粒化高炉矿渣以及火山灰或其他火山灰质材料等。碾压混凝土中掺入掺合料的品种及掺量，应考虑所用水泥中已掺有混合材料的状况。选用粉煤灰作为掺合料时，应符合《粉煤灰混凝土应用技术标准》（GBJ 146）的质量要求。不符合上述指标的粉煤灰或缺乏活性掺合料时，经试验论证，也可以适量掺用。

（3）人工骨料及天然骨料均可用于碾压混凝土，如两者经济指标相差不大，宜优先选用人工骨料；不得使用刚筛洗的骨料拌制碾压混凝土，细骨料（砂）在成品料场堆放时间应不少于 48h。若细骨料含水率大于 6%，应采取脱水措施；细骨料的细度模数宜控制在 2.2～3.0。砂中含有一定量的石粉（$d \leqslant 0.16$mm 的颗粒）可改善拌和物的工作性，增进混凝土的密实性，提高混凝土的强度。《水工碾压混凝土施工规范》规定人工砂中石粉含量以 8%～17% 为宜，超过 17% 应经试验确定。由于碾压混凝土拌和物易发生粗骨料分离，为提高拌和物的抗分离性，粗骨料最大粒径一般不超过 80mm，并应适当降低最大粒径级在粗骨料中所占的比例，不宜采用间断级配。

（4）碾压混凝土中应掺用外加剂，并必须进行外加剂对水泥和掺合料的适应性试验。碾压混凝土一般都掺适量的缓凝减水剂，在严寒地区还应考虑掺用引气剂以提高混凝土的抗冻性。

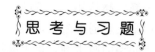

思 考 与 习 题

一、单项选择题（在每小题的 **4** 个备选答案中，选出 **1** 个正确答案，并将其代码填在题干后的括号内）

1. 坍落度值的大小直观反映混凝土拌和物的（   ）。

A. 保水性　　　　　B. 黏聚性　　　　　C. 流动性　　　　　D. 需水量

2. 选择合理砂率，有利于（   ）。

A. 增大坍落度　　　　　　　　　　B. 节约水泥

C. 提高混凝土工作性或节约水泥　　D. 提高强度

3. 提高混凝土拌和物的流动性，可采用的方法是（   ）。

A. 增加用水量　　　　　　　　　　B. 保持 W/C 不变，增加水泥浆量

C. 增大石子粒径　　　　　　　　　D. 减小砂率

4. （   ）作为评价硬化后混凝土质量的主要指标。

A. 工作性　　　　　B. 强度　　　　　C. 变形性　　　　　D. 耐久性

5. 混凝土强度等级是由（   ）划分的。

A. 立方体抗压强度　　　　　　　　B. 立方体抗压强度平均值

C. 轴心抗压强度　　　　　　　　　D. 立方体抗压强度标准值

6. 混凝土立方体抗压强度标准值是指用标准方法制作混凝土标准试件，标准养护 28d 所测得的且强度保证率大于（   ）的立方体抗压强度平均值。

A. 75%　　　　　B. 85%　　　　　C. 95%　　　　　D. 100%

7. 混凝土强度随水灰比增大而（　　　）。

A. 增大　　　　　B. 不变　　　　　C. 减小　　　　　D. 不能确定

8. 保证混凝土的耐久性，应控制（　　　）。

A. 最大水灰比　　　　　　　　　B. 最小水泥用量

C. 最小水灰比　　　　　　　　　D. 最大水灰比、最小水泥用量

9. 木钙掺量 0.25%，"0.25%" 指以（　　　）为基准量计算的。

A. 用水量　　　　B. 水泥用量　　　　C. 混凝土用量　　　　D. 砂率

10. 某混凝土设计强度等级为 C30，则该混凝土的配制强度（　　　）MPa。

A. 35　　　　　B. 38.2　　　　　C. 33.6　　　　　D. 21.8

11. 设计混凝土配合比时，水灰比是根据（　　　）确定的。

A. 混凝土强度　　　　　　　　　B. 混凝土工作性

C. 混凝土耐久性　　　　　　　　D. 混凝土强度与耐久性

12. 混凝土标准养护温度是（　　　）℃。

A. 20±2　　　　　B. 20±1　　　　　C. 25±2　　　　　D. 25±1

13. 已知普通混凝土配制强度为 26.6MPa，水泥实际强度为 39MPa，粗骨料为卵石，则其水灰比计算值为（　　　）。

A. 0.59　　　　　B. 1.75　　　　　C. 0.60　　　　　D. 0.57

14. 在混凝土中掺减水剂，若保持用水量不变，则可以提高混凝土的（　　　）。

A. 强度　　　　B. 耐久性　　　　C. 流动性　　　　D. 抗渗性

15. 用于大体积混凝土或长距离运输混凝土的外加剂是（　　　）。

A. 早强剂　　　　B. 缓凝剂　　　　C. 引气剂　　　　D. 速凝剂

二、简答题

1. 试述水泥强度等级和水灰比对混凝土强度的影响，并写出强度经验公式及公式中符号的含义。

2. 影响混凝土强度的主要因素有哪些？

3. 混凝土拌和物的工作性（和易性）包括哪些内容？它们之间的关系如何？如何测定？

4. 配制混凝土应满足哪四项基本要求？通过哪些技术指标满足其要求？

5. 什么是混凝土的立方体抗压强度？何为立方体抗压强度的标准值？混凝土的强度等级如何划分？

6. 试述混凝土耐久性的含义。耐久性要求的项目有哪些？提高耐久性有哪些措施？

7. 下列工程特点的混凝土宜掺用哪些外加剂？

（1）早期强度要求高的钢筋混凝土；

（2）炎热条件下施工且混凝土运距过远；

（3）抗渗要求高的混凝土；

（4）大坍落度的混凝土。

三、计算题

1. 一组边长 100mm 的混凝土试块，经标准养护 28d，送实验室检测，抗压破坏荷重

分别为：110kN、100kN、80kN。计算这组试件的立方体抗压强度。

2. C20 的混凝土基础，机械搅拌，机械振捣，采用原材料如下：水泥：P·S32.5，密度为 2.9g/cm³，f_{ce}＝34MPa；砂：中砂，级配合格，表观密度为 2650kg/m³；石：碎石，最大粒径 40mm，经试验确定石子级配为：小石 30％，中石 70％，表观密度为 2600kg/m³，分别用体积法和质量法计算初步配合比。

3. 已知某混凝土配合比为：$C : S : G : W＝300 : 630 : 1320 : 180$，若工地砂、石含水率分别为 5％、3％。求该混凝土的施工配合比（用每立方米混凝土各材料用量表示）。

4. 某房屋的混凝土柱，其尺寸为：300mm×300mm×3600mm，采用 $C : S : G＝1 : 2 : 3.72$，$W/C＝0.57$ 的配合比，试计算制作此柱四种材料的用量（混凝土的表观密度按 2400kg/m³ 计算）。

模块五 砂 浆

【目标及任务】 为了确保工程中使用砂浆的质量,必须对砂浆的性能进行检测。本模块主要介绍了砌筑砂浆的基本性能、检测方法和砂浆配合比设计,要求掌握砂浆的基本性能指标的测定方法及配合比设计的计算。

【知识导学】 砂浆是由无机胶凝材料、细骨料、掺合料、水以及根据性能确定的各种组分按适当比例配合、拌制并经硬化而成的工程材料。在水利、建筑工程中,砂浆是将砖、石、砌块等黏结成为砌体,主要起着黏结、衬垫和传递荷载的作用,是砌体的重要组成部分,还可用于修饰和防护结构物的表面等。

一、砂浆分类

砂浆按其所用无机胶凝材料可分为水泥砂浆、石灰砂浆、混合砂浆等。
砂浆按其用途可分为砌筑砂浆、抹面砂浆、防水砂浆、勾缝砂浆等。

二、砂浆的组成材料

1. 无机胶凝材料

砌筑砂浆常用的胶凝材料有水泥、石灰、石膏等。水泥品种的选择与混凝土相同,可根据设计要求、砌筑部位及所处的环境条件选择适宜的水泥品种。水泥强度等级应为砂浆强度等级的4~5倍,水泥强度过高,将使水泥用量不足而导致保水性不良。石灰和石膏只能在干燥环境条件下使用,不仅是作为胶凝材料,更主要的是使砂浆具有良好的保水性。

2. 掺加料及外加剂

为了改善砂浆的和易性,节约水泥用量,在砂浆中常掺入适量的掺加料或外加剂。可在纯水泥砂浆中掺入石灰膏、黏土膏、磨细生石灰粉、粉煤灰等无机塑化剂或皂化松香、微沫剂、纸浆废液等有机塑化剂。

微沫剂是一种憎水性的有机表面活性物质,是用松香与工业纯碱熬制而成的。它的掺量应通过试验确定,一般为水泥用量的0.005%~0.01%(按100%纯度计)。皂化松香、纸浆废液等,掺量一般为水泥质量的0.1%~0.3%。

石灰、黏土均应制成稠度为12cm膏状体掺砂浆中。黏土应选颗粒细,黏性好,含砂量及有机物含量少的为宜。

3. 细骨料

细骨料主要是天然砂,所配制的砂浆称为普通砂浆。一般宜采用中砂,毛石砌筑则宜选用粗砂。砂的最大粒径因受灰缝厚度的限制,一般不超过灰缝厚度的1/4~1/5且不大于2.5mm。作为勾缝和抹面用的砂浆,最大粒径不超过1.25mm,砂的粗细程度对水泥

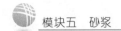

用量、和易性、强度和收缩性影响很大。

砂的含泥量：水泥砂浆、混合砂浆的强度等级不小于 M5 时，含泥量不大于 5％；强度等级小于 M5，其含泥量应不大于 10％。

4. 拌和用水

砂浆拌和用水与混凝土拌和用水的要求相同，应选用无有害杂质的洁净水来拌制砂浆。

【工作任务】 砂浆常规指标检测

砂浆性能指标检测包括砂浆拌和物及硬化砂浆两方面，砂浆拌和物主要是其和易性测定，砂浆的和易性是指砂浆拌和物在施工中既方便于操作、又能保证工程质量的性质。和易性好的砂浆，在运输和施工过程中不易产生分层、泌水现象，能在粗糙的砌筑底面上铺成均匀的薄层，使灰缝饱满密实，且能与底面很好地黏结成整体，既方便于施工，又能保证工程质量。砂浆的和易性包括流动性和保水性两个方面，砂浆流动性表示砂浆在自重或外力作用下流动的性能，保水性是指砂浆保持水分的能力。

项目一　砂　浆　试　验

任务一　砂浆试验的一般要求

一、检测依据

本任务实验采用的主要标准及规范：

(1)《建筑砂浆基本性能试验方法标准》(JGJ/T 70—2009)。

(2)《砌筑砂浆配合比设计规程》(JGJ/T 98—2010)。

二、砂浆试验的一般规定

1. 取样方法及数量

(1) 砌筑砂浆试验用料应根据不同要求，可从同一盘砂浆或同一车砂浆中取样，取样量应不少于试验所需量的 4 倍。

(2) 施工中取样进行砂浆试验时，其取样方法和原则应按相应的施工验收规范执行。一般在使用地点的砂浆槽、砂浆运送车或搅拌机出料口，至少从三个不同部位取样，现场取来的试样，试验前应人工搅拌均匀。

(3) 从取样完毕到开始进行各项性能试验不宜超过 15min。

2. 样品的制备

(1) 在试验室制备砂浆拌和物时，所用材料应提前 24h 运入室内，拌和时试验室的温度应保持在 (20±5)℃。

注：需要模拟施工条件下所用的砂浆时，所用原材料的温度宜与施工现场保持一致。

(2) 试验所用原材料应与现场使用材料一致，砂应通过公称粒径 5mm 筛。

（3）试验室拌制砂浆时，材料用量应以质量计。称量精度：水泥、外加剂、掺合料等为±0.5%、砂为±1%。

（4）在试验室搅拌砂浆时应采用机械搅拌，搅拌机应符合《试验用砂浆搅拌机》（JG/T 303）的规定，搅拌的用量宜为搅拌机容量的 30%～70%，搅拌时间不应少于 120s。掺有掺合料和外加剂的砂浆，其搅拌时间不应少于 180s。

3. 试验记录

样品取得后，应由负责取样人员填写取样单，取样单至少应包括取样方法、试样编号、试样数量、强度等级、取样日期、取样地点和取样人等。

任务二　砂　浆　稠　度　试　验

【试验指标分析】　砂浆流动性用"沉入度"表示，用砂浆稠度仪通过试验测定沉入度值。沉入值大，则砂浆流动性大。流动性过大，硬化后强度将会降低；流动性过小，则不便于施工操作，因此新拌砂浆应具有适宜的流动性。

砂浆流动性的大小与砌体种类、施工条件及气候条件等因素有关。应符合表 5-1 的规定。

表 5-1　　　　　　　　　　砌　筑　砂　浆　适　宜　稠　度

项　　次	砖石砌体种类	砂浆稠度/cm
1	实心砖墙、柱	7～10
2	实心砖平拱式过梁	5～7
3	空心砖墙、柱	6～8
4	空斗墙、筒拱	5～7
5	石砌体	3～5

一、检测目的

本方法适用于确定配合比或施工过程中控制砂浆的稠度，以达到控制用水量的目的。

二、检测主要仪器设备

（1）砂浆稠度测定仪：由试锥、容器和支座三部分组成，如图 5-1 所示。试锥由钢材或铜材制成，高度为 145mm、锥底直径为 75mm、试锥连同滑杆的质量为（300±2）g；盛载砂浆容器由钢板制成，筒高为 180mm、锥筒上口内径为 150mm；支座分底座、支架及刻度盘三个部分，由铸铁、钢及其他金属制成。

（2）捣棒：直径 10mm、长 350mm，端部磨圆。

（3）秒表等。

图 5-1　砂浆
稠度测定仪

三、检测方法及操作步骤

（1）用少量润滑油轻擦滑杆，然后将滑杆上多余的油用吸油纸擦净，使滑杆能自由滑动。

（2）用湿布擦净盛浆容器和试锥表面，将砂浆拌和物一次装入容器，使砂浆表面低于容器口约 10mm 左右。用捣棒自容器中心向边缘均匀地插捣 25 次，然后轻轻地将容器摇动或敲击 5～6 下，使砂浆表面平整，随后将容器置于稠度测定仪的底座上。

（3）拧开试锥滑杆的制动螺丝，向下移动滑杆，当试锥尖端与砂浆表面刚接触时，拧紧制动螺丝，使齿条侧杆下端微微接触滑杆上端，并将指针对准零点。

（4）拧开制动螺丝，同时计时，待 10s 立即拧紧螺丝，将齿条测杆下端接触滑杆上端，从刻度盘上读出试锥下沉深度（精确至 1mm）即为砂浆的稠度值。

（5）盛装容器内的砂浆只允许测定一次稠度，重复测定时，应重新取样测定。

四、试验结果

（1）取两次试验结果的算术平均值作为试验结果，精确至 1mm。

（2）如两次试验值之差大于 10mm，应重新取样测定。

任务三　砂浆密度试验

一、检测目的

本方法适用于测定砂浆拌和物捣实后的单位体积质量（即质量密度）。以确定每立方米砂浆拌和物中各组成材料的实际用量。

图 5-2　砂浆密度
测定仪

二、主要仪器设备

（1）容量筒：金属制成，内径 108mm，净高 109mm，筒壁厚 2mm，容积为 1L。

（2）天平：称量 5kg，感量 5g。

（3）捣棒：直径 10mm、长 350mm，端部磨圆。

（4）砂浆密度测定仪。

（5）振动台：振幅（0.5±0.05）mm，频率（50±30）Hz。

三、检测方法及操作步骤

（1）按照任务二的规定测定砂浆拌和物的稠度。

（2）用湿布擦净容量筒的内表面，称量容量筒质量 m_1，精确至 5g。

（3）捣实可采用人工或机械方法。当砂浆稠度大于 50mm 时，宜采用人工插捣法，当砂浆稠度不大于 50mm 时，宜采用机械振捣法。

采用人工插捣时，将砂浆拌和物一次装满容量筒，稍有富余，用捣棒由边缘向中心均匀地插捣 25 次，插捣过程中如砂浆沉落到低于筒口，则应随时添加砂浆，再用木槌沿容器外壁敲击 5～6 下。

采用机械振捣时，将砂浆拌和物一次装满容量筒连同漏斗在振动台上振 10s，振动过程中如砂浆沉入到低于筒口，应随时添加砂浆。

（4）捣实或振动后将筒口多余的砂浆拌和物刮去，使砂浆表面平整，然后将容量筒外壁擦净，称出砂浆与容量筒总质量 m_2，精确至 5g。

四、试验结果

砂浆拌和物的质量密度应按下式计算：

$$\rho = \frac{m_2 - m_1}{V} \times 1000 \qquad (5-1)$$

式中　ρ——砂浆拌和物的质量密度，kg/m^3；

m_1——容量筒质量，kg；

m_2——容量筒及试样质量，kg；

V——容量筒容积，L。

取两次试验结果的算术平均值，精确至 10%。

注：容量筒容积的校正，可采用一块能覆盖住容量筒顶面的玻璃板，先称出玻璃板和容量筒质量，然后向容量筒中灌入温度为（20±5）℃的饮用水，灌到接近上口时，一边不断加水，一边把玻璃板沿筒口徐徐推入盖严。应注意使玻璃板下不带入任何气泡，然后擦净玻璃板面及筒壁外的水分，称量容量筒、水和玻璃板质量（精确至 5g）。后者与前者质量之差（以 kg 计）即为容量筒的容积（L）。

任务四　砂浆保水性试验

一、检测目的

本方法适用于测定砂浆保水性，以判定砂浆拌和物在运输及停放时内部组成的稳定性。

二、主要仪器设备

（1）金属或硬塑料圆环试模，内径 100mm、内部高度 25mm。

（2）可密封的取样容器，应清洁、干燥。

（3）2kg 的重物。

（4）医用棉纱，尺寸为 110mm×110mm，宜选用纱线稀疏，厚度较薄的棉纱。

（5）超白滤纸，符合《化学分析滤纸》（GB/T 1914）中速定性滤纸，直径 110mm，200g/m。

（6）2 片金属或玻璃的方形或圆形不透水片，边长或直径大于 110mm。

（7）天平：量程 200g、感量 0.1g；量程 2000g、感量 1g。

（8）烘箱。

三、检测方法及操作步骤

（1）称量下不透水片与干燥试模质量 m_1 和 8 片中速定性滤纸质量 m_2。

（2）将砂浆拌和物一次性填入试模，并用抹刀插捣数次，档填入砂浆略高于试模边缘时，用抹刀以 45°角一次性将试模表面多余的砂浆刮去，然后再用抹刀以较平的角度在试模表面反方向将砂浆刮平。

（3）抹掉试模边的砂浆，称量试模、下不透水片与砂浆总质量 m_3。

（4）用 2 片医用棉纱覆盖在砂浆表面，再在棉纱表面放上 8 片滤纸，用不透水片盖在滤纸表面，以 2kg 的重物把不透水片压着。

（5）静止 2min 后移走重物及不透水片，取出滤纸（不包括棉纱），迅速称量滤纸质量 m_4。

（6）从砂浆的配比及加水量计算砂浆的含水率，若无法计算，可按规定测定砂浆的含水率。

四、试验结果

砂浆保水性应按下式计算：

$$W = \left[1 - \frac{m_4 - m_2}{\alpha \times (m_3 - m_1)} \right] \times 100\% \qquad (5-2)$$

式中　W——保水性，%；

　　　m_1——下不透水片与干燥试模质量，g；

　　　m_2——8 片滤纸吸水前的质量，g；

　　　m_3——试模、下不透水片与砂浆总质量，g；

　　　m_4——8 片滤纸吸水后的质量，g；

　　　α——砂浆含水率，%。

取两次试验结果的平均值作为结果，如两次测定值中有 1 个超出平均值的 5%，则此组试验结果无效。

称取 100g 砂浆拌和物试样，置于已干燥并已称重的盘子中，在 (105±5)℃ 的烘箱烘干至恒重，砂浆含水率应按下式计算：

$$\alpha = \frac{m_5}{m_6} \times 100\% \qquad (5-3)$$

式中　α——砂浆含水率，%；

　　　m_5——烘干后砂浆样本损失的质量，g；

　　　m_6——砂浆样本的总质量，g。

砂浆含水率值应精确至 0.1%。

任务五　砌筑砂浆强度试验

【试验指标分析】　硬化后的砂浆应满足抗压强度及黏结强度的要求。

1. 强度等级

砂浆硬化后应具有足够的强度。砂浆在砌体中主要作用是传递压力，所以应具有一定的抗压强度。其抗压强度是确定强度等级的主要依据。

砌筑砂浆强度等级是用尺寸为 70.7mm×70.7mm×70.7mm 立方体试件，在标准温度（20±2）℃及规定湿度条件下养护 28d 的平均抗压极限强度（MPa）来确定的。

砌筑砂浆强度等级有 M30、M25、M20、M15、M10、M7.5、M5 七个等级。它们的抗压强度依次不低于 30MPa、25MPa、20MPa、15MPa、10MPa、7.5MPa、5MPa。

2. 强度

砌筑砂浆的实际强度与其所砌筑材料的吸水性有关。当用于不吸水的材料（如致密的石材）时，砂浆强度主要取决于水泥的强度和水灰比，可用式（5-4）表示：

$$f_{28} = A f_{ce} \left(\frac{C}{W} - B \right) \qquad (5-4)$$

式中　f_{28}——砂浆 28d 抗压强度，MPa；

f_{ce}——水泥实测强度，MPa；

$\dfrac{C}{W}$——灰水比；

A、B——经验系数，当用普通水泥时，A 取 0.29，B 取 0.4。

当用于吸水的材料（如烧土砖）时，原材料及灰砂比相同时，砂浆拌和时加入水量虽稍有不同，但经材料吸水，保留在砂浆中的水分仍相差不大，砂浆的强度主要取决于水泥强度和水泥用量，而与用水量关系不大，所以可用式（5-5）表示：

$$f_{28} = \frac{\alpha f_{ce} Q_c}{1000} + \beta \qquad (5-5)$$

式中　f_{28}——砂浆 28d 抗压强度，MPa；

f_{ce}——水泥实测强度，MPa；

Q_c——1m³ 砂浆中水泥用量，kg；

α、β——砂浆的特征系数，其中 α 取 3.03，β 取 −15.09。

注：各地区也可用本地区试验资料确定 α、β 值，统计用的实验组数不得少于 30 组。

3. 黏结强度

砂浆与其所砌筑材料的黏结力称为黏结强度。一般情况下砂浆的抗压强度越高，其黏结强度也越高。另外，砂浆的黏结强度与所砌筑材料的表面状态，清洁程度，湿润状态，施工水平及养护条件等也密切相关。

一、检测目的

砂浆在砌体中主要作用是传递压力，所以应具有一定的抗压强度，其抗压强度是确定强度等级的主要依据。

二、主要仪器设备

（1）砂浆试模：尺寸为 70.7mm×70.7mm×70.7mm 的带底试模，应具有足够的刚度并拆装方便。

（2）捣棒：直径 10mm，长 350mm 的钢棒，端部应磨圆。

（3）压力试验机：采用精度为 1%，试件破坏荷载应不小于压力机量程的 20%，且不大于全量程的 80%。

（4）垫板：试验机上、下压板及试件之间可垫以钢垫板，垫板尺寸应不大于试件的承压面，其平度为每 100mm 不超过 0.02mm。

（5）振动台：空载中台面的垂直振幅应为 (0.5±0.05)mm，空载频率应为 (50±3)Hz，空载台面振幅均匀度不大于 10%，一次试验至少能固定三个试模。

三、检测方法及操作步骤

1. 试件制作

（1）采用立方体试件，每组试件 3 个。

（2）在试模内涂一薄层矿物油，将拌制好的砂浆一次性装满砂浆试模，成型方法根据稠度而定。当稠度不小于 50mm 时采用人工振捣成型，当稠度小于 50mm 时采用振动台振实成型。

1）人工振捣：用捣棒均匀地由边缘向中心按螺旋方式插捣 25 次，插捣过程中如砂浆沉落低于试模口，应随时添加砂浆，可用油灰刀插捣数次，并用手将试模一边抬高 5～10mm 各振动 5 次，使砂浆高出试模顶面 6～8mm。

2）机械振动：将砂浆一次装满试模，放置到振动台上，振动时试模不得跳动，振动 5～10s 或持续到表面出浆为止，不得过振。

（3）待表面水分稍干后，将高出试模部分的砂浆沿试模顶面刮去并抹平。

（4）试件制作后应在室温为 (20±5)℃的环境下静置 (24±2)h，当气温较低时，可适当延长时间，但不应超过两昼夜，然后对试件进行编号、拆模。试件拆模后应立即放入温度为 (20±2)℃，相对湿度为 90% 以上的标准养护室中养护。养护期间，试件彼此间隔不小于 10mm，混合砂浆试件上面应覆盖以防有水滴在试件上。

2. 砂浆立方体试件抗压强度试验步骤

（1）试件养护至规定龄期，取出试件后应及时进行试验。试验前将试件表面擦拭干净，测量尺寸，并检查其外观，据此计算试件的承压面积，如实测尺寸与公称尺寸之差不超过 1mm，可按公称尺寸进行计算。

（2）将试件安放在试验机下压板正中间，上下压板与试件之间宜垫以钢垫板。加压方向应与试件捣实方向垂直。开动试验机，当上压板与上垫板行将接触时，如有明显偏斜，应调整球座，使试件均匀受压。

（3）以 0.25～1.5kN/s 速度连续而均匀地加荷。当试件接近破坏而开始迅速变形时，停止调整试验机油门，直至试件破坏，然后记录破坏荷载。

四、试验结果

砂浆立方体抗压强度应按式（5-6）计算（计算应精确至 0.1MPa）：

$$f_{m.cu} = \frac{N_u}{A} \qquad\qquad (5-6)$$

式中　$f_{m.cu}$——砂浆立方体抗压强度，MPa；

　　　　N_u——试件破坏荷载，N；

　　　　A——试件受压面积，mm^2。

以三个试件测值的算术平均值的 1.3 倍作为该组试件的砂浆立方体抗压强度平均值（精确至 0.1MPa）。

当三个试件测值的最大值或最小值中如有一个与中间值的差值超过中间值的 15% 时，则把最大值及最小值一并舍除，取中间值作为该组试件的抗压强度值；如有两个测值与中间值的差值均超过中间值的 15% 时，则该组试件的试验结果无效。

项目二　砌筑砂浆配合比设计

【知识导学】　砌筑砂浆配合比是指砂浆中各组成材料（水泥、砂、水、掺合料）用量之间的比例关系。配合比设计就是按照工程要求，根据原材料的技术性质通过计算和试配调整来确定满足工程技术经济指标的砂浆各组成材料的用量。

【工作任务】　砌筑砂浆配合比设计

一、砂浆配合比设计的步骤

按照《砌筑砂浆配合比设计规程》（JGJ/T 98—2010）规定，砂浆配合比设计一般按下列步骤进行。

（1）计算砂浆试配强度 $f_{m,o}$（MPa）：

$$f_{m,o} = k f_2 \qquad\qquad (5-7)$$

式中　$f_{m,o}$——砂浆的试配强度，MPa，精确至 0.1MPa；

　　　　f_2——砂浆强度等级值，MPa，精确至 0.1MPa；

　　　　k——系数，按表 5-2 取值。

表 5-2　　　　　　　　　　　　　砂浆强度标准差 σ 及 k 值

施工水平	强度标准差 σ/MPa							k
	M5	M7.5	M10	M15	M20	M25	M30	
优良	1.00	1.50	2.00	3.00	4.00	5.00	6.00	1.15
一般	1.25	1.88	2.50	3.75	5.00	6.25	7.50	1.20
较差	1.50	2.25	3.00	4.50	6.00	7.50	9.00	1.25

砂浆强度标准差的确定应符合下列规定：

1）当有统计资料时，砂浆强度标准差应按下式计算：

$$\sigma = \sqrt{\dfrac{\sum\limits_{i=1}^{n} f_{m,i}^2 - N\mu_{fm}^2}{N-1}} \qquad (5-8)$$

式中　$f_{m,i}$——统计周期内同一品种砂浆第 i 组试件的强度，MPa；

μ_{fm}——统计周期内同一品种砂浆 N 组试件强度的平均值，MPa；

N——统计周期内同一品种砂浆试件的总组数，$N \geqslant 25$。

2）当无统计资料时，砂浆强度标准差 σ 可按表 5-8 取用。

（2）计算每立方米砂浆中的水泥用量 Q_c（kg/m³）应按下式计算：

$$Q_c = \dfrac{1000(f_{m,o} - \beta)}{\alpha f_{ce}} \qquad (5-9)$$

式中　Q_c——每立方米砂浆的水泥用量，kg，应精确至 1kg；

$f_{m,o}$——砂浆的试配强度，MPa，应精确至 0.1MPa；

f_{ce}——水泥的实测强度，MPa，应精确至 0.1MPa；

α、β——砂浆的特征系数，其中 α 取 3.03，β 取 -15.09。

在无法取得水泥的实测强度值时，可按下式计算 f_{ce}：

$$f_{ce} = \gamma_c f_{ce,k} \qquad (5-10)$$

式中　$f_{ce,k}$——水泥强度等级值，MPa；

γ_c——水泥强度等级的富余系数，宜按实际统计资料确定；无统计资料时 γ_c 取 1.0。

（3）按水泥用量 Q_c 计算掺加料用量 Q_d（kg/m³）。

水泥混合砂浆的掺加料用量应按下式计算：

$$Q_d = Q_a - Q_c \qquad (5-11)$$

式中　Q_d——每立方米砂浆的石灰膏用量，kg，应精确至 1kg；石灰膏使用时的稠度宜为 (120 ± 5)mm；

Q_c——每立方米砂浆的水泥用量，kg，应精确至 1kg；

Q_a——每立方米砂浆中水泥和石灰膏总量，应精确至 1kg，可为 350kg。

石灰膏不同稠度时，其换算系数可按表 5-3 进行换算。

表 5-3　　　　　　　　石灰膏不同稠度时的换算系数

石灰膏稠度 /mm	120	110	100	90	80	70	60	50	40	30
换算系数	1.00	0.99	0.97	0.95	0.93	0.92	0.90	0.88	0.87	0.86

（4）确定砂用量 Q_s（kg/m³）。每立方米砂浆中的砂子用量，应以干燥状态（含水率小于 0.5%）的堆积密度值作为计算值（kg）。

（5）按砂浆稠度选用用水量 Q_w（kg/m³）。每立方米砂浆中的用水量，可根据砂浆稠度等要求选用 210～310kg。

注意：①混合砂浆中的用水量，不包括石灰膏或黏土膏中的水；②当采用细砂或粗砂时，用水量分别取上限或下限；③稠度小于 70mm 时，用水量可小于下限；④施工现场气候炎热或干燥季节，可酌量增加水量。

（6）进行砂浆试配、调整及确定。

试配时应采用工程中实际使用的材料，搅拌方法应与生产时使用的方法相同。

按计算配合比进行试拌，测定其拌和物的和易性，若不能满足要求，则应调整水量或掺加料，直到符合要求为止。然后确定为试配时的砂浆基准配合比。

试配时至少应采用三个不同的配合比，其中一个按基准配合比，另外两个配合比的水泥用量按基准配合比分别增加及减少 10%，在保证和易性合格的条件下，可将用水量或掺加料用量作相应调整。

三个不同的配合比，经调整后，应按国家现行标准《建筑砂浆基本性能试验方法》的规定成型试件，测定砂浆强度等级；并选定符合强度要求的且水泥用量较少的砂浆配合比。

砂浆配合比确定后，当原材料有变更时，其配合比必须重新通过试验确定。

二、砂浆配合比表示方法

砂浆配合比可用质量比或体积比表示。

（1）质量配合比。

$$水泥：石灰膏：砂：水 = Q_c：Q_d：Q_s：Q_w = 1：\frac{Q_d}{Q_c}：\frac{Q_s}{Q_c}：\frac{Q_w}{Q_c} \qquad (5-12)$$

（2）体积配合比。

$$水泥：石灰膏：砂：水 = \frac{Q_c}{\rho_c'}：\frac{Q_d}{\rho_d'}：1：\frac{Q_w}{\rho_w} = 1：\frac{Q_d\rho_c'}{Q_c\rho_d'}：\frac{\rho_c'}{Q_c}：\frac{Q_w\rho_c'}{\rho_w Q_c} \qquad (5-13)$$

式中　ρ_c'、ρ_d'、ρ_w——水泥、掺加料的堆积密度和水的密度，g/cm^3。

三、砂浆配合比设计例题

【例 5-1】　要求设计用于砌筑砖墙的砂浆 M7.5 等级、沉入度 70～100mm 的水泥石灰砂浆配合比。原材料的主要参数：水泥：425 号普通硅酸盐水泥；砂子：中砂，堆积密度为 1450kg/m³，含水率为 2%；石灰膏：稠度 110mm；施工水平：一般。

（1）根据式（5-7），计算试配强度 $f_{m,o}$：

$$f_{m,o} = k f_2$$

式中，$f_2 = 7.5$MPa，$k = 1.2$（查表 5-2），则

$$f_{m,o} = 1.2 \times 7.5 = 9.0(\text{MPa})$$

（2）根据式（5-9），计算水泥用量 Q_c：

$$Q_c = \frac{1000(f_{m,o} - \beta)}{\alpha \times f_{ce}}$$

式中，$f_{m,o} = 9.0$MPa，$\alpha = 3.03$，$\beta = -15.09$，则

$$f_{ce} = 42.5\text{MPa}$$

$$Q_c = \frac{1000(9.0 + 15.09)}{3.03 \times 42.5} = 187(\text{kg/m}^3)$$

（3）根据式（5-11），计算石灰膏用量 Q_d：

$$Q_d = Q_a - Q_c$$

式中

$$Q_a = 350 \text{kg/m}^3$$

$$Q_d = 350 - 187 = 163 (\text{kg/m}^3)$$

石灰膏稠度 110mm 换算成 120mm（查表 5-5）：

$$163 \times 0.99 = 161 (\text{kg/m}^3)$$

（4）根据砂子堆积密度和含水率，计算用砂量 Q_s：

$$Q_s = 1450 \times (1 + 0.02) = 1479 (\text{kg/m}^3)$$

（5）选择用水量为 300kg/m³。砂浆试配时各材料的用量比例：

水泥∶石灰膏∶砂∶水＝187∶161∶1479∶300＝1∶0.86∶7.91∶1.60

（6）试配、调整、确定配合比。

附表　××引水工程中心试验室砂浆抗压强度检验报告

工程名称：　　　　　　　　××引水工程

试验单位：　　中国水电建设集团××工程局有限公司××引水工程中心试验室

取样地点：　　　施工现场　　　　　　取　样　人：　　××

主要检验设备：　WEW-300A 万能试验机　　养护条件：　　标准养护

成型日期：　　2016 年 4 月 1 日　　　　试验日期：　　2016 年 4 月 29 日

检验依据：　　SL 352—2006　　　　　检测环境：　　　20℃

检 验 结 果

样品编号	工程部位	设计等级	龄期/d	试件尺寸/mm	抗压强度/MPa		达设计强度
					单个值	代表值	
YP-SJ 20160401-01	××工程防护浆砌石	M7.5	28	70.7×70.7 ×70.7	9.8	9.6	128%
					9.4		
					9.6		
备注							

报告编号：YAHHYS-SJ20160429-01　　　　　报告日期：2016 年 4 月 29 日

批准：　　　　审核：　　　　检验：　　　　单位（章）

　年　　月　　日　　　　年　　月　　日　　　　年　　月　　日

一、单项选择题（在每小题的 **4** 个备选答案中，选出 **1** 个正确答案，并将其代码填在题干后的括号内）

1. 为了提高砂浆保水性可采用以下哪种措施？（　　）

A. 砂浆中掺水泥　　B. 将砖浇水润湿　　C. 砂浆不掺水　　D. 砂浆中掺石灰

2. 在砂浆中掺入掺加料或外加剂是为了（　　）。

A. 提高砂浆的强度　　　　　　　　B. 提高砂浆的黏结力

C. 提高砂浆的抗裂性　　　　　　　D. 改善砂浆的和易性

3. 确定砌筑砂浆强度等级所用的标准试件尺寸为（　　）。

A. 150mm×150mm×150mm　　　　B. 70.7mm×70.7mm×70.7mm

C. 100mm×100mm×100mm　　　　D. 200mm×200mm×200mm

4. 砂浆和混凝土的和易性区别在于砂浆的和易性不包括（　　）。

A. 流动性　　　　B. 黏聚性　　　　C. 保水性　　　　D. 工作性

5. 1m³ 砂浆所用的干砂是（　　）。

A. 等于 1m³　　　B. 大于 1m³　　　C. 小于 1m³　　　D. 等于 0.98m³

6. 经过试配与调整选用符合试配强度要求且（　　）的配合比作为砂浆配合比。

A. 水泥用量最少　　B. 水泥用量最多　　C. 流动性最小　　D. 和易性最好

二、判断题（你认为正确的，在题干后画"√"，反之画"×"）

1. 建筑砂浆的组成材料与混凝土一样，都是由胶凝材料、骨料和水组成。（　　）

2. 配制砌筑砂浆，宜选用中砂。（　　）

3. 砂浆的和易性包括流动性、黏聚性、保水性三方面的含义。（　　）

4. 影响砌筑砂浆流动性的因素，主要是水泥的用量、砂子的粗细程度、级配等，而与用水量无关。（　　）

5. 为便于铺筑和保证砌体的质量要求，新拌砂浆应具有一定的流动性和保水性。（　　）

三、简答题

1. 砂浆的和易性与混凝土的和易性有何异同？

2. 砂浆的保水性主要取决于什么？如何提高砂浆的保水性？

3. 普通抹面砂浆的技术要求包括哪几个方面？它与砌筑砂浆的技术要求有何异同？

四、计算题

要求设计用于砌筑普通毛石砌体的水泥混合砂浆的配合比。设计强度等级为 M10，稠度为 60～70mm。

原材料的主要参数：水泥：32.5 级矿渣水泥；干砂：堆积密度为 1400kg/m³；石灰膏：稠度 120mm；施工水平：一般。

模块六 钢 材

【目标及任务】 掌握工程中常用的钢材的主要技术性能和技术标准,能够对建筑钢材的技术性能指标进行检测,能够按设计要求合理选择相应规格的钢材。

钢是在1700℃左右的炼钢炉中把熔融的生铁进行加工,使其含碳量降到2.06%以下,并将其他元素调整到规定范围内。建筑钢材是建筑工程中所用各种钢材的总称。包括钢结构用的各种型钢、钢板,各种钢筋、钢丝和钢绞线等。钢的优点:强度高、品质均匀,有一定的塑性和韧性,有良好的承受冲击荷载和振动荷载的能力,可以焊接和铆接,施工和装配方便,安全可靠,因此被广泛用于工业和民用建筑工程中,是建筑工程三大材料之一。钢的缺点:易锈蚀、维护费用大、耐火性差、生产能耗大。钢的冶炼方法主要有平炉炼钢法、转炉炼钢法、电弧炼钢法。

【知识导学】

一、钢的分类

钢材的品种繁多,分类方法很多,有以下几种分类方法。

1. 按化学成分分类

(1)碳素钢。根据含碳量的不同进行分类,可分为低碳钢、中碳钢和高碳钢三种。在建筑工程中,低碳钢和中碳钢应用比较多。

(2)合金钢。根据合金元素总量的多少进行分类,可以分为低合金钢、中合金钢和高合金钢。建筑工程中常用的钢为低合金钢。

2. 按照冶炼时脱氧程度分类

(1)沸腾钢。脱氧不完全,钢水浇入锭模时,有大量的CO气体从钢水中外逸,引起钢水呈沸腾状。代号为"F",成本低,质量较差。

(2)镇静钢。脱氧完全,代号为"Z",质量好,性能稳定,适用于预应力混凝土等重要结构。

(3)半镇静钢。脱氧程度介于上两者之间,代号为"B",质量较好的钢。

(4)特殊镇静钢。脱氧程度更彻底充分,质量最好,代号为"TZ"。

3. 按有害杂质含量分类

钢材分为普通钢(含硫量不大于0.050%,含磷量不大于0.045%)、优质钢(含硫量不大于0.035%,含磷量不大于0.035%)和高级优质钢(含硫量不大于0.025%,含磷量不大于0.025%)。

4. 按用途分类

钢材分为结构钢、工具钢、专用钢和特殊性能钢。

二、钢的化学成分及影响

以生铁冶炼钢材，经过一定的工艺处理后，钢材中除主要含有铁和碳外，还有少量硅、锰、磷、硫、氧、氮等难以除净的化学元素。另外，在生产合金钢的工艺中，为了改善钢材的性能，还特意加入一些化学元素，如锰、硅、矾、钛等。这些化学元素对钢材的性能产生一定的影响。

（1）碳。碳是决定钢材性质的主要元素。钢材随含碳量的增加，强度和硬度相应提高，而塑性和韧性相应降低。当含碳量超过 1％时，钢材的极限强度开始下降。土木工程中用钢材含碳量不大于 0.8％。此外，含碳量过高还会增加钢的冷脆性和时效敏感性，降低抗大气腐蚀性和可焊性。

（2）硅。硅是作为脱氧剂而存在于钢中的。硅的脱氧能力比锰强。当硅的含量很低时，能显著地提高钢材的强度，但塑性和韧性降低不明显。

（3）锰。锰是我国低合金钢的主加合金元素，锰含量一般在 1％～2％范围内，它的作用主要是使强度提高，锰还能消减硫和氧引起的热脆性，使钢材的热加工性质改善。

（4）硫。硫是很有害元素。呈非金属硫化物夹杂物存在于钢中，具有强烈的偏析作用，降低各种机械性能。硫化物造成的低熔点使钢在焊接时易于产生热裂纹，显著降低可焊性。

（5）磷。磷为有害元素。含量提高，钢材的强度提高，塑性和韧性显著下降，特别是温度越低，对韧性和塑性的影响越大。磷的偏析较严重，使钢材冷脆性增大，可焊性降低。

但磷可以提高钢的耐磨性和耐腐蚀性，在低合金钢中可配合其他元素作为合金元素使用。

（6）氧。氧为有害元素。主要存在于非金属夹杂物内，可降低钢的机械性能，特别是韧性。氧有促进时效倾向的作用，氧化物造成的低熔点亦使钢的可焊形变差。

（7）氮。氮对钢材性质的影响与碳、磷相似，使钢材的强度提高，塑性、韧性显著下降。氮可加剧钢材的时效敏感性和冷脆性，降低可焊性。

在铝、铌、钒等的配合下，氮可作为低合金钢的合金元素使用。

（8）铝、钛、钒、铌。均为炼钢时的强脱氧剂，能提高钢材强度，改善韧性和可焊性，是常用的合金元素。

项目一 钢的力学性能

力学性能是钢材最重要的使用性能，包括拉伸性能、冲击性能、疲劳性能等。

【工作任务】 钢材的力学性能试验

钢材的力学性能检测包括钢筋试验的取样与制作、拉伸性能检测、冲击性能检测。以热轧钢筋为例。试验标准为《金属材料 拉伸试验 第 1 部分：温室试验方法》（GB/T 228.1—2010）、《钢筋混凝土用钢 第 1 部分：热轧光圆钢筋》（GB 1499.1—2008）、《钢筋混凝土用钢 第 2 部分：热轧带肋钢筋》（GB 1499.2—2007）。

任务一 热轧钢材试验的取样与制作

一、热轧钢筋试件的取样

（1）钢筋混凝土用热轧光圆钢筋、热轧带肋钢筋，应按批进行检查，每批由同一牌号、同一炉罐号、同一规格的钢筋组成。

（2）每批数量不大于 60t。

（3）自每批钢筋中任意抽取两根钢筋，并于每根钢筋距端部 50mm 处各取一组试样（四根试件），在每组试样中取两根做拉伸性能检测，另外两根做冷弯性能检测。

注意：钢材进入施工现场后，要认真检查钢材的质量证明书，确认进入钢材的厂家、牌号、规格和数量，要进一步确认试样的代表数量。截取钢筋时注意截取位置。

二、热轧钢筋试件的制作

（1）钢筋混凝土用热轧钢筋试样，可不进行车削加工，使用原样钢筋，试样截取长度应符合要求。

1）拉伸性能检测试样截取长度：$L \geqslant 5d + 200\text{mm}$（$d$ 为钢筋的直径，$d > 10\text{mm}$）；$L \geqslant 10d + 200\text{mm}$（$d \leqslant 10\text{mm}$）。

2）冷弯性能检测试样截取长度：$L \geqslant 5d + 150\text{mm}$（$d$ 为钢筋的直径）。

（2）对于其他钢材的试样，应按规定切取样坯和进行车削加工。切坯时边缘处应留有足够的加工余量，切坯宽度应不小于钢材厚度，并且不小于 20mm。

任务二 热轧钢筋拉伸性能试验

【试验指标分析】 拉伸性能是建筑钢材最重要的技术性能。通过拉伸性能试验得到钢材的屈服强度、抗拉强度和伸长率是三项重要的技术指标。

拉伸试验是先将钢材做成标准试件，然后在试验机上缓慢施加拉伸荷载，在加荷载过程中观察钢材的应力-应变的过程，直至试件拉断为止。描绘出整个拉伸过程的应力-应变曲线，如图 6-1 所示，在钢材的应力-应变曲线图中，大致经历了四个阶段：

（1）弹性阶段（OA 段）。OA 段是一条直线，应力与应变成正比，应力与应变的比值为常数，即弹性模量（E），$E = \sigma / \varepsilon$。弹性模量是衡量材料产生弹性变形难易程度的指标。

（2）屈服阶段（AB 段）。应力超过 A 点以后，应力与应变值不再成正比关系，荷载继续增加，试件发生显著的、不可恢复的变形，此阶段为屈服阶段。此阶段的最高点 $B_\text{上}$ 称为屈服上限，最低点 $B_\text{下}$ 称为屈服下限。由于 $B_\text{下}$ 比较稳定，容易测定，所以，一般以 $B_\text{下}$ 对应的应力为屈服点（即屈服强度），用 σ_s 表示。

$$\sigma_s = \frac{F_S}{A} \tag{6-1}$$

对于屈服现象不明显的钢材，例如中碳钢和高碳钢（硬钢），屈服现象不明显，伸长率小。这类钢材由于没有明显的屈服阶段，不能测定屈服点，规定以产生 0.2% 的残余变形时的应力值作为屈服强度（$\sigma_{0.2}$）。

（3）强化阶段（BC 段）。当荷载超过屈服点以后，试件抵抗塑性变形的能力又重新提高，应力继续增加，故称为强化阶段，当荷载到达 C 点时，应力达到极限值。C 点的强度称为抗拉强度，用 σ_b 表示。

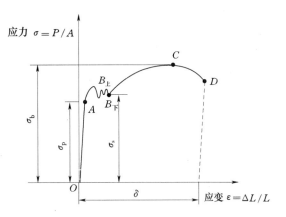

图 6-1　碳素结构钢的应力-应变图

$$\sigma_b = \frac{F_c}{A} \qquad (6-2)$$

（4）颈缩阶段（CD 段）。当荷载超过 C 点后，试件的变形已不再是均匀的，在试件的某个部位出现加速变细，断面急剧缩小，直到断裂。试件出现变细加速的部位称为"颈缩"。

设计中抗拉强度不能利用，但屈强比 σ_s/σ_b，却能反映钢材的利用率和结构安全可靠性。屈强比越小，反映钢材受力超过屈服点工作时的可靠性越大，因而结构的安全性越高。但屈服比太小，则反映钢材不能有效地被利用，造成钢材浪费。建筑结构钢合理的屈强比一般为 0.60~0.75。

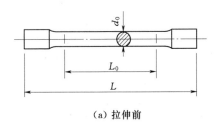

（a）拉伸前

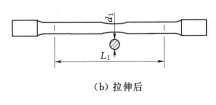

（b）拉伸后

图 6-2　钢材拉伸试件

试件的塑性指标是伸长率，用"δ"来表示，伸长率是钢材拉断后总伸长量与原始长度比值的百分率，如图 6-2 所示。

伸长率计算公式如下：

$$\delta = \frac{l_1 - l_0}{l_0} \times 100\% \qquad (6-3)$$

伸长率表明钢材塑性变形的能力，它是钢材的重要技术指标。

一、主要仪器设备

（1）万能试验机：应具有调速指示装置、记录或显示装置，以满足测定力学性能的要求。

（2）钢筋分划仪。

（3）游标卡尺、千分尺：精确度为 0.1mm。

二、检测步骤

（1）用游标卡尺在标距的两端及中间三个相互垂直的方向测量钢筋直径，计算钢筋横截面面积。计算钢筋强度所用横截面面积应采用公称横截面面积，钢筋的公称横截面面积见表 6-1。

表 6-1 钢筋的公称横截面面积

公 称 直 径 /mm	公称横截面面积 /mm²	理 论 重 量 /(kg/m)
6	28.27	0.222
8	50.27	0.395
10	78.54	0.617
12	113.1	0.888
14	153.9	1.21
16	201.1	1.58
18	254.5	2.00
20	314.2	2.47
22	380.1	2.98

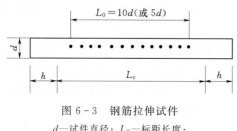

图 6-3 钢筋拉伸试件
d—试件直径；L_0—标距长度；
h—夹头长度；L_c—试样平行长度

（2）用钢筋分划仪或其他工具在试样表面上划出一系列等分点或细划线，并量出试样原始标距长度 I_0，精确至 0.1mm，如图 6-3 所示。

（3）调整万能试验机测力度盘的指针，使之对准零点，并拨动副指针，使其与主指针重叠。

（4）将试样固定在万能试验机夹头内，开动试验机缓慢加荷，进行拉伸检测。拉伸速度为：试件屈服前，加荷速度应尽可能保持恒定并在表 6-2 规定的应力速率的范围内，一般为 10MPa/s；屈服后，试验机活动夹头在荷载下的移动速度不应超过 0.5L/min。L 为两夹具头之间的距离。

表 6-2 试样屈服前的应力速率

材料弹性模量 /(N/mm²)	应力速率/(MPa/s)	
	最小	最大
<150000	2	20
≥150000	6	60

（5）在拉伸性能检测过程中，当试验机刻度盘指针停止转动时的恒定荷载，即为钢材的屈服点荷载。

（6）继续加荷载直至试样被拉断，记录刻度盘指针的最大极限荷载。

注意：在整个检测过程中加荷载应连续均匀；试样应对准夹头的中心，试样轴线应绝对垂直；检测应在（20±10）℃的温度下进行，否则，应在检测记录和报告中注明。

（7）将已拉断试样的两段在断裂处对齐，尽量使其轴线位于一条直线上，测量试样断裂后标距两端点之间的长度 L_1，精确至 0.1mm。如断裂处由于其他原因形成缝隙，则此缝隙应计入该试样拉断后的标距部分长度内。

1）如果拉断处到邻近的标距端点距离大于 $L_0/3$ 时，可用卡尺直接量出标距部分长度 L_1。

2）如果拉断处到邻近的标距端点距离小于或等于 $L_0/3$ 时，应按移位法确定标距长度 L_1。确定方法为在长段上，从拉断处等点取基本等于短段格数，得等点。当长段所余格数为偶数时，接着再取等于长段所余格数的一半，得 C 点，则 $L_1=AO+BO+2BC$。当长段所余格数为奇数时，取等于长段所余格数减 1 的一半，得 C 点，长段所余格数加 1 的一半，得 C_1 点，则 $L_1=AO+BO+BC+BC_1$，如图 6-4 所示。

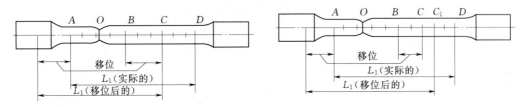

图 6-4　用移位法确定标距长度示意图

3）当试样在标距端点上或标距端点外断裂时，拉伸性能检测无效，应重新进行检测。

三、检测结果

（1）按下式计算试样的屈服强度：

$$\sigma_s = \frac{F_s}{A_0} \tag{6-4}$$

式中　σ_s——试样的屈服强度，MPa；

　　F_s——屈服点荷载，N；

　　A_0——试样的公称横截面面积，mm^2。

当 $\sigma_s \leqslant 200MPa$ 时，计算精确至 1MPa；当 σ_s 为 200～1000MPa 时，计算精确至 5MPa；当 $\sigma_s > 1000MPa$ 时，计算精确至 10MPa。

（2）按下式计算试样的抗拉强度：

$$\sigma_b = \frac{F_b}{A_0} \tag{6-5}$$

式中　σ_b——试样的抗拉强度，MPa；

　　F_b——试样所能承受的最大极限荷载，N；

　　A_0——试样的公称横截面面积，mm^2。

当 $\sigma_b \leqslant 200MPa$ 时，计算精确至 1MPa；当 σ_b 为 200～1000MPa 时，计算精确至 5MPa；当 $\sigma_b > 1000MPa$ 时，计算精确至 10MPa。

（3）按下式计算试样的伸长率，精确至 0.5%：

$$\delta_5(\delta_{10}) = \frac{L_1 - L_0}{L_0} \times 100\% \tag{6-6}$$

式中　$\delta_5(\delta_{10})$——$L_0=5d$ 或 $L_0=10d$ 时的伸长率，%；

$\qquad L_0$——试样的原标距长度，mm；

$\qquad L_1$——试样拉断后用直接测量或位移法确定的标距长度，mm；

$\qquad d$——试样的直径，mm。

（4）钢筋的屈服强度、抗拉强度和伸长率，均以两次检测结果的测定值作为最终检测结果。如其中一个试样的屈服强度、抗拉强度和伸长率三个指标中有一项未达到热轧钢筋标准中规定的数值时，则应再抽取双倍试样数量，制成双倍试样重新进行检测。如仍有一个试样的其中一项指标不符合标准要求，则认为该组钢筋拉伸性能检测不合格。

任务三　钢材的冲击性能试验

【试验指标分析】　冲击韧性是指钢材抵抗冲击荷载的能力。冲击韧性指标是通过 V 形缺口试件的冲击韧性试验确定的，如图 6 - 5 所示。

其冲击韧性用"a_k"来表示，计算公式如下：

$$a_k=\frac{A_k}{A}\ (J/cm^2) \tag{6-7}$$

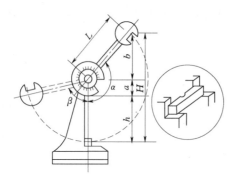

图 6 - 5　冲击韧性试验原理图

a_k 值越大，说明钢材的冲击韧性越好，a_k 值越小，说明钢材的脆性越大。故用于重要结构的钢材，特别是承受冲击振动荷载的结构所使用的钢材，必须保证冲击韧性。

钢材的化学成分、内在缺陷、加工工艺及环境温度都会影响钢材的冲击韧性。试验表明，冲击韧性随温度的降低而下降，其规律是开始下降缓和，当达到一定温度范围时，突然下降很多而呈脆性，这种脆性称为钢材的冷脆性。此时的温度称为临界温度。其数值越低，说明钢材的低温冲击性能越好。所以在负温下使用的结构，应当选用脆性临界温度较工作温度低的钢材。因此，对于直接承受动荷载而且可能在负温下工作的重要结构，必须进行钢材的冲击韧性检验。

一、主要仪器和设备

（1）摆锤式冲击试验机。应符合《摆锤式冲击试验机》（GB 3808—2002）的技术要求。摆锤式冲击试验机如图 6 - 6 所示。

（2）标准试件。以夏比 V 形缺口试件作为标准试件，试件的形状、尺寸和粗糙度均应符合国家标准的规定。

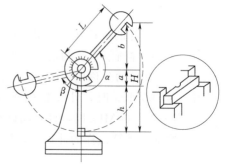

图 6 - 6　摆锤式冲击试验机

二、检测步骤

（1）校正试验机。将摆锤置于垂直位置，调整指针对准在最大刻度上，举起摆锤到规定高度，用挂钩钩于机组上。按动按钮，使摆锤自由下落，待摆锤摆到对面相当高度回落时，用皮带闸住，读取初读数，以检查试验机的能力损失。其回零差值应不大于读盘最小分度值的1/4。

（2）测量标准试件缺口处的横截面尺寸。

（3）将带有V形缺口的标准试件置于基座上，使试件缺口背向摆锤，缺口位置正对摆锤的打击中心位置，此时摆锤刀口应与试件缺口轴线对齐。

（4）将摆锤上举挂于机钮上，然后按动按钮，使摆锤自由下落冲击试件，根据摆锤击断试件后的扬起高度，从刻度盘中读取冲击功。

（5）遇有下列情况之一者，应重新进行检测。

1）试件侧面加工划痕与折断处相重合。

2）折断时间上发现有淬火裂缝。

三、检测结果

（1）按下式计算钢材的冲击韧性值，精确至 $1.0J/cm^2$，并以三次检测结构的算术平均值作为最终检测结果：

$$\alpha_k = \frac{A_k}{A} \tag{6-8}$$

式中　α_k——钢材的冲击韧性值，J/cm^2；

　　A_k——击断试件所消耗的冲击功，J；

　　A——标准试件缺口处的横断面面积，cm^2。

（2）检测时如果试件将冲击能量全部吸收而未折断时，应在 α_k 值前加"＞"符号，并在记录中注明"未折断"字样。

【知识拓展】

1. 钢材的耐疲劳性

钢材在交变应力（忽有忽无，忽拉忽压）作用下，在远低于抗拉强度时就发生断裂，这种现象称为钢材的疲劳破坏。

研究表明，钢材的疲劳破坏是拉应力引起的，首先在局部开始形成微细裂缝，由于裂缝尖端处产生应力集中而使裂缝迅速扩展直至钢材断裂。疲劳破坏常常是突然发生的，往往造成严重事故。

2. 钢材的硬度

钢材的硬度是指其表面抵抗外物压入产生塑性变形的能力，测定硬度的方法有布氏法和洛氏法。较常用的方法是布氏法，其硬度指标为布氏硬度值。

布氏法是利用直径为 $D(mm)$ 的淬火钢球，以一定的荷载 $P(N)$ 将其压入试件表面，得到直径为 $d(mm)$ 的压痕，如图

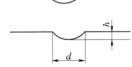

图6-7　布氏硬度示意图

6-7所示。以压痕表面积 $F(\mathrm{mm}^2)$ 除荷载 P，所得的应力值即为试件的布氏硬度值（HB，不带单位）。布氏法比较准确，但压痕较大，不适宜成品检验。

洛氏法测定的原理与布氏法相似，但以压头压入试件的深度来表示洛氏硬度值（HR）。洛氏法压痕很小，常用于判定工件的热处理效果。

测定钢材硬度的方法有布氏法、洛氏法和维氏法。

项目二　钢材的工艺性能

【知识导学】

钢材的工艺性能包括冷弯性能，冷加工和时效处理，可焊性性能等。

【工作任务】　钢材的工艺性能检测

钢材的工艺性能检测包括弯曲性能检测、焊接拉伸性能检测。

任务一　热轧钢筋冷弯性能试验

【试验指标分析】

1. 冷弯性能

冷弯性能是指常温下对钢材试件按规定进行弯曲（90°或180°），钢材承受弯曲变形的能力，冷弯性能是钢材的重要的工艺性能。

冷弯性能的评价指标：弯曲的角度 α、弯芯直径 d 对试件厚度 a 的比值来表示，如图6-8所示。弯心直径越小，弯曲角度越大，说明钢材的冷弯性能越好。

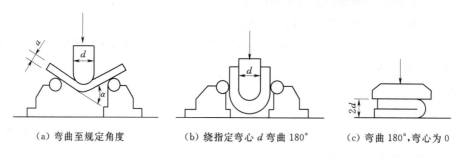

(a) 弯曲至规定角度　　　　(b) 绕指定弯心 d 弯曲180°　　　(c) 弯曲180°，弯心为0

图6-8　钢材的冷弯性能检测示意图

2. 冷加工性能及时效处理

（1）冷加工强化处理。将钢材在常温下进行冷拉、冷拔或冷轧，使其产生塑性变形，从而提高钢材的强度。这个过程称为冷加工强化处理。由于塑性变形中产生内应力，故钢材的弹性模量降低。但是使钢材的屈服点提高。建筑工程中大量使用的钢筋采用冷加工强化具有明显的经济效益。经过冷加工的钢材，可适当减小钢筋混凝土结构设计截面或减少混凝土中配筋的数量，从而达到节约钢材的目的。钢筋冷拉还有利于简化施工工序。冷拉盘条钢筋可省去开盘和调直工序；冷拉直条钢筋可与矫直、除锈等工序一并完成。但冷拔钢丝的屈强较大，相应的安全储备较小。

（2）时效。将经过冷拉的钢筋于常温下存放 15～20d，或加热到 100～200℃并保持一段时间，这个过程称为时效处理。前者称为自然时效，后者称为人工时效。钢筋冷拉以后再经过时效处理，其屈服点进一步提高，塑性有所降低。由于时效过程中应力的消减，故弹性模量可基本恢复。一般强度较低的钢材采用自然时效，而强度较高的钢材则采用人工时效。

一、主要仪器设备

（1）万能试验机。应具有调速指示装置、记录或显示装置，以满足测定力学性能的要求。

（2）游标卡尺、千分尺。精确度为 0.1mm。

二、检测步骤

（1）用游标卡尺测量钢筋直径，检查试样尺寸是否合格。

（2）按规定要求选择适当的弯心直径 D，并调整两支承辊间的距离，使支承辊之间的净距 $L=(D+3a)\pm0.5a$（D 为弯心直径，a 为钢筋直径或试样的厚度）。

（3）将试样放置于两支辊上，开动试验机均匀加荷载，直至试样弯曲到规定的角度，然后卸荷载，取下试样，检查其弯曲面，如图 6-9 所示。

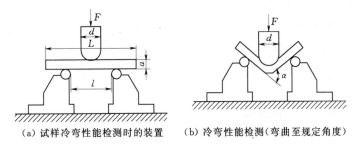

（a）试样冷弯性能检测时的装置　　（b）冷弯性能检测（弯曲至规定角度）

图 6-9　钢材的冷弯性能检测示意图

注意：在整个检测过程中加荷载应平稳、连续，无冲击或跳动现象。

三、检测结果

（1）试样弯曲后，检查试样弯曲处的外表面及侧面，如两个试样均无裂缝、断裂或起层现象，即认为该组钢筋冷弯性能检测合格。

（2）如果其中一个试样的检测结果不符合标准要求时，应再抽取双倍试样数量，制成双倍试样重新进行检测。如仍有一个试样不符合标准要求，则认为该组钢筋冷弯性能检测不合格。

任务二　钢筋焊接拉伸性能试验

【试验指标分析】　钢材主要以焊接的形式应用于工程结构中。焊接的质量取决于钢材与焊接材料的可焊性及其焊接工艺。

钢材的可焊性是指焊接后在焊缝处的性质与母材性质的一致程度。影响钢材可焊性的主要因素是化学成分及含量。一般，焊接结构用钢应注意选用含碳量较低的氧气转炉或平炉镇静钢。对于高碳钢及合金钢，为了改善焊接性能，焊接时一般要采用焊前预热及焊后热处理等措施。

一、主要仪器设备

（1）万能试验机。应具有调速指示装置、记录或显示装置，以满足测定力学性能的要求。

（2）游标卡尺、千分尺。精确度为 0.1mm。

二、检测步骤

（1）用游标卡尺在试件的两端及中间三个相互垂直的方向测量钢筋直径，计算钢筋横截面面积。计算钢筋强度所用横截面面积应采用公称横截面面积，钢筋的公称横截面面积见表 5-1。

（2）调整万能试验机测力度盘的指针，使之对准零点，并拨动副指针，使其与主指针重叠。

（3）将试样固定在万能试验机夹头内，开动试验机缓慢加荷，进行拉伸检测。加强速度宜为 10～30MPa/s。直至试样被拉断，记录刻度盘指针最大极限荷载。

注意：在整个检测过程中加荷载应连续均匀；试样应对准夹头的中心，试样抽线应绝对垂直，夹紧装置应该根据试样规格选用，在检测过程中不得与钢筋产生相对滑移。

三、检测结果

（1）按下式计算试样的抗拉强度：

$$\sigma_b = \frac{F_b}{A_0}$$

（6-9）

式中　σ_b——试样的抗拉强度，MPa，精确至 5MPa；

F_b——试样所能承受的最大极限载荷，N；

A_0——试样的公称横截面面积，mm^2。

（2）检测结果的评定。

1）合格标准。三个热轧钢筋接头试样的抗拉强度均不得小于该牌号钢筋规定的抗拉强度，HRB400 钢筋接头试样的抗拉强度均不得小于 $570N/mm^2$；并且三个试样中至少有两个试样断于焊缝之外，呈延性断裂，则认为该组热轧钢筋接头试样的拉伸性能检测合格。

2）不合格标准。如检测结果有两试样的抗拉强度小于该牌号钢筋规定的抗拉强度或三个试样均在焊缝或受热影响区发生脆性断裂时，则认为该组热轧钢筋接头试样的拉伸性能检测不合格。

注意：当试样断口上发现气孔、夹渣、未焊透、烧伤等焊接缺陷时，应在检测记录和报告中注明。

3）复检标准。如检测结果有一个试样的抗拉强度小于该牌号钢筋规定的抗拉强度，或有两个试样的焊缝或受热影响区发生脆性断裂，其抗拉强度均小于该牌号钢筋规定抗拉强度的 1.1 倍时，则认为该组热轧钢筋接头试样的拉伸性能检测不合格。

附表　××××引水工程中心试验室
钢筋检验报告

报告编号：YAHHYS - GJ20160430 - 02　　　报告日期：2016 年 4 月 30 日

工程名称：	××××引水工程

试验单位：　中国水电建设集团××工程局有限公司 ××××引水工程中心试验室

使用部位：　××隧洞　　　　　　　见证人：　　　　　××

生产厂家：　陕西龙门钢铁（集团）有限责任公司　钢筋牌号：　HRB400E

检验日期：2016.04.30　取样地点：　姚家山隧洞施工现场　公称直径：18mm

检测设备：WEW - 300A 万能试验机、钢筋打点机等　检测环境：　22℃

检验依据：GB/T 228.1—2010、GB/T 232—2010、GB 1499.2—2007、YB/T 081—2013

检 验 结 果

样品编号		YP - GJ20160429 -02		YP - GJ20160429 -03		
检验项目	标准要求	钢筋批号、公称直径及进场数量				
		TA16 - 02167 18mm　18.036t		TA16 - 02165 18mm　3.006t		
屈服强度 R_{eL}^0/MPa	≥400	460	455	455	455	
抗拉强度 R_m^0/MPa	≥540	610	605	605	605	
R_m^0/R_{eL}^0	≥1.25	1.33	1.33	1.33	1.33	
R_{eL}^0/R_{eL}	≤1.30	1.15	1.14	1.14	1.14	
最大力总伸长率 A_g/%	≥9	15.8	15.4	14.6	14.7	
断后伸长率/%	≥16	25	24	26	25	
重量允许偏差/%	±5 (14—20)	-2.7		-3.0		
弯曲结果	受弯曲部位无裂纹	受弯曲部位无裂纹	受弯曲部位无裂纹	受弯曲部位无裂纹	受弯曲部位无裂纹	
结论	经检测，该样品所检项目检测结果符合《钢筋混凝土用钢 第 2 部分：热轧带肋钢筋》（GB 1499.2—2007）的相关标准要求。					

批准：　　　　　审核：　　　　　检验：　　　　　　单位（章）

　　年　月　日　　　　年　月　日　　　　年　月　日

附表　××××引水工程中心试验室
钢筋焊接接头试验报告

报告编号：YAHHYS-HJ20160426-01　　　报告日期：2016 年 4 月 26 日

工程名称：　　　　　　　　　××××引水工程
试验单位：　中国水电建设集团××工程局有限公司 ××××引水工程中心试验室
使用部位：××××水库输水洞洞身侧墙及顶拱混凝土衬砌 输 0＋369～输 0＋378 ▽ 790.255～▽ 793.546
样品编号：　　YP-HJ20160426-01　　检测日期：　　2016 年 4 月 26 日
代表数量：　184 个　见证人：　　×××　焊接方法：　电弧焊
检验依据：GB/T 228.1—2010、JGJ/T 27—2014、JGJ 18—2012 钢筋牌号：HRB400E
主要检验设备及编号：　WEW-300A 万能试验机、钢直尺等　检测环境：　20℃

检 验 结 果

试样编号	公称直径/mm	焊接接头形式	焊缝长度/mm	抗拉强度		断裂位置及特征/mm	结论
				破坏荷载/kN	抗拉强度/MPa		
标准		单面搭接焊	≥10d		≥540		
YP-HJ 20160426-01	20	单面搭接焊	204	188.40	600	距焊缝 77mm 处延性断裂	合格
			207	185.71	590	距焊缝 89mm 处延性断裂	
			209	186.42	595	距焊缝 64mm 处延性断裂	
结论	经检测，该样品所检项目检测结果符合《钢筋焊接及验收规程》（JGJ 18—2012）的相关技术要求。						
备注							

批准：　　　　　　审核：　　　　　　　检验：　　　　　　　单位（章）
　　年　月　日　　　　年　月　日　　　　年　月　日

项目三　建筑钢材的技术标准及应用

【知识导学】

一、碳素结构钢

碳素结构钢指一般结构钢和工程用热轧板、管、带、型、棒材等。现行国标《碳素结构钢》（GB/T 700—2006）规定了碳素钢的牌号表示方法、技术标准等。

1. 碳素结构钢的牌号

碳素结构钢的牌号由四部分表示，按顺序为：屈服点字母（Q）、屈服点数值（单位为MPa）、质量等级（有A、B、C、D四级，逐级提高）和脱氧方法（F为沸腾钢，b为半镇钢，Z为镇静钢，TZ为特殊镇钢。牌号表示时Z、TZ可省略）。

例如：Q235—A·F：表示屈服点为235MPa，A级沸腾钢。

Q235—B：表示屈服点为235MPa，B级镇静钢。

2. 碳素结构钢的技术标准

各牌号的碳素结构钢均应符合《碳素结构钢》（GB/T 700—2006）的规定，其力学性能见表6-3、冷弯性能见表6-4。不同牌号的碳素结构钢含碳量不同，牌号越大，含碳量越高，钢材强度、硬度提高，塑性，韧性较低。

表6-3　　　　　　　　　碳素结构钢的位伸与冲击试验

牌号	等级	拉伸试验												冲击试验	
		屈服点 σ_s/MPa						伸长率 δ_s/%						温度/℃	V形冲击功（纵向）/J
		钢材厚度（直径）/mm						钢材厚材（直径）/mm							
		≤16	16~40	≤40	40~60	60~100	100~150	>150	40~60	60~100	100~150	150~200			
		不小于						不小于							不小于
Q195	—	195	185	—	—	—	315~430	33							
Q215	A	215	205	195	185	175	165	335~410	31	30	29	27	26	—	—
	B													20	27
Q235	A	235	225	215	215	195	185	375~500	26	25	24	22	21	—	—
	B													20	27
	C													0	
	D													−20	
Q275	A	275	265	255	245	225	215	410~540	22	21	20	18	17	—	—
	B													20	27
	C													0	
	D													−20	

注　1. Q195的屈服强度仅供参考，不作交货条件。
　　2. 厚度大于100mm的钢材，抗拉强度下限允许降低20N/mm²。
　　3. 厚度小于25mm的Q235B级钢材，如供方能保证冲击吸收功值合格，经需方同意即可。

表 6 - 4　　　　　　　　　　　　　　碳素结构钢的冷弯性能

牌　号	试样方向	冷弯试验 $B=2a$, 180°	
		钢材厚度（直径）/mm	
		≤60	>60~100
		弯心直径 d	
Q195	纵	0	—
	横	0.5a	—
Q215	纵	0.5a	1.5a
	横	a	2a
Q235	纵	a	2a
	横	1.5a	2.5a
Q275	纵	1.5a	2.5a
	横	2a	3a

二、低合金高强度结构钢

低合金高强度钢是普通低合金结构钢的简称。一般是在普通碳素钢的基础上，添加少量的一种或几种合金元素而成。合金元素有硅、锰、钒、钛、铌、铬、镍及稀土元素。加入合金元素后，可使其强度、耐腐蚀性、耐磨性、低温冲击韧性等性能得到显著提高和改善。

现行国家标准《低合金高强度结构钢》（GB 1591—94）规定了低合金高强度钢的牌号与技术性质。

1. 低合金高强度钢的牌号

低合金高强度结构钢共有 5 个牌号。牌号由三部分表示：含碳量、合金元素的种类及含量。前两位数字表示平均含碳量的万分数；其后的元素符号表示按主次加入的合金元素；合金元素后面如未附数字，表示其平均含量在 1.5% 以下；如附有数字 "2"，表示其平均含量为 1.5%～2.5%；最后如附有 "b"，表示为半镇静钢，否则为镇静钢。例如："16Mn" 表示平均含碳量为 0.16%，平均含碳量低于 1.5% 的镇静钢。

2. 技术要求

低合金高强度结构钢的技术要求见表 6-5。

三、型钢、钢板、钢管

碳素结构钢和低合金钢还可以加工成各种型钢、钢板、钢管等构件直接供工程选用，构件之间可采用铆接、螺栓连接、焊接等方式进行连接。

（1）型钢。型钢有热轧和冷轧两种成型方式。热轧型钢主要有角钢、工字钢、槽钢、T 形钢、H 形钢、Z 形钢等。以碳素结构钢为原料热轧加工的型钢，可用于大跨度、承受动荷载的钢结构。冷轧型钢主要有角钢、槽钢等开口薄壁型钢及方形、矩形等空心薄壁型钢。主要用于轻型钢结构。

表 6 - 5　　　　　　　　　低合金高强度结构钢的力学、工艺性质

牌号	质量等级	屈服强度 /MPa, ≥				抗拉强度 /MPa, ≥			伸长率 /%, ≥		冲击功，纵向/J				180°弯曲试验 d=弯心直径；a=试样厚度（直径）	
		厚度（直径或边长）/mm									温度/℃				厚度/mm	
		≤16	16~40	40~63	63~80	≤40	40~63	63~80	≤40	40~63	+20	0	-20	-40	≤16	16~100
Q345	A	345	335	325	315	470~630			20	19	—	—	—	—	d=2a	d=3a
	B										34	—	—	—		
	C								21	20	—	34	—	—		
	D										—	—	34	—		
	E										—	—	—	34		
Q390	A	390	370	350	330	490~650			20	19					d=2a	d=3a
	B										34	—	—	—		
	C										—	34	—	—		
	D										—	—	34	—		
	E										—	—	—	34		
Q420	A	420	400	380	360	520~680			19	18					d=2a	d=3a
	B										34	—	—	—		
	C										—	34	—	—		
	D										—	—	34	—		
	E										—	—	—	34		
Q460	C	460	440	420	400	550~720			17	16	—	55	—	—	d=2a	d=3a
	D										—	—	47	—		
	E										—	—	—	31		
Q500	C	500	480	470	450	610~770	600~760	590~750	17	17	—	55	—	—	—	—
	D										—	—	47	—		
	E										—	—	—	31		
Q550	C	550	530	520	500	670~830	620~810	600~790	16	16	—	55	—	—	—	—
	D										—	—	47	—		
	E										—	—	—	31		
Q620	C	620	600	590	570	710~880	690~880	670~860	15	15	—	55	—	—	—	—
	D										—	—	47	—		
	E										—	—	—	31		
Q690	C	690	670	660	640	770~940	750~920	730~900	14	14	—	55	—	—	—	—
	D										—	—	47	—		
	E										—	—	—	31		

（2）钢板。钢板亦有热轧和冷轧两种型式。热轧钢板有厚板（厚度大于 4mm）和薄板（厚度小于 4mm）两种，冷轧钢板只有薄板（厚度为 0.2～4mm）一种。一般厚板用于焊接结构；薄板可用作屋面及墙体围护结构等，亦可进一步加工成各种具有特殊用途的钢板使用。

（3）钢管。钢管分为无缝钢管与焊接钢管两大类。

焊接钢管采用优质带材焊接而成，表面镀锌或不镀锌。按其焊缝形式分为直纹焊管和螺纹焊管。焊管成本低，易加工，但一般抗压性能较差。

无缝钢管多采用热轧—冷拔联合工艺生产，也可采用冷轧方式生产，但成本昂贵。热轧无缝钢管具有良好的力学性能与工艺性能。无缝钢管主要用于压力管道，在特定的钢结构中，往往也设计使用无缝钢管。

四、钢筋混凝土用钢材

1. 热轧钢筋

热轧钢筋按表面形状分为热轧光圆钢筋和热轧带肋钢筋。

（1）热轧光圆钢筋的级别、代号。经热轧成型并自然冷却的成品，其横截面为圆形，且表面为光滑的钢筋混凝土配筋用钢材，称为热轧光圆钢筋（HPB）。钢筋按屈服强度特征值分为 HPB235 和 HPB300。

（2）热轧带肋钢筋。经热轧成型并自然冷却的横截面为圆形的，且表面通常带有两条纵肋和沿长度方向均匀分布的横肋的钢筋，称为热轧带肋钢筋（HRB）。热轧带肋钢筋分为 HRB335、HRB400、HRB500 三个牌号。

2. 冷轧带肋钢筋

热轧圆盘条经冷轧后，在其表面带有沿长度方向均匀分布的三面或二面横肋的钢筋称为冷轧带肋钢筋。《冷轧带肋钢筋》（GB 13788—2008）中规定，冷轧带肋钢筋使用代号 CRB 表示，其分为 CRB550、CRB650、CRB800、CRB970 四个牌号。CRB550 为普通钢筋混凝土用钢筋，其他牌号为预应力混凝土用钢筋。

3. 预应力混凝土用钢丝

预应力高强度钢丝是用优质碳素结构钢盘条，经酸洗、冷拉或再经回火处理等工艺制成，专用于预应力混凝土。

消除应力钢丝按松弛性能又分为低松弛级钢丝和普通松弛级钢丝。预应力钢丝按外形分为光圆、螺旋肋和刻痕三种。

冷拉钢丝（用盘条通过拔丝模或轧辊经冷加工而成）：代号"WCD"。

低松弛钢丝（钢丝在塑性变形下进行短时热处理而成）：代号"WLR"。

普通松弛钢丝（钢丝通过矫直工序后在适当温度下进行短时热处理）：代号"WNR"。

光圆钢丝：代号"P"。

螺旋肋钢丝（钢丝表面沿长度方向上具有规则间隔的肋条）：代号"H"。

刻痕钢丝（钢丝表面沿长度方向上具有规则间隔的压痕）：代号"I"。

4. 预应力混凝土用钢绞线

预应力钢绞线是用两（或三、或七）根钢丝在绞线机上捻制后，再经低温回火和消除应力等工序制成。钢绞线的捻向一般为左（S）捻。预应力钢绞线以盘或卷状态交货，每盘钢绞线应由一整根组成，如无特殊要求，每盘钢绞线的长度不小于 200m。成品钢绞线的表面不得有润滑剂、油渍等降低钢绞线与混凝土黏接力的物质。钢绞线表面允许有轻微的浮锈，但不得锈蚀成目视可见的麻坑。

钢绞线具有强度高、与混凝土黏结性能好、断面面积大、使用根数少、柔性好、易于在混凝土结构中排列布置、易于锚固等优点，主要用于大跨度、重荷载的后张法预应力混凝土结构中。

【知识拓展】　钢材的锈蚀与防护

一、钢材的锈蚀

钢材表面与环境接触，在一定条件下，可以相互作用使钢材表面产生腐蚀。钢材表面与其周围介质发生化学反应而遭到的破坏，称为钢材的锈蚀。根据钢材与周围介质的不同作用，可将其锈蚀分为下列两种。

（1）化学锈蚀。化学锈蚀是指钢材直接与周围介质发生化学反应而产生的锈蚀，多数是由氧化作用在钢材表面形成疏松的氧化物。在干燥环境中反应缓慢，但在温度和湿度较高的环境条件下，锈蚀则发展迅速。

（2）电化学锈蚀。钢材的表面锈蚀主要因电化学作用引起，由于钢材本身组成上的原因和杂质的存在，在表面介质的作用下，各成分电极电位的不同，形成微电池，铁元素失去了电子成为 Fe^{2+} 离子进行介质溶液，与溶液中的 OH^- 离子结合生成 $Fe(OH)_2$，使钢材遭到锈蚀。锈蚀的结果是在钢材表面形成疏松的氧化物，使钢结构断面减小，降低钢材的性能，因而承载力降低。

二、钢材的防护

1. 钢材的防腐

钢材的腐蚀既有内因（材质），也有外因（环境介质的作用），因此要防止或减少钢材的腐蚀可以从改变钢材本身的易腐蚀性，隔离环境中的侵蚀性介质或改变钢材表面的电化学过程三方面入手。

（1）采用耐候钢。耐候钢即耐大气腐蚀钢。它是在碳素钢和低合金钢中加入合金元素铬、镍、钛、铜，制成的。这种钢在大气作用下，能在表面形成一种致密的防腐保护层，起到耐腐蚀的作用同时保持钢材良好的焊接性能。耐候钢的强度级别与碳素钢和低合金钢一致，技术指标也相近，但其耐腐蚀能力确高出数倍。

（2）金属覆盖。用耐腐蚀性好的金属，以电镀或喷镀的方法覆盖在钢材表面，提高钢材的耐腐蚀能力。常用的方法有：镀锌（如白铁皮）、镀锡（如马口铁）、镀铜、镀铬等。

（3）非金属覆盖。在钢材表面用非金属材料作为保护膜，与环境介质隔离，以避免或减缓腐蚀。如喷涂涂料、搪瓷和塑料等。

涂料通常分为底漆、中间漆和面漆。底漆要求有比较好的附着力和防锈能力，中间漆为防锈漆，面漆要求有较好的牢度和耐候性以保护底漆不受损伤或风化。

（4）混凝土用钢筋的防锈。在正常的混凝土中 pH 值为 12 时，在钢材表面形成碱性氧化膜，对钢筋起保护作用。若混凝土碳化后由于碱度降低会失去对钢筋的保护作用。此外，混凝土中氯离子达到一定浓度，也会严重破坏钢筋表面的钝化膜。

为防止钢筋锈蚀，应保证混凝土的密实度以及钢筋外侧混凝土保护层的厚度，在二氧化碳浓度高的工业区采用硅酸盐水泥或普通硅酸盐水泥，限制含氯盐外加剂掺量并使用混凝土用钢筋防锈剂。预应力混凝土应禁止使用含氯盐的集料和外加剂。钢筋涂覆环氧树脂或镀锌也是一种有效的防锈措施。

2. 钢材的防火

钢是不燃性材料，但这并不表明钢材能够抵抗火灾。耐火试验与火灾案例表明：以失去支持能力为标准，无保护层时钢柱和钢屋架的耐火极限只有 0.25h，而裸露的钢梁的耐火极限 0.15h。温度在 200℃ 以内，可认为钢材的性能基本不变；超过 300℃ 以后，弹性模量、屈服点和极限抗压强度均开始显著下降，应变急剧增大，达到 600℃ 时已失去支撑能力。所以没有防火防护层的钢结构是不耐火的。

钢结构防火保护的基本原理是采用绝热火吸热材料，阻隔火焰和热量，推迟钢结构的升温速率。防火方法以包覆法为主，即以防火涂料、不燃性板材或混凝土和砂浆将钢构件包裹起来。

思 考 与 习 题

一、名词解释

1. 弹性模量

2. 屈服强度

3. 疲劳破坏

4. 钢材的冷加工

5. 时效

6. 时效敏感性

二、填空题

1. 目前大规模炼钢方法主要有＿＿＿＿＿、＿＿＿＿＿、＿＿＿＿＿三种。

2. ＿＿＿＿＿和＿＿＿＿＿是衡量钢材强度的两个重要指标。

3. 钢材按有害杂质含量分类中的有害杂质指的是＿＿＿＿＿和＿＿＿＿＿。

4. 按冶炼时脱氧程度分类钢可以分成：＿＿＿＿＿、＿＿＿＿＿、＿＿＿＿＿和特殊镇静钢。

5. 冷弯检验是：按规定的＿＿＿＿＿和＿＿＿＿＿进行弯曲后，检查试件弯曲处外面及侧面不发生断裂、裂缝或起层，即认为冷弯性能合格。

6. 低碳钢拉伸试验经历了＿＿＿＿＿、＿＿＿＿＿、＿＿＿＿＿、＿＿＿＿＿四个阶段，确定了＿＿＿＿＿、＿＿＿＿＿、＿＿＿＿＿三大技术指标。

7. 钢材的＿＿＿＿＿是设计上钢材强度取值的依据，是工程结构计算中非常重要的参数。

8. 钢材的屈强比等于_____；屈强比越大，则强度利用率越_____，结构安全性越_____。

9. 钢材的冷弯试验，若试件的弯曲角度越_____，弯心直径对试件厚度（或直径）的比值越_____，表示对钢材的冷弯性能要求越高。

10. 通常在钢材的弯曲部位容易发生锈蚀，原因是弯曲部位存在较_____的电位差，电子易发生转移的结果。

11. 当钢中含碳量小于 0.8% 时，随着含碳量的增加，钢的抗拉强度和硬度_____，塑性、韧性_____，同时其冷弯、焊接、抗腐蚀性_____。

12. $Q235-A·F$ 是_____钢。

13. HRB335 表示_____钢，俗称_____钢。

14. $Q215-B·F$ 比 $Q215-B$ 的性能_____。

15. 已知 I 钢筋的公称直径为 12mm，屈服荷载为 30kN，则其屈服点为_____。

16. 钢材的 $\sigma_{0.2}$ 表示没有明显屈服现象的硬钢，人为规定塑性变形达到 0.2% 标距时的应力值作为屈服点也称_____。

17. 冷拉并经时效处理钢材的目的是_____和_____。

18. 冷弯不合格的钢筋，表示其_____较差。

三、单项选择题（在每小题的 **4** 个备选答案中，选出 **1** 个正确答案，并将其代码填在题干后的括号内）

1. 钢材抵抗冲击荷载的能力称为（　　）。

A. 塑性　　　　　B. 冲击韧性　　　C. 弹性　　　　D. 硬度

2. 钢的含碳量为（　　）。

A. 小于 2.06%　　B. 大于 3.0%　　C. 大于 2.06%　　D. <1.26%

3. 伸长率是衡量钢材的（　　）指标。

A. 弹性　　　　　B. 塑性　　　　　C. 脆性　　　　D. 耐磨性

4. 普通碳素结构钢随钢号的增加，钢材的（　　）。

A. 强度增加、塑性增加　　　　　B. 强度降低、塑性增加

C. 强度降低、塑性降低　　　　　D. 强度增加、塑性降低

5. 在低碳钢的应力应变图中，有线性关系的是（　　）阶段。

A. 弹性阶段　　　B. 屈服阶段　　　C. 强化阶段　　　D. 颈缩阶段

6. "9·11"恐怖袭击事件中，钢混结构的世贸大楼被飞机碰撞后着起大火，随后坍塌，说明钢材（　　）。

A. 强度低　　　　B. 冲击韧性差　　C. 耐高温性差　　D. 塑性差

7. 以下哪种措施不能提高钢材的强度（　　）。

A. 时效　　　　　B. 冷加工　　　　C. 热处理　　　　D. 拉直除锈

8. 以下哪个量不能反映钢材的塑性（　　）。

A. 伸长率　　　　B. 硬度　　　　　C. 冷弯性能　　　D. 耐腐蚀性

9. 以下哪种元素会增加钢材的热脆性（　　）。

A. S   B. P   C. Si   D. Mn

10. 用于预应力钢筋混凝土的钢筋，要求钢筋（　　）。

A. 强度高   B. 应力松弛率低 C. 与混凝土的黏结性好 D. ABC

11. 钢结构设计时，对直接承受动荷载的焊接钢结构应选用牌号为（　　）的钢。

A. Q235－A·F B. Q235－B·b C. Q235－A D. Q235－D

12. Q235－A·F为（　　）。

A. 碳素结构钢 B. 低合金结构钢 C. 热轧带肋钢筋 D. 热轧光圆钢筋

13. 已知甲种钢筋的伸长率 δ_5 与乙种钢筋的伸长率 δ_{10} 相等，则说明（　　）。

A. 甲种钢筋塑性好   B. 甲种钢筋弹性好

C. 乙种钢筋塑性好   D. 乙种钢筋弹性好

14. 在负温下直接承受动荷载的结构钢材，要求低温冲击韧性好，其判断指标是（　　）。

A. 屈服点   B. 弹性模量 C. 脆性临界温度 D. 布氏硬度

15. 建筑工程中用的钢筋多由（　　）轧成。

A. 普通碳素钢 B. 低合金钢   C. 优质碳素钢 D. 高合金钢

16. 与热轧钢筋相比，冷拉热轧钢筋具有（　　）的特点。

A. 屈服强度提高，结构安全性降低

B. 屈服强度提高，结构安全性提高

C. 屈服强度降低，伸长率降低

D. 抗拉强度降低，伸长率提高

17. 在钢材中最主要的合金元素是（　　）。

A. 铬   B. 钒   C. 硅   D. 锰

18. 选择承受动荷载作用的结构材料时，要选择（　　）良好的材料。

A. 脆性   B. 韧性   C. 塑性   D. 弹性

19. 预应力混凝土工程施工技术日益成熟，在预应力钢筋选用时，应提倡采用强度高、性能好的（　　）。

A. 钢绞线   B. 热处理钢筋 C. 乙级冷拔低碳钢丝 D. 冷拉Ⅰ～Ⅲ级钢筋

20. 在钢材中属有害元素，但可以提高钢的耐磨性和耐腐蚀性、可配合其他元素作为合金元素使用的是（　　）。

A. 硫   B. 磷   C. 硅   D. 锰

21. 在目前的建筑工程中，钢筋混凝土用量最大的钢筋品种是（　　）。

A. 热轧钢筋 B. 热处理钢筋 C. 冷拉钢筋   D. 冷轧钢筋

22. 不宜用于预应力钢筋混凝土中的是（　　）。

A. 热轧钢筋 B. 冷拔甲级低碳钢丝 C. 冷拉钢筋 D. 热轧Ⅰ级钢筋

23. 关于钢筋的冷拉加工，说法不正确的是（　　）。

A. 提高钢筋的强度   B. 提高钢筋的塑性

C. 实现钢筋的调直   D. 实现钢筋的除锈

24. （　　）是钢材最重要的性质。

A. 冷弯性能　　　　B. 抗拉性能　　　　C. 耐疲劳性能　　　　D. 焊接性能

25. 在受动荷载、焊接结构、在低温条件下的结构应选择（　　）钢材。

A. A 级质量等级　　B. B 级质量等级　　C. C 级质量等级　　D. 沸腾钢

四、多项选择题（在每小题的 4 个备选答案中，选出 2～4 个正确答案，并将其代码填在题干后的括号内）

1. 影响钢材冲击韧性的主要因素有（　　）。

A. 化学成分　　　　B. 钢材的内在缺陷　　C. 环境温度　　　　D. 钢材的组织状态

2. 以下建筑钢材可直接用作预应力钢筋的有（　　）。

A. 冷拔低碳钢丝　　B. 冷拉钢筋　　　　C. 碳素钢丝　　　　　D. 钢绞线

3. 钢筋混凝土结构中钢筋的防锈措施有（　　）。

A. 限制水灰比　　　B. 限制氯盐外加剂　　C. 提高混凝土密实度　　D. 掺入重铬酸盐

4. 建筑钢材的力学特性直接关系到钢材的工程应用，以下说法不正确的是（　　）。

A. 钢材硬度是指钢材抵抗冲击荷载的能力

B. 冷弯性能表征钢材在低温条件下承受弯曲变形能力

C. 脆性临界温度数值越低，钢的低温冲击韧性越好

D. 表征抗拉性能的主要指标是耐疲劳性

5. 由低合金钢加工而成的钢筋有（　　）。

A. 热处理钢筋　　　B. 热轧带肋钢筋　　C. 冷拔低碳钢筋　　D. 热轧光圆钢筋

五、判断题（你认为正确的，在题干后画"√"，反之画"×"）

1. 一般来说，钢材硬度越高，强度也越大。（　　）

2. 屈强比越小，钢材受力超过屈服点工作时的可靠性越大，结构的安全性越高。（　　）

3. 一般来说，钢材的含碳量增加，其塑性也增加。（　　）

4. 钢筋混凝土结构主要是利用混凝土受压、钢筋受拉的特点。（　　）

5. 低合金高强度结构钢与碳素结构钢比较，低合金高强度结构钢的综合性能好。（　　）

6. 热轧钢筋是工程上用量最大的钢材品种之一，主要用于钢筋混凝土和预应力钢筋混凝土的配筋。（　　）

7. 冷加工可使钢筋强化从而改善钢筋的各项性能。（　　）

8. 钢材的伸长率是一定值，与标距无关。（　　）

9. 钢中的硫可增加钢的热脆性，磷可增加钢的冷脆性。（　　）

10. 钢材的伸长率越大，则塑性越好。（　　）

六、简答题

1. 为何说屈服点 σ_s、抗拉强度 σ_b 和伸长率 δ 是建筑用钢材的重要技术性能指标？

2. 钢材的冷加工和时效处理的目的是什么？时效产生的原因？时效处理的主要方法？

3. 低合金结构钢较碳素结构钢有哪些优点？选用钢结构用钢时的主要选择依据？

七、计算题

一钢材试件，直径为 25mm，原标距为 125mm，做拉伸试验，测得屈服点荷载为 201.0kN，最大荷载为 250.3kN，拉断后测得标距长为 138mm。求该钢筋的屈服点、抗拉强度及拉断后的伸长率。

模块七　砌　筑　块　材

【目标及任务】　了解岩石的种类、形成因素变化时对岩石组成、性能的影响，能辨别花岗岩、大理石等常见石材品种；熟悉各类烧结黏土砖及新型墙体材料的品种和性能，能进行烧结黏土砖及新型砌筑块材的性能检测；了解建筑陶瓷的概念、品种和性能，能鉴别陶瓷面砖的优劣。

项目一　天　然　石　材

【知识导学】

　　凡由天然岩石开采的，经加工或未经过加工的石材，统称为天然石材。石材是我国历史上最悠久的建筑材料。因其来源广泛、质地坚固耐久，又具有良好的建筑特性等优点，被广泛应用于水利工程、建筑工程及其他工程中。且今后仍将是重要的建筑材料。

　　为正确认识和使用石材，对岩石进行分类。按地质形成条件的不同，岩石可分为岩浆岩（火成岩）、沉积岩（水成岩）、变质岩三类。

　　（1）岩浆岩。岩浆岩又叫火成岩，是地壳深处熔融态岩浆，向压力低的地方运动，侵入地壳岩层，溢出地表或喷出冷却凝固而成的岩石的总称。其特点是具有结晶的构造，没有成层纹理。由于冷却的压力和温度等条件不同，又分深成岩、喷出岩和火山碎屑岩等。

　　深成岩是岩浆在地壳深处，在巨大压力作用下，缓慢且均匀地冷却而形成的岩石。其特点是矿物全部结晶且颗粒较粗，质地密实，呈块状构造。常见的有花岗岩、正长岩。

　　喷出岩是岩浆喷出地表时，在压力急剧降低和迅速冷却的条件下形成的。其特点是岩浆不能全部结晶，或结晶成细小颗粒，因此常呈非结晶的玻璃质结构、细小结晶的隐晶质结构及个别较大晶体在上述结构中的斑状结构。常见的有玄武岩、辉绿岩、安山岩等。

　　火山碎屑岩是火山爆发时，喷到空中的岩浆经急剧冷却后形成的。其特点是为玻璃质结构，具有化学不稳定性。

　　（2）沉积岩。沉积岩是地表的岩石经过风化、破碎、溶解、冲刷、搬运等自然因素的作用，逐渐沉积而形成的岩石。它们的特点是有较多的孔隙、明显的层理及力学性能的方向性。常见的有石灰岩、砂岩、石膏等。

　　（3）变质岩。变质岩是岩浆岩、沉积岩又经过地壳变动，在压力、温度、化学变化等因素作用下发生质变而形成新的岩石。它们的特点是：一般为片状构造，易于分层剥离。常见的变质岩有片麻岩、大理岩、石英岩等。

一、建筑工程中常用的石材

1. 岩浆岩

（1）花岗岩。主要由石英、长石和少量云母所组成，有时还含有少量的暗色矿物（角闪石、辉石）。具有色泽鲜艳、密度大，硬度及抗压强度高（100～250MPa），耐磨性及抗风化能力强，孔隙率及吸水率低（一般在0.5%左右），凿平及磨光性能好等特点。在建筑工程中常用作饰面、基础、基座、路面、闸坝、桥墩等，也是水工建筑物的理想石材。

（2）正长岩。它是由正长石、斜长石、云母及暗色矿物组成。为深成中性岩，颜色深暗，结构构造、主要性能均与花岗岩相似，但正长岩抗风化能力较差。

（3）玄武岩。为喷出岩，多呈隐晶质或斑状结构，是岩浆岩中最重要的岩石。主要矿物成分为斜长石和辉石。其特点是颜色深暗，密度大，抗压强度因构造不同而波动较大，一般为100～500MPa，硬脆及硬度大，不易加工。主要用于铺筑路面，铺砌堤岸边坡等，也是铸石原料和高强混凝土的良好集料。

（4）辉绿岩。为浅成基性岩，主要矿物成分与玄武岩相同，具有较高的耐酸性，可作为耐酸混凝土集料。其熔点为1400～1500℃，可用作铸石的原料，铸出的材料结构均匀、密实、抗酸蚀，常用作化工设备的耐酸衬里。

（5）浮石、火山凝灰岩。火山喷发时，部分熔岩喷至空中，因温度和压力急剧降低，形成不同粒径的粉碎疏松颗粒，其中粉状或疏松的沉积物称为火山灰，粒径大于5mm的泡沫状多孔岩石称为浮石，经胶结并致密的火山灰称为火山凝灰岩。这些岩石为多孔结构，表观密度小，强度比较低，导热系数小，可用作砌墙材料和轻混凝土集料。

2. 沉积岩

（1）石灰岩。石灰岩俗称"灰岩"或"青石"，主要矿物成分是方解石，常含有白云石、菱镁石、石英、黏土矿物等。其特点是构造细密、层理分明，密度为2.6～2.8g/cm³，抗压强度一般为80～160MPa，并且具有较高的耐水性和抗冻性。由于石灰岩分布广、硬度小，易于开采加工，所以被广泛用于工程及一般水利工程。块石可砌筑基础、墙体、桥洞桥墩、堤坝护坡等。碎石是常用的混凝土集料。同时也是生产石灰与水泥的重要原材料。

（2）砂岩。砂岩是由粒径0.05～2mm的砂粒（多为耐风化的石英、长石、白云母等矿物及部分岩石碎屑）经天然胶结物质胶结变硬的碎屑沉积岩。其性能与胶结物的种类及胶结的密实程度有关。以氧化硅胶结的称硅质砂岩，呈浅灰色，质地坚硬耐久，加工困难，性能接近花岗岩；以碳酸钙胶结的称石灰质砂岩，近于白色，质地较软，容易加工，但易受化学腐蚀；以氧化铁胶结的称铁质砂岩，呈黄色或紫红色，质地较差，次于石灰质砂岩；黏土胶结的称黏土质砂岩，呈灰色，遇水易软化，不宜用于基础及水工建筑物中。

3. 变质岩

（1）大理岩。大理岩由石灰岩、白云岩变质而成，俗称大理石，主要矿物成分为方解石、白云石。大理岩构造致密，抗压强度高（70～110MPa），硬度不大，易于开采、加工与磨光。纯大理岩为白色，又称汉白玉；当含有杂质时呈灰、绿、黑、黄、红等色，形成各种美丽图案，磨光后是室内外的高级装饰材料；大理石下脚料可作为水磨石的彩色石渣。但大理石抗二氧化碳和酸腐蚀的性能较差，经常接触易风化，失去表面美丽光泽。

（2）石英岩。石英岩是由硅质砂岩变质而成的。砂岩变质后形成坚硬致密的变晶结构，强度高达 400MPa，硬度大，加工困难，耐久性强，可用于各类砌筑工程、重要建筑物的贴面、铺筑道路及作为混凝土集料。

（3）片麻岩片。麻岩由花岗岩变质而成。矿物成分与花岗岩类似，片麻状构造，各个方向物理力学性质不同。垂直于片理的抗压强度为 150～200MPa，沿片理易于开采和加工，但在冻融作用下易成层剥落。常用作碎石、堤坝护岸、渠道衬砌等。

二、石材的主要技术性质

1. 表观密度

石材按其表观密度大小分为重石与轻石两类。表观密度大于 1800kg/m³ 者为重石，表观密度小于 1800kg/m³ 者为轻石。重石可用于建筑的基础、贴面、地面、不采暖房屋外墙、桥梁及水工建筑物等；轻石主要用于采暖房屋外墙。

2. 强度等级

根据强度等级，石材可分为 MU100、MU80、MU60、MU50、MU40、MU30、MU20、MU15 和 MU10。石材的强度等级，可用边长为 70mm 的立方体试块的抗压强度表示。抗压强度取三个试件破坏强度的平均值。试块也可采用表 7-1 所列的其他尺寸的立方体，但应对其试验结果乘以相应的换算系数后方可作为石材的强度等级。

表 7-1　　　　　　　　　　　　石材强度等级的换算系数

立方体边长/mm	200	150	100	70	50
换算系数	1.43	1.28	1.14	1	0.86

3. 抗冻性

石材抗冻性指标是用冻融循环次数表示的，在规定的冻融循环次数（15 次、20 次或 50 次）时，无贯穿裂缝，质量损失不超过 5%，强度降低不大于 25% 时，则抗冻性合格。石材的抗冻性主要取决于矿物成分、结构及其构造，应根据使用条件，选择相应的抗冻指标。

4. 耐水性

石材的耐水性按软化系数分为高、中、低三等。高耐水性的石材，软化系数大于 0.9，中耐水性的石材软化系数为 0.7～0.9，低耐水性的石材软化系数为 0.6～0.7。软化系数低于 0.6 的石材，一般不允许用于重要的工程。

三、工程中常用的砌筑石材

砌筑用石材分为毛石、料石两类。

1. 毛石

毛石（又称片石或块石）是由爆破直接获得的石块。按其平整程度又分为乱毛石与平毛石两类。

（1）乱毛石。乱毛石形状不规则，如图 7-1 所示，一般在一个方向的尺寸达 300～

400mm，质量为 20～30kg，其中部厚度一般不小于 150mm。常用于砌筑基础、勒角、墙身、堤坝、挡土墙等，也可作毛石混凝土的集料。

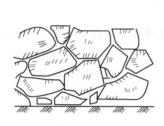

图 7-1　乱毛石　　　　　　　　　图 7-2　平毛石

（2）平毛石。平毛石是由乱毛石略经加工而成，形状较乱毛石平整，其形状基本上有 6 个面，如图 7-2 所示，但表面粗糙，中部厚度不小于 200mm。常用于砌筑基础、墙角、勒角、桥墩、涵洞等。

2. 料石

料石（又称条石）是由人工或机械开采出的较规则的六面体石块，略经加工凿琢而成。按其加工后的外形规则程度，分为毛料石、粗料石、半细料石和细料石四种。

（1）毛料石。毛料石外形大致方正，一般不加工或仅稍加修整，高度不应小于 200mm，叠砌面凹入深度不大于 25mm。

（2）粗料石。其截面的宽度、高度不小于 200mm，且不小于长度的 1/4，叠砌面凹入深度不大于 20mm。

（3）半细料石。其规格尺寸同上，但叠砌面凹入深度不应大于 15mm。

（4）细料石。通过细加工，外形规则，规格尺寸同上，叠砌面凹入深度不大于 10mm。

在工程中常用的石材除了毛石和料石外，还常用饰面板材、石子、石渣（石米、米石、米粒石）及石粉等石材品种。

项目二　砌　墙　砖

【知识导学】

砌墙砖是指以黏土、工业废料或其他地方资源为主要原料，以不同工艺制造的、用于砌筑承重和非承重墙体的人造小型块材。

一、烧结普通砖

国家标准《烧结普通砖》（GB 5101—2003）规定：凡由黏土、页岩、煤矸石、粉煤灰等为主要原料，经成型、焙烧、而成的实心或孔洞率不大于 15% 的砖，称为烧结普通砖。

（一）分类、质量等级及规格

（1）按使用的原料不同，烧结普通砖可分为：烧结黏土砖（N）、烧结页岩砖（Y）、烧结煤矸石砖（M）、烧结粉煤灰砖（F）。

（2）按砖的抗压强度，砖可分为 MU30、MU25、MU20、MU15、MU10 五个强度等级。强度和抗风化性能合格的砖，根据尺寸偏差、外观质量、泛霜和石灰爆裂分为优等品（A）、一等品（B）和合格品（C）三个质量等级。优等品可用于清水墙和墙体装饰，一等品和合格品可用于混水墙。

（3）根据《烧结普通砖》（GB 5101—2003）规定：烧结普通砖的外形为直角六面体，公称尺寸为：240mm×115mm×53mm。其中 240mm×115mm 的面称为大面，240mm×53mm 的面称为条面，115mm×53mm 的面称为顶面。若加上 10mm 的砌筑灰缝，则 4 块砖长、8 块砖宽、16 块砖厚分别为 1m，砌筑 1m³ 砖体需 512 块砖，一般再加上 2.5% 的损耗即为计算工程所需用的砖数。

（4）产品标记。砖的产品标记按产品名称、品种、规格、强度等级和标准编号顺序编写。如：规格尺寸 240mm×115mm×53mm、强度等级 MU20、一等品的黏土砖，其标记为：烧结普通砖 N 240×115×53 20 B GB/T5101。

（二）技术要求

1. 尺寸偏差及外观质量

烧结普通砖应是形状规则的直角六面体。尺寸偏差除检查砖的尺寸外，还需从外观上检查砖的弯曲程度、缺棱掉角的程度、裂纹的长度等。见表 7-2、表 7-3 的规定。

表 7-2　　　　　　　烧结普通砖尺寸允许偏差（GB 5101—2003）　　　　　单位：mm

公称尺寸	优 等 品		一 等 品		合 格 品	
	样本平均偏差	样本极差，≤	样本平均偏差	样本极差，≤	样本平均偏差	样本极差，≤
240	±2.0	6	±2.5	7	±3.0	8
115	±1.5	5	±2.0	6	±2.5	7
53	±1.5	4	±1.6	5	±2.0	6

表 7-3　　　　　　　　烧结普通砖外观质量（GB 5101—2003）　　　　　单位：mm

项　　目		优等品	一等品	合格品
两条面高度差，≤		2	3	4
弯曲，≤		2	3	4
杂质凸出高度，≤		2	3	4
缺棱掉角的三个破坏尺寸不得同时大于		5	20	30
裂纹长度 ≤	大面上宽度方向及其延伸至条面的长度	30	60	80
	大面上长度方向及其延伸至顶面的长度或条面上水平裂纹长度	50	80	100
完整面不得少于		一条面和一个顶面	一条面和一个顶面	—
颜色		基本一致	—	—

注　1. 为装饰而施加的色差、凹凸纹、拉毛、压花等不算作缺陷。

　　2. 凡有下列缺陷之一者，不得称为完整面：

　　①缺损在条面或顶面上造成的破坏尺寸同时大于 10mm×10mm。

　　②条面或顶面上裂纹宽度大于 1mm，其长度超过 30mm。

　　③压陷、粘底、焦花在条面或顶面上的凹陷或凸起超过 2mm，区域尺寸同时大于 10mm×10mm。

2. 强度等级

砖在砌体中主要起承压作用。根据抗压强度分为 MU30、MU25、MU20、MU15、MU10 五个强度等级，见表 7-4。测定砖的强度时，试样数量为十块，试验后按下式计算强度变异系数 δ、强度标准差 S 和抗压强度标准值 f_k：

$$S = \sqrt{\frac{1}{9}\sum_{i=1}^{10}(f_i - \overline{f})^2} \qquad (7-1)$$

$$\delta = \frac{S}{\overline{f}} \qquad (7-2)$$

$$f_i = \overline{f} - 1.8S \qquad (7-3)$$

式中 f_i——单块砖抗压强度值，MPa；

       $\overline{f}$——10 块砖抗压强度平均值，MPa；

       δ——强度变异系数。

各强度等级砖的强度应符合表 7-4 的要求。

表 7-4   烧结普通砖的强度等级（GB 5101—2003）   单位：MPa

强度等级	抗压强度平均值 f，$\geqslant$	变异系数 $\delta \leqslant 0.21$	$\delta > 0.21$
		强度标准值 f_k，$\geqslant$	f_{min}，$\geqslant$
MU30	30.0	22.0	25.0
MU25	25.0	18.0	22.0
MU20	20.0	14.0	16.0
MU15	15.0	10.0	12.0
MU10	10.0	6.5	7.5

3. 抗风化性能

通常将干湿变化、温度变化、冻融变化等气候因素对砖的作用称为"风化"作用，砖抵抗风化作用的能力，称为抗风化性能。按《烧结普通砖》（GB 5101—2003）的规定，东三省、内蒙古、新疆等严重风化地区的砖必须做冻融试验，其他非风化地区的砖的抗风化性能如果符合规定时，可不做冻融试验，否则必须做冻融试验；风化区用风化指数进行划分。风化指数是指日气温从正温降至负温或负温升至正温的每年平均天数，与每年从霜冻之日起至消失霜冻之日止这一期间降雨总量（以 mm 计）的平均值的乘积。风化指数不小于 12700 为严重风化区，风化指数小于 12700 为非严重风化区。我国风化区划分见表 7-5。

严重风化区中的 1、2、3、4、5 地区的砖必须进行冻融试验，其他地区砖的抗风化性能符合表 7-6 的规定时，可不做冻融试验。冻融试验是将吸水饱和的 5 块砖，在 -15～-20℃条件下冻结 3h，再放入 10～20℃水中融化 2h 以上，称为一个冻融循环。如此反复进行 15 次试验后，测得单块砖的质量损失不超过 2%；冻融试验后每块砖样不出现裂纹、分层、掉皮、缺棱、掉角等冻坏现象时，冻融试验合格。

表 7-5   风化区划分（GB 5101—2003）

严重风化区		非严重风化区	
1. 黑龙江省	11. 河北省	1. 山东省	11. 福建省
2. 吉林省	12. 北京市	2. 河南省	12. 台湾省
3. 辽宁省	13. 天津市	3. 安徽省	13. 广东省
4. 内蒙古自治区		4. 江苏省	14. 广西壮族自治区
5. 新疆维吾尔自治区		5. 湖北省	15. 海南省
6. 宁夏回族自治区		6. 江西省	16. 云南省
7. 甘肃省		7. 浙江省	17. 西藏自治区
8. 青海省		8. 四川省	18. 上海市
9 陕西省		9. 贵州省	19. 重庆市
10. 山西省		10. 湖南省	

表 7-6   抗风化性能（GB 5101—2003）

砖种类	严 重 风 化 区				非 严 重 风 化 区			
	5h沸煮吸水率/%，≤		饱和系数，≤		5h沸煮吸水率/%，≤		饱和系数，≤	
	平均值	单块最大值	平均值	单块最大值	平均值	单块最大值	平均值	单块最大值
黏土砖	21	23	0.85	0.87	23	25	0.88	0.90
粉煤灰砖	23	25			30	32		
页岩砖	16	18	0.74	0.77	18	20	0.78	0.80
煤矸石砖	19	21			21	23		

注 1. 粉煤灰掺入量（体积比）小于30%时，抗风化性能指标按黏土砖规定。

    2. 饱和系数为常温24h吸水量与沸煮5h吸水量之比。

强度和抗风化性能合格的砖，按尺寸偏差、外观质量、泛霜和石灰爆裂划分为优等品（A）、一等品（B）、合格品（C）。

4. 泛霜

泛霜也称起霜，是砖在使用过程中的盐析现象。砖内过量的可溶盐受潮吸水而溶解，随水分蒸发而沉积于砖的表面，形成白色粉状附着物，影响建筑物美观。如果溶盐为硫酸盐，随水分蒸发呈晶体析出时，产生膨胀，使砖面剥落。标准规定：优等品无泛霜，一等品不允许出现中等泛霜，合格品不允许出现严重泛霜。

5. 石灰爆裂

石灰爆裂是指砖坯中夹杂有石灰石，焙烧后转变成生石灰，砖吸水后，由于石灰逐渐熟化而膨胀产生的爆裂现象。这种现象影响砖的质量，并降低砌体强度。

按《烧结普通砖》（GB 5101—2003）的规定：优等品不允许出现最大破坏尺寸大于2mm的爆裂区域；一等品不允许出现最大破坏尺寸大于10mm的爆裂区域，在2～10mm间的爆裂区域，每组砖样不得多于15处；合格品不允许出现最大破坏尺寸大于15mm的爆裂区域，在2～15mm间的爆裂区域，每组砖样不得多于7处。

（三）烧结黏土砖的应用

黏土砖具有一定强度并有隔热、隔声、耐久、生产工艺简单及价格低廉等特点。但其施工机械化程度低，生产时大量毁占耕地，能耗大，不利于环保。黏土砖可用于砌筑墙体、铺筑地面、柱、拱、烟囱、窑身、沟道及基础等。可与轻集料混凝土、加气混凝土、岩棉等复合砌筑成各种轻体墙，砌成薄壳，修建跨度较大的屋盖。优等品用于墙体装饰和清水墙砌筑。

二、烧结多孔砖

烧结多孔砖是以黏土、页岩、煤矸石、粉煤灰为主要原料，经焙烧而成的孔洞率大于或等于 25％，孔洞尺寸小而数量多，用于砌筑墙体的承重用砖。

（一）分类

1. 分类

按主要原料分为黏土砖（N）、页岩砖（Y）、煤矸石砖（M）和粉煤灰砖（F）。

2. 砖的规格

砖的外型为直角六面体，其长度、宽度、高度尺寸（mm）应符合 290、240、190、180、175、140、115、90 的尺寸要求。

3. 孔洞尺寸

砖的孔洞尺寸应符合表 7-7 的规定。烧结多孔砖的外形如图 7-3 所示。

表 7-7　　　　　　　　空 洞 尺 寸　　　　　　　　单位：mm

圆 孔 直 径	非圆孔内切圆直径	手 抓 孔
≤22	≤15	(30~48)×(75~85)

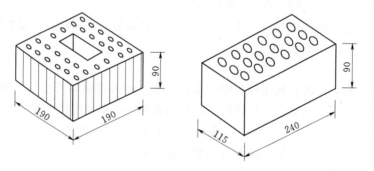

图 7-3　烧结多孔砖规格（单位：mm）

4. 质量等级

（1）根据抗压强度分为 MU30、MU25、MU20、MU15、MU10 五个强度等级。

（2）强度和抗风化性能合格的砖，根据尺寸偏差、外观质量、孔型及孔洞排列、泛霜、石灰爆裂分为优等品（A）、一等品（B）和合格品（C）三个质量等级。

5. 产品标记

产品标记方法同烧结普通砖，示例：烧结多孔砖 N 290×140×90 25 A GB 13544。

（二）技术要求

（1）尺寸允许偏差应符合表 7-8 的规定。

（2）砖的外观质量应符合表7-9的规定。

（3）孔型、孔洞率及孔洞排列应符合表7-10的规定。

表7-8 　　　　　　　　**烧结多孔砖的尺寸允许偏差（GB 13544—2011）** 　　　　　单位：mm

尺　　寸	样本平均偏差	样本极差，≤
＞400	±3.0	10.0
300～400	±2.5	9.0
200～300	±2.5	8.0
100～200	±2.0	7.0
＜100	±1.5	6.0

表7-9 　　　　　　　　**烧结多孔砖的外观质量（GB 13544—2011）** 　　　　　单位：mm

项　　　　目		指标
完整面		不得小于一条面和一顶面
缺棱掉角的三个破坏尺寸		不得同时大于30
裂纹长度	大面（有孔面）上深入孔壁15mm以上宽度方向及其延伸到条面的长度	不大于80
	大面（有孔面）上深入孔壁15mm以上长度方向及其延伸到顶面的长度	不大于100
	条顶面上的水平裂纹	不大于100
杂质在砖或砌块面上造成的凸出高度		不大于5

注　凡有下列缺陷之一者，不能称为完整面：
　　①缺损在条面或顶面上造成的破坏面尺寸同时大于20mm×30mm；
　　②条面或顶面上裂纹宽度大于1mm，其长度超过70mm；
　　③压陷、焦花、粘底在条面或顶面上的凹陷或凸出超过2mm，区域最大投影尺寸同时大于20mm×30mm。

表7-10 　　　　　　　　**烧结多孔砖的孔型结构及孔洞率（GB 13544—2011）** 　　　　　单位：mm

孔型	空洞尺寸/mm		最小外壁厚 /mm	最小肋厚 /mm	孔洞率/%		孔洞排列
	孔宽度尺寸 b	孔长度尺寸 L			砖	砌块	
矩形条孔 或矩形孔	≤13	≤40	≥12	≥5	≥28	≥33	1. 所有孔宽应相等，孔采用单向或者双向交错排列； 2. 空洞排列上下，左右应对称，分布均匀，手抓孔的长度方向尺寸必须平行于砖的条面

注　1. 矩形孔的孔长 L。孔宽 b 满足式 $L \geqslant 3b$ 时，为矩形条孔。
　　2. 孔四个角应做成过渡圆角，不得做成直尖角。
　　3. 如设有砌筑砂浆槽，则砌筑砂浆槽不计算在空洞率内。
　　4. 规格大的砖和砌块应设置手抓孔，手抓孔尺寸为 (30～40)mm×(75～85)mm。

（4）强度等级、泛霜、抗风化性能。烧结多孔砖的强度等级、泛霜、抗风化性能要求同烧结普通砖，见表7-4～表7-6。

多孔砖与实心砖相比，其单位体积大，表观密度小。我国目前生产承重多孔砖的孔洞率一般为18%～28%，其表观密度为1350～1480kg/m³。并且竖孔的孔洞尺寸一般较小（避免砌筑过程中过多砂浆进入孔洞中）。

烧结多孔砖产品中不允许出现欠火砖、酥砖和螺旋纹砖。

三、烧结空心砖

烧结空心砖是以黏土、页岩、煤矸石为主要原料，经焙烧而成的孔洞率不小于35%，孔洞尺寸大而数量少的作填充非承重用砖。空心砖孔洞采用矩形条孔或其他孔形，且平行于大面和条面，其外形如图7-4所示。

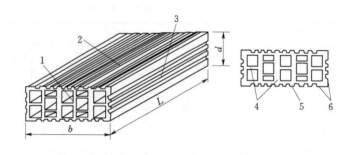

图7-4　烧结空心砖外形示意图
1—顶面；2—大面；3—条面；4—肋；5—凸线槽；6—外壁；
L—长度；b—宽度；d—高度

（一）砖的规格

烧结空心砖的长度、宽度、高度（mm）均应符合290、190、90、240、180(175)、115的尺寸要求。

（二）技术性质

1. 分级

根据密度不同，烧结空心砖分为800kg/m³、900kg/m³、1100kg/m³三个密度级别。其各级密度等级对应的五块砖密度平均值分别为不大于800kg/m³，801～900kg/m³，901～1100kg/m³，否则为不合格品。

2. 分等

每个密度级别根据孔洞及其排数、尺寸偏差、外观质量、强度等级和物理性能分为优等品（A）、一等品（B）和合格品（C）三个等级。各等级的各项技术指标均应符合GB 13545—2003的相应规定。

3. 强度等级

空心砖的强度等级分为MU5.0、MU3.0、MU2.0三个等级，各强度等级的强度值应符合表7-11的规定。若按表7-11判定低于MU2.0时，则为不合格品。

表 7-11　　　　　　　　　　　　　　　各强度等级的强度值　　　　　　　　　　　　　单位：MPa

等级	强度等级	大面抗压强度		条面抗压强度	
		平均值，≥	单块最小值，≥	平均值，≥	单块最小值，≥
优等品	MU5.0	5.0	3.7	3.4	2.3
一等品	MU3.0	3.0	2.2	2.2	1.4
合格品	MU2.0	2.0	1.4	1.6	0.9

4. 孔洞及其排数

空心砖孔洞及其排数见表 7-12，不符合表中规定的则为不合格品。

表 7-12　　　　　　　　　　　　　烧结空心砖孔洞及其排数

等 级	孔 洞 排 数		孔洞率/%	壁厚/mm	肋厚/mm
	宽度方向	高度方向			
优等品	≥5	≥2			
一等品	≥3				
合格品			≥35	≥10	≥7

非承重水平孔黏土空心砖的孔数少、孔径大、孔洞率高（≥35%）。表观密度为800～1100kg/m³，这种空心砖具有良好的热绝缘性能，在多层建筑中用于隔断墙或框架结构填充墙中。

生产和使用黏土多孔砖和空心砖可节约黏土 25% 左右，节约燃料 10%～20%，比实心砖减轻墙体自重 1/4～1/3，提高工效 40%，降低造价约 20%，并改善了墙体的热工性能。

四、粉煤灰砖

凡以粉煤灰、石灰或水泥为主要原料，掺加适量石膏、外加剂、颜料和集料等，经坯料制备、成型、高压或常压蒸汽养护而制成的实心砖称为粉煤灰砖。

（一）分类

1. 类别

粉煤灰砖的颜色分为本色（N）和彩色（Co）。

2. 规格

粉煤灰砖的外形为直角六面体，其公称尺寸为 240mm×115mm×53mm。

3. 质量等级

粉煤灰砖根据抗压强度和抗折强度可分为 MU30、MU25、MU20、MU15、MU10 五个强度等级。根据尺寸偏差、外观质量、强度等级、干燥收缩分为优等品（A）、一等品（B）、合格品（C）三个质量等级。

4. 产品标记

产品标记方法同烧结普通砖，示例：强度等级为 MU20、优等品的彩色粉煤灰砖标记为：FB Co 20 A JC 239-2001。

（二）技术要求

尺寸偏差、外观、色差、强度等级、抗冻性、干燥收缩和碳化性能均应满足现行规范要求。

（三）用途

粉煤灰砖可用于工业与民用建筑的墙体和基础，但用于基础或用于易受冻融和干湿交替作用的建筑部位必须使用 MU15 以上强度等级的砖，不得用于长期受热（200℃以上）、受急冷急热和有酸性介质侵蚀的建筑部位。

五、蒸压灰砂砖

凡以石灰和砂为主要原料，允许掺加颜料和外加剂，经坯料制备、压制成型、蒸压养护而制成的实心砖称为蒸压灰砂砖。

（一）分类

1. 类别

蒸压灰砂砖的颜色分为彩色（Co）和本色（N）。

2. 规格

蒸压灰砂砖的外形为直角六面体，其公称尺寸为 240mm×115mm×53mm。

3. 质量等级

蒸压灰砂砖根据抗压强度和抗折强度可分为 MU25、MU20、MU15、MU10 四个强度等级。根据尺寸偏差和外观质量、强度及抗冻性分为优等品（A）、一等品（B）和合格品（C）三个质量等级。

4. 产品标记

产品标记方法同烧结普通砖，示例：强度等级为 MU20、优等品的彩色灰砂砖标记为：LSB Co 20 A GB 11945。

（二）技术要求

尺寸偏差、外观、颜色、强度等级强度、抗冻性均应满足现行规范要求。

（三）用途

MU15、MU20、MU25 的蒸压灰砂砖可用于基础及其他建筑，MU10 的蒸压灰砂砖仅可用于防潮层以上的建筑；不得用于长期受热 200℃以上、受急冷急热和有酸性介质侵蚀的建筑部位。

项目三 砌 块

【知识导学】

砌块是指砌筑用的人造块材，外形多为直角六面体，也有各种异形的。砌块系列中主规格的长度、宽度或高度有一项或一项以上分别大于 365mm、240mm 或 115mm。

砌块生产工艺简单，能充分利用地方材料和工业废渣；可利用中小型施工机具施工，提高施工速度；砌筑方便；其力学性能、物理性能、耐久性能均能满足一般工业与民用建筑的要求。

砌块按用途分为承重砌块与非承重砌块；按有无孔洞分为密实砌块与空心砌块；按使用原材料分为硅酸盐混凝土砌块与轻集料混凝土砌块；按生产工艺分为烧结砌块与蒸压（蒸养）砌块；也可按砌块产品规格分为大型砌块（主规格的高度大于 980mm）、中型砌块（主规格高度为 380～980mm）和小型砌块（主规格的高度为 115～380mm）。

一、蒸养粉煤灰砌块（FB）

粉煤灰砌块是以粉煤灰、石灰、石膏和集料等为原料，加水搅拌、振动成型、蒸汽养护后而制成的密实砌块。

1. 粉煤灰砌块的规格

粉煤灰砌块的主规格外形尺寸为 880mm×380mm×240mm，880mm×430mm×240mm。砌块端面应加灌浆槽，坐浆面宜设抗剪槽。形状如图 7-5 所示。

2. 技术性能

（1）粉煤灰砌块的强度等级按照立方体试件的抗压强度分为 10 级和 13 级、质量等级按外观质量、尺寸偏差和干缩性能分为一等品（B）和合格品（C）。

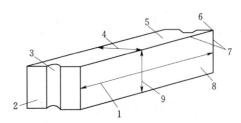

图 7-5　粉煤灰砌块形状示意
1—长度；2—端面；3—灌浆槽；4—宽度；5—铺浆面；
6—角；7—棱；8—侧面；9—高度

（2）粉煤灰砌块的立方体抗压强度、碳化后强度、抗冻性能和密度应符合相关的技术要求。

3. 应用

粉煤灰砌块适用于工业与民用建筑的承重、非承重墙体和基础，但不宜用于具有酸性侵蚀的、密封性要求高的及受较大振动影响的建筑物，也不宜用于受高温的承重墙和经常受潮湿的承重墙（如公共浴室）。

二、蒸压加气混凝土砌块（ACB）

蒸压加气混凝土砌块，是以钙质材料和硅质材料为基本原料，经过磨细，并以铝粉为加气剂，按一定比例配合，经搅拌、浇筑、发气、成型、切割和蒸压养护而制成的一种轻质墙体材料。

（一）分类

1. 规格

蒸压加气混凝土砌块的规格尺寸：长度为 600mm；宽度有 100mm、125mm、150mm、200mm、300mm 及 120mm、180mm、240mm 八种规格；高度有 200mm、250mm、300mm 三种规格。

2. 按抗压强度和体积密度分级

强度级别有 A1.0、A2.0、A2.5、A3.5、A5.0、A7.5、A10 七个级别。

体积密度级别有 B03、B04、B05、B06、B07、B08 六个级别。

3. 质量等级

按尺寸偏差与外观质量、体积密度和抗压强度分为优等品（A）、一等品（B）和合格品（C）三个质量等级。

4. 产品标记

按产品名称、强度级别、体积密度级别、规格尺寸、产品等级和标准编号的顺序进行标记。标记示例：强度级别为 A3.5、体积密度级别为 B05、优等品、规格尺寸为 600mm×200mm×250mm 的蒸压加气混凝土块，其标记为：ACB A3.5 B05 600×200×250A GB 11968。

（二）技术要求

蒸压加气混凝土砌块的尺寸允许偏差、外观、抗压强度、干体积密度、干燥收缩、抗冻性和导热系数（干态）应符合现行国家标准要求。

（三）应用

蒸压加气混凝土砌块质轻、便于加工、保温隔声，防火性好。常用于低层建筑的承重墙、多层和高层建筑的非承重墙、框架结构填充墙，也可作为填充材料或保温隔热材料；不得用于有侵蚀介质的环境、处于浸水或经常处于潮湿环境的建筑墙体，不得用于墙体表面温度高于 80℃ 的结构，不得用于建筑物基础。

三、普通混凝土小型空心砌块（NHB）

普通混凝土小型空心砌块是以水泥为胶凝材料，以砂、碎石或卵石、煤矸石、炉渣为集料，加水搅拌，经振动、振动加压或冲压成型，经养护而制成的小型并有一定空心率的墙体材料。

（一）等级和标记

1. 等级

按其尺寸偏差、外观质量分为优等品（A）、一等品（B）和合格品（C）三个质量等级。

按其抗压强度分为 MU3.5、MU5.0、MU7.5、MU10.0、MU15.0 和 MU20.0 六个强度等级。

2. 标记

按产品名称、强度等级、外观质量等级和标准编号的顺序进行标记。示例：强度等级为 MU7.5、外观质量为优等品（A）的砌块，其标记为：NHB MU7.5 A GB 8239。

（二）技术要求

1. 规格

混凝土小型空心砌块主规格尺寸为 390mm×190mm×190mm。最小外壁厚应不小于 30mm，最小肋厚应不小于 25mm。空心率应不小于 25％。混凝土小型空心砌块的外形如

图7-6所示。

2.外观质量

混凝土小型空心砌块外观质量、强度等级、相对含水率、抗渗性、抗冻性应符合现行相关规定。

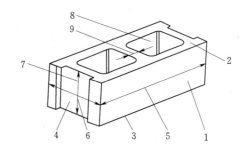

（三）应用

混凝土小型空心砌块适用于建筑地震设计烈度为Ⅷ度及Ⅷ度以下地区的各种建筑墙体，包括高层与

图7-6 混凝土小型空心砌块

1—条面；2—坐浆面（肋厚较小的面）；3—铺浆面（肋厚较大的面）；
4—顶面；5—长度；6—宽度；7—高度；8—壁；9—肋

大跨度的建筑，也可以用于围墙、挡土墙、桥梁和花坛等市政设施，应用范围十分广泛。

四、轻集料混凝土小型空心砌块（LHB）

轻集料混凝土小型空心砌块（简称轻集料小砌块）是由水泥、轻粗细集料及外加剂加水搅拌，经装模、振动（或加压振动或冲压）成型并经养护而制成的一种墙体材料。它具有良好的保温隔热性、抗震性、防火及吸声性能，并且施工方便，自重轻，是一种具有广泛发展前景的墙体材料。

（一）分类

1.类别

按砌块孔的排数分为实心（0）、单排孔（1）、双排孔（2）、三排孔（3）和四排孔（4）五类。

2.等级

按砌块的干表观密度分为500kg/m³、600kg/m³、700kg/m³、800kg/m³、900kg/m³、1000kg/m³、1200kg/m³和1400kg/m³八个密度等级。按砌块的抗压强度分为1.5MPa、2.5MPa、3.5MPa、5.0MPa、7.5MPa和10.0MPa六个强度等级。按砌块的尺寸允许偏差和外观质量，分为一等品（B）和合格品（C）两个质量等级。

3.标记

轻集料混凝土小型空心砌块按产品名称、类别、密度等级、强度等级、质量等级和标准编号的顺序进行标记。示例：密度等级为600级、强度等级为1.5级、质量等级为一等品的轻集料混凝土三排孔小砌块，其标记为：LHB（3）600 1.5 B GB/T 15229。

（二）技术要求

1.规格尺寸

轻集料混凝土小型空心砌块的主规格尺寸为390mm×190mm×190mm。尺寸允许偏差及外观质量应符合现行相关规定。

2.密度等级

轻集料混凝土小型空心砌块的密度等级、强度等级、吸水率、相对含水率、干缩率和相对含水率应符合现行规范规定。

项目四　建　筑　陶　瓷

【知识导学】

凡是用于修饰墙面、铺设地面、安装上下水管、装修卫生间以及作为建筑和装饰零件用的各种陶瓷材料制品，统称为建筑陶瓷。建筑陶瓷质地均匀，构造致密，强度和硬度都较高，耐水耐磨耐化学腐蚀，耐久性好，品种繁多，是常用的建筑、装饰及卫生设备材料。

一、建筑陶瓷的分类

按制品材质分为粗陶、精陶、半瓷和瓷质四类；按坯体烧结程度分为多孔性、致密性以及带釉、不带釉制品。按照陶瓷原料杂质的含量、烧结温度高低和结构紧密程度可分为陶质、瓷质和炻质三大类。工程中常用到的建筑陶瓷有陶瓷面砖、彩色瓷粒、陶管等。

二、建筑陶瓷的原料及生产

建筑陶瓷的生产随着产品特性、原料、成型方法的不同而有所不同。

粗陶以铁、钛和熔剂含量较高的易熔黏土或难熔黏土为主要原料。精陶多以铁、钛较低且烧后呈白色的难熔黏土、长石和石英等为主要原料。有些制品也可用铁、钛含量较高，烧后呈红、褐色的原料制坯，在坯体表面上施以白色化妆土或乳浊釉遮盖坯体本色。带釉的建筑陶瓷制品是在坯体表面覆盖一层玻璃质釉，能起到防水、装饰、洁净和提高耐久性的作用。釉用原料，除粗陶外，一般选用含铁、钛低的黏土、长石、石英、石灰石、白云石、滑石、菱镁石、方硼石、锂云母、天青石、重晶石、珍珠岩等天然矿物。

建筑陶瓷的成型方法有模塑、挤压、干压、浇注、等静压、压延和电泳等。烧成工艺有一次和二次烧成。使用的窑类型有间歇式的倒焰方窑、圆窑、轮窑，以及连续式的。隧道窑、辊道窑和网带窑等。普通制品用煤、薪柴、重油、渣油等作燃料，而高级制品则用煤气和天然气等作燃料。

三、工程中常见的建筑陶瓷及性能

（一）陶瓷面砖

是用作墙、地面等贴面的薄片或薄板状陶瓷质装修材料，也可用作炉灶、浴池、洗濯槽等贴面材料。有内墙面砖、外墙面砖、地面砖、陶瓷锦砖和陶瓷壁画等。

1. 墙面砖

（1）外墙面砖。

外墙面砖由半瓷质或瓷质材料制成，分为彩釉砖、无釉外墙砖、劈裂砖、陶瓷艺术砖等，均饰以各种颜色或图案。按照质量的好坏可分为优等品、一等品和合格品三个等级。具有经久耐用、不退色、抗冻、抗蚀和依靠雨水自洗清洁的特点。

生产工艺是以耐火黏土、长石、石英为坯体主要原料，在1250～1280℃下一次烧成，坯体烧后为白色或有色。目前采用的新工艺是以难熔或易熔的红黏土、页岩黏土、矿渣为主要原料，在辊道窑内于1000～1200℃下一次快速烧成，烧成周期1～3h，也可在隧道窑内烧成。

彩釉砖：彩釉砖是彩色陶瓷墙地砖的简称，多用于外墙与室内地面的装饰。彩釉砖釉面色彩丰富，有各种拼花的印花砖、浮雕砖，耐磨、抗压、防腐蚀、强度高、表面光、易清洗、防潮、抗冻、釉面抗急冷、急热性能良好等优点。

彩釉砖可以用于外墙，还可以用于内墙和地面。其主要规格：100mm×100mm、150mm×150mm、200mm×200mm、250mm×250mm、300mm×300mm、400mm×400mm、150mm×75mm、200mm×100mm、200mm×150mm、250mm×150mm、300mm×200mm、115mm×60mm、240mm×60mm、260mm×65mm等。

无釉外墙砖：无釉外墙砖与彩釉砖性能尺寸都一样，但砖面不上釉料，且一般为单色。无釉外墙砖也多用于外墙和地面装饰。

劈离砖：劈离砖又叫做劈裂砖、劈开砖，焙烧后可以将一块双联砖分离为两块砖。劈离砖致密，吸水率小，硬度大，耐磨，质感好，色彩自然，易清洗。其抗冻性好，耐酸碱，且防潮，不打滑，不反光，不褪色。

劈离砖由于其特殊的性能，是建筑装饰中常用陶瓷，适用于车站、停车场、人行道、广场、厂房等各类建筑的墙面地面。常用尺寸：240mm×60mm×13mm、194mm×90mm×13mm、150mm×150mm×13mm、190mm×190mm×13mm、240mm×52mm×11mm、240mm×115mm×11mm、240mm×115mm×11mm、194mm×94mm×11mm等。

陶瓷艺术砖：陶瓷艺术砖以砖的色彩、块体大小、砖面堆积陶瓷的高低构成不同的浮雕图案为基本组合，将它组合成各种具体图案。其强度高、耐风化、耐腐蚀、装饰效果好，且由于造型颇具艺术性，能给人强烈的艺术感染力。

陶瓷艺术砖多用于宾馆大堂、会议厅、车站候车室和建筑物外墙等。

（2）内墙面砖。

内墙面砖也称釉面砖，用精陶质材料制成，制品较薄，坯体气孔率较高，正表面上釉，以白釉砖和单色釉砖为主要品种，并在此基础上应用色料制成各种花色品种。其表面平整，光滑，不沾污，耐水性和耐蚀性都很好。它不能用于室外，否则经日晒、雨淋、风吹、冰冻，将导致破裂损坏。

釉面砖：釉面砖是上釉的内墙面砖，不仅品种多，而且有白色、彩色、图案、无光、石光等多种色彩，并可拼接成各种图案、字画，装饰性较强。用精陶质材料制成，制品较薄，坯体气孔率较高，正表面上釉，以白釉砖和单色釉砖为主要品种，并在此基础上应用色料制成各种花色品种。

釉面砖多用于厨房、住宅、宾馆、内墙裙等处的装修及大型公共场所的墙面装饰。

无釉面砖：无釉面砖和釉面砖有一样的尺寸和性能，但表面无釉，没有光泽，也较轻，色泽自然，作室内墙面装饰及不许有眩光的场所。多做浴室、厨房、实验室、医院、精密仪器车间等室内墙面装饰。也可以用来砌筑水槽，经过专门绘画的无釉面砖更是可以在室内拼贴成美丽的图案，具有独特的艺术效果。

三度烧装饰砖：三度烧装饰砖是近些年出现的一种新型建材，是将釉烧后的瓷砖涂绘鲜艳的闪光釉和低温色料金膏等，再低温烤烧而成。多用在卫生间或餐厅墙面装饰。三度烧装饰砖包括三类，分别是：转印纸式装饰砖、腰带装饰砖、整面网印闪光釉装饰砖。

三度烧装饰砖最适宜贴在卫生间或者餐厅，能够为室内环境增色不少。

2．地砖

地砖是指铺设于地面的陶瓷锦砖、缸砖、玻化砖等的总称，它们强度高，耐磨性、耐腐蚀性、耐火性、耐水性均好，又容易清洗，不褪色，因此广泛用于地面的装饰。地砖常用于人流较密集的建筑物内部地面，如住宅、商店、宾馆、医院及学校等建筑的厨房、卫生间和走廊的地面。地砖还可用作内外墙的保护、装饰。

（1）锦砖。

锦砖也称马赛克，是用于地面或墙面的小块瓷质装修材料。可制成不同颜色、尺寸和形状，并可拼成一个图案单元，粘贴于纸或尼龙网上，以便于施工，并分有釉和无釉两种。一般以耐火黏土、石英和长石作制坯的主要原料，干压成型，于1250℃左右下烧成。也有以泥浆浇注法成型，用辊道窑、推板窑等连续窑烧成。

将小块锦砖拼成图案粘贴在纸上可直接铺贴地面，锦砖颜色多样，造型变化多端，组织致密，易清洗，吸水率小，抗冻性好，耐酸耐碱耐火，是优良的铺地砖。

锦砖常用于卫生间、门厅、走廊、餐厅、浴室、精密车间、实验室等的地面铺装，也可以作为建筑物外墙面装饰，用途十分广泛。常用规格为20～40mm，厚度4～5mm。

（2）缸砖。

缸砖又称作防潮砖，具有较强的吸水性，而且在吸水达到饱和状态后又能产生阻水作用，从而达到防潮、防渗透的效果。用可塑性大的难熔黏土烧制而成，形状各式各样，规格不一，颜色鲜亮多色，常见的有红、蓝、绿、米黄等。防潮砖耐磨，防滑，耐弱酸、弱碱，色彩古朴自然。

防潮砖用于铺装地面时可设计成各种图案，多用于室内走廊、酒店、厨房、学校、园林装饰、广场、旅游景区以及楼面隔热等。特别是在复古工程、公共建筑、景观工程中运用广泛。

（3）玻化砖。

玻化砖其实就是全瓷砖，属于无釉瓷质墙地砖。玻化砖是一种强化的抛光砖，它采用高温烧制而成。质地比抛光砖更硬更耐磨。毫无疑问，它的价格也同样更高。玻化砖按照仿制分为仿花岗岩和仿大理岩，平面型和浮雕型，平面型又有无光和抛光之分。玻化砖耐磨性、光泽、质感皆可与天然花岗岩相比，色彩鲜亮、色泽柔和、古朴大方、效果逼真，在目前的装饰材料市场上十分受欢迎。

玻化砖既有陶瓷的典雅，又有花岗岩的坚韧，硬度高，吸水率极小（几乎为零），抗冻性好，因此广泛运用于宾馆、商场、会议厅、大堂等场所的外墙装修和地面铺装。

3．卫生陶瓷

卫生陶瓷是以磨细的石英粉、长石粉和黏土为主要原料，注浆成型后一次烧制，然后表面施乳浊釉的卫生洁具。它具有结构致密、气孔率小、强度大、吸水率小、抗无机酸腐蚀（氢氟酸除外）、热稳定性好等特点，主要应用于各种洗面洁具、大小便器、水槽、安放卫生用品的托架、悬挂毛巾的钩等。卫生陶瓷表面光洁，不沾污，便于清洗，不透水，耐腐蚀，颜色有白色和彩色，合理搭配能够使卫生间熠熠生辉。

卫生陶瓷可用于厨房、卫生间、实验室等。目前的发展趋势趋向于使用方便、冲刷功能好、用水省、占地少、多款式多色彩。

4. 琉璃制品

建筑琉璃制品是一种低温彩釉建筑陶瓷制品，既可用于屋面、屋檐和墙面装饰，又可作为建筑构件使用。主要包括琉璃瓦（板瓦、筒瓦、沟头瓦等）、琉璃砖（用于照壁、牌楼、古塔等贴面装饰）、建筑琉璃构件等，其中人们广为熟知的琉璃瓦是建筑园林景观常用的工程材料。

琉璃制品表面光滑、不易沾污、质地坚密、色彩绚丽，造型古朴，极富有传统民族特色，融装饰与结构件于一体，集釉质美、釉色美和造型美于一身。中国古建筑多采用琉璃制品，使得建筑光彩夺目、富丽堂皇。琉璃制品色彩多样，晶莹剔透，有金黄、翠绿、宝蓝等色，耐久性好。但由于成本较高，因此多用于仿古建筑及纪念性建筑和古典园林中的亭台楼阁。

5. 常用陶瓷面砖优劣的鉴别方法

（1）看包装箱上所标尺寸和颜色与箱内的砖是否一致。

（2）任选一块砖，看其表面是否平整完好，釉面是否均匀，仔细查看釉面的光亮度，有无缺釉等现象。

（3）任何两块砖拼合对齐时的缝隙由砖四周边缘规整度决定，缝隙越小越好。

（4）把一箱砖全部取出平摆在一个平面上，从稍远处看这些砖的整体效果、色泽是否一致。

（5）拿一块砖敲击另一块砖，或用其他硬物敲击，如果声音异常，说明砖内有重皮或裂纹，重皮是由于砖成型时空气未排出造成料与料之间结合不好。

（6）陶制墙地砖可通过在砖的背面倒水，待一段时间后，观察正面是否有明显的渗水现象，如果出现明显的渗水现象则说明质量不佳；还可用油性笔在砖的正面涂画，待干后擦拭，观察是否仍留有明显的痕迹，如果有说明抗污性能不佳。

（二）彩色瓷粒

为散粒状彩色瓷质颗粒，用合成树脂乳液作黏合剂，形成彩砂涂料，涂敷于外墙面上，施工方便，不易退色。

（三）陶管

用于民房、工业和农田建筑给水、排水系统的陶质管道，有施釉和不施釉两种，采用承插方式连接。陶管具有较高的耐酸碱性，管内表面有光滑釉层，不会附生藻类而阻碍液体流通。

陶管一般以难熔黏土或耐火黏土为主要原料，其内表面或内外表面用泥釉或食盐釉。用挤管机硬挤塑成型，坯体含水率低，便于机械化操作。用煤烧明焰隧道窑烧成，烧成温度为1260℃左右。

四、建筑陶瓷在环境中的运用

在现代建筑装饰陶瓷中，应用最多的是釉面砖、地砖和锦砖。它们的品种和色彩多达数百种，而且还在不断涌现新的品种。

陶瓷壁画也运用得十分广泛。它是以陶瓷面砖、陶板等建筑块材经镶拼制作的、具有较高艺术价值的现代建筑装饰，属新型高档装饰。现代陶瓷壁画具有单块砖面积大、厚度薄、强度高、平整度好、吸水率小、抗冻、抗化学腐蚀、耐急冷急热等特点。陶瓷壁画适于镶嵌在大厦、宾馆、酒楼等高层建筑物上，也可镶贴于公共活动场所。

近几年来，陶瓷地砖产品正向着大尺寸、多功能、豪华型的方向发展。从产品规格角度看，近些年出现了许多大规格地板砖，使陶瓷地砖的产品规格靠近或符合铺地石材的常用规格。从功能方面看，在其传统功能之上又增加了防滑等功能。从装饰效果看变化就更大了，产品脱离了无釉单色的传统模式，出现了仿石型地砖、仿瓷型地砖、玻化地砖等不同装饰效果的陶瓷铺地砖。

建筑陶瓷装饰除了室内装修外，还常以小品类型的装饰出现在公园、广场、校园等公共场所中，起到装饰环境、点缀生活、增加环境的艺术品位等作用。

思 考 与 习 题

1. 工程中常用的岩石有哪几种？性质和用途各有哪些？

2. 毛石和料石有哪些用途？与其他材料相比有何优势（从经济、工程与自然的关系三方面分析）？

3. 天然石材的强度等级是如何划分的？举例说明。

4. 岩石按成因划分主要有哪几类？

5. 评价普通黏土砖的使用特性及应用。墙体材料的发展趋势如何？

6. 烧结普通砖、烧结多孔砖和烧结空心砖各自的强度等级、质量等级是如何划分的？各自的规格尺寸是多少？主要适用范围如何？

7. 什么是蒸压灰沙砖、蒸压粉煤灰砖？它们的主要用途是什么？

8. 什么是粉煤灰砌块？其强度等级有哪些？用途有哪些？

9. 加气混凝土砌块的规格、等级各有哪些？用途有哪些？

10. 什么是普通混凝土小型空心砌块？什么是轻集料混凝土小型砌块？它们各有什么用途？

11. 已测得 10 块砖的抗压强度如下，试确定该组砖的强度等级。抗压强度分别为：23.5MPa、18.5MPa、17.5MPa、19.4MPa、16.4MPa、19.6MPa、20.2MPa、14.8MPa、18.8MPa、19.0MPa。

12. 什么是建筑陶瓷？工程中常见的建筑陶瓷有哪些？它们的主要用途各是什么？

模块八　合成高分子材料及其制品

【目标及任务】　了解常用合成高分子材料的种类，掌握常用合成高分子材料的技术性能及其特点，能根据工程特点合理选用合成高分子材料，并会储存和保管工程中常用的合成高分子材料。

项目一　合成高分子材料概述

【知识导学】

合成高分子材料是指由人工合成的高分子化合物组成的材料，相对分子质量较高，主要是以不饱和的低分子碳氢化合物（单体）为主要成分，含少量氧、氮、硫等，经人工加聚或缩聚而合成的分子量很大的物质，常称为高分子聚合物。如塑料、合成橡胶、涂料、胶黏剂和高分子防水材料等。高分子聚合物具有密度小、比强度高、耐水性及耐化学腐蚀性强、抗渗性及防水性好、耐磨性强、绝缘性好、易加工等特点，但在环境影响下易发生老化，且具有可燃性，是较为常用的代用材料和改性材料。

一、合成高分子材料的分类

1. 按聚合物合成方法分类

高分子聚合物可以分为加聚聚合物和缩聚聚合物两类。

加聚聚合物是一种或几种含有双键的单体在引发剂或光、热、辐射等作用下，经聚合反应合成的聚合物。加聚反应往往是烯类单体加成的聚合反应，无官能团结构特性，多是碳链聚合物，其加聚物的元素组成与其单体相同，仅电子结构有所改变。其中，用一种单体聚合成的称为均聚物，如聚乙烯、聚苯乙烯等；由两种或两种以上的单体聚合成的称为共聚物，如丁二烯苯乙烯共聚物、醋酸乙烯氯乙烯共聚物等。

缩聚聚合物是由含有两个或两个以上官能团的单体，在催化作用下经化学反应而合成的聚合物。缩聚反应通常是官能团之间的聚合反应。其品种很多，常以参与反应的单体名称后加"树脂"二字来命名，如酚醛树脂、脲醛树脂等。

2. 按聚合物在热作用下表现出来的性质分类

高分子聚合物分为热塑性聚合物和热固性聚合物。

热塑性聚合物是指可反复受热软化、冷却硬化的聚合物，一般是线性分子结构，如聚乙烯、聚氯乙烯等。

热固性聚合物是指经一次受热软化（或熔化）后，在热和催化剂或热和压力作用下发生化学反应而变成坚硬的体型结构，之后再受热也不软化，在强热作用下即分解破坏的聚合物。如环氧树脂、不饱和聚酯树脂、酚醛树脂等。

3. 按聚合物所表现的性状分类

高分子聚合物分为塑料类、合成橡胶类及合成纤维类等。

4. 按聚合物的链接在空间排列的几何形状分类

高分子聚合物分为线型、支链型和体型三种。

二、高分子聚合物在建筑材料中的应用

高分子聚合物主要用于制成塑料、橡胶、合成纤维，还广泛用于制成胶黏剂、涂料及各种功能材料。塑料、橡胶和合成纤维被称为三大合成材料。一般地说，分子链之间吸引力大、链节空间对称性和结晶性高的高分子聚合物，适宜制成纤维和塑料；分子链间吸引力小、链柔顺性高的高分子聚合物，适宜制成橡胶。有些高分子聚合物，例如聚乙烯、聚氯乙烯、聚乙内酰胺等，既可用于制成塑料，也可用于制成纤维；又如聚丙烯酸甲酯，则可用于制造塑料或橡胶。虽然有些高分子聚合物的化学成分相同，但通过控制生产条件，可以形成不同的结构，使其具有不同的性质，因而也就可以用于制作不同的材料。

1. 塑料

塑料是一种以高分子聚合物为主要成分，并内含各种助剂，在一定条件下可塑制成一定形状，并在常温下能保持形状不变的材料。

塑料的主要成分是高分子聚合物，占塑料总质量的 40%～100%，常称为合成树脂或树脂。它是由低分子量有机化合物，经聚合反应或缩聚反应而成。塑料中所使用的绝大多数是聚合反应制得的合成树脂。助剂是能在一定程度上改进合成树脂的成型加工性能和使用性能，而不明显地影响合成树脂的分子结构的物质。常用的助剂主要有增塑剂、填充剂、稳定剂、润滑剂、固化剂、阻燃剂、着色剂、发泡剂等。

2. 合成橡胶

合成橡胶是一种在室温下呈高弹状态的高分子聚合物。橡胶经硫化作用后可制成橡皮，橡皮可制成各种橡皮止水材料、橡皮管及轮胎等；橡胶也可作为橡胶涂料的成膜物质，主要用于化工设备防腐及水工钢结构的防护涂料；合成橡胶的胶乳可作为混凝土的一种改性外加剂，以改善混凝土的变形性。工程中常用的橡胶有丁苯橡胶、丁腈橡胶、氯丁橡胶、聚氨基甲酸酯橡胶、乙丙橡胶及三元乙丙橡胶等。

3. 合成纤维

合成纤维是将液态树脂经高压通过喷头喷入稳定液后而得到的一种纤维状产品。合成纤维的线性结构分子中有部分结晶存在，故非常坚韧，具有强度高、变形小、耐磨、耐腐蚀等特点，广泛用于工业及日常生活中，如纤维混凝土、用作护坡和反滤等的土工合成材料。工程中常用的合成纤维有尼龙、涤纶纤维、腈纶纤维、维纶纤维、乙纶纤维、氯纶纤维等品种。

项目二　常用合成高分子材料

【知识导学】

一、建筑塑料

塑料是以合成树脂为主要组成材料，在一定温度和压力下，可塑制成各种形状，且在

常温、常压下能保持其形状不变的有机合成材料。

建筑塑料具有轻质、高强、多功能等特点，符合现代材料的发展趋势。是一种理想的用于替代钢材、木材等传统建筑材料的新型材料。世界各国都非常重视塑料在建筑工程中的应用和发展。随着塑料资源的不断开发，以及工艺的不断完善，塑料性能更加优越，成本不断下降，因而它有着非常广阔的发展前景。

（一）塑料的组成及分类

1. 塑料的组成

塑料是由作为主要成分的合成树脂和根据需要加入的各种添加剂（助剂）组成的。也有不加任何外加剂的塑料，如有机玻璃、聚氯乙烯等。

（1）合成树脂。

合成树脂是用人工合成的高分子聚合物，简称树脂。因此，塑料的名称也按其所含的合成树脂的名称来命名。

合成树脂是塑料组成材料中的基本组分，在一般塑料中约占 30%～60%，有的甚至更多。树脂在塑料中主要起胶结作用，它不仅能自身胶结，还能将其他材料牢固地胶结在一起。因合成树脂种类、性质、用量不同，塑料的物理力学性质也不同，所以塑料的主要性质决定于所采用的合成树脂。

合成树脂主要是由碳、氢和少量的氧、硫等原子以某种化学键结合而成的有机化合物。按分子中的碳原子之间结合形式的不同，合成树脂分子结构的几何形状有线型、支链型和体型（也称网状型）三种。

（2）添加剂。

塑料中除主要成分为合成树脂外，还有其他物质，如填充料、增塑剂、稳定剂、润滑剂和着色剂等，统称为添加剂，合成树脂中加入所需的添加剂后，可改变塑料的性质，改进加工和使用性能。

填充料简称填料，在合成树脂中加入填充料可降低高分子化合物链间的流淌性，以提高其强度、硬度和耐热性，同时也能降低塑料的成本。常用的无机填充料有滑石粉、硅藻土、云母、石灰石粉、玻璃纤维等；有机填充料有木粉、纸屑等。

增塑剂在塑料中掺加的目的是增加塑料的可塑性和柔软性，减少脆性。增塑剂通常是沸点高、难挥发的液体，或是低熔点的固体。其缺点是会降低塑料制品的机械性能和耐热性等。常用的增塑剂有：邻苯二甲酸二丁酯（DBP）、邻苯二甲酸二辛酯（DOP）、樟脑等。

稳定剂是塑料在成型加工和使用中掺加，塑料在成型加工和使用期间因受热、光或氧的作用，会出现降解、氧化断链、交联等现象，造成颜色变深、性能降低。加入稳定剂可提高质量、延长使用寿命，常用稳定剂为硬脂酸盐、铅白、环氧化物等。

塑料加工时，为了便于脱模和使制品表面光洁，需加润滑剂。

此外，根据建筑塑料使用及成型的需要，还可添加着色剂、硬化剂（固化剂）、发泡剂、抗静电剂、阻燃剂等。

2. 塑料的分类

塑料的品种很多，分类方法也很多，通常按树脂的合成方法分为聚合物塑料和缩合物塑料，按树脂在受热时所发生的变化不同分为热塑性塑料和热固性塑料。

（二）塑料的性质

塑料的主要性质如下：

（1）质量轻。塑料制品的密度通常为 $0.8\sim2.2g/cm^3$，约为钢材的 $1/5$、铝的 $1/2$，混凝土的 $1/3$，与木材相近。这既可降低施工的劳动强度，又减轻了建筑物的自重。

（2）比强度高。塑料按单位质量计算的强度已接近甚至超过钢材，是一种优良的轻质高强材料。

（3）保温绝热性好。热导率小［约为 $0.020\sim0.046W/(m\cdot K)$］，特别是泡沫塑料的导热性更小，是理想的保温绝热材料。

（4）加工性能好。塑料可以采用较简便的方法加工成多种形状的产品，有利于机械化大规模生产。

（5）富有装饰性。塑料制品不仅可以着色，而且色彩鲜艳耐久。通过照相制版印制，模仿天然材料的纹理，可以达到以假乱真的程度。

塑料虽然具有以上许多优点，但目前存在的主要缺点是易老化、易燃、耐热性差、刚性差等。塑料的这些缺点在某种程度上可以采取措施加工改进，如在配方中加入适当的稳定剂和优质颜料，可以改善老化性能；在塑料制品中加入较多的无机矿物质填料，可明显改变其可燃性；在塑料中加入复合纤维增强材料，可大大提高其强度和刚度等。

（三）建筑塑料的常用品种

1. 聚乙烯塑料（PE）

聚乙烯塑料由乙烯单体聚合而成。所谓单体，是能起聚合反应而形成高分子化合物的简单化合物。按单体聚合方法，可分为高压法、中压法和低压法三种。随聚合方法不同，产品的结晶度和密度不同，高压聚乙烯的结晶度低、密度小；低压聚乙烯结晶度高，密度大。随结晶度和密度的增加，聚乙烯的硬度、软化点、强度等随之增加，而冲击韧性和伸长率则下降。

聚乙烯塑料具有较高的化学稳定性和耐水性，强度虽不高，但低温柔韧性大。掺加适量炭黑，可提高聚乙烯的抗老化性能。

2. 聚氯乙烯（简称PVC）

聚氯乙烯是由氯乙烯单体加聚聚合而得的热塑性线形树脂。经成塑加工后制成聚氯乙烯塑料，具有较高的黏结力和良好的化学稳定性，也有一定的弹性和韧性，但耐热性和大气稳定性较差。

用聚氯乙烯生产的塑料有硬质和软质两种。软质PVC有较好的柔韧性和弹性、较大的伸长率和低温韧性，但强度、耐热性、电绝缘性和化学稳定性较低。软质PVC可制成塑料止水带、土工膜、气垫薄膜等止水及护面材料；也可挤压成板材、型材和片材作为地面材料和装饰材料；软管可作为混凝土坝施工的塑料拔管，其波纹管常在预应力锚杆中使用。

硬质PVC具有良好的耐化学腐蚀性和电绝缘性，且抗拉、抗压、抗弯强度以及冲击韧性都较好，但其柔韧性不如其他塑料。硬质PVC常用作房屋建筑中的落水管、给排水管、天沟及塑钢窗和铝塑管，还可用作外墙护面板、中小型水利工程中的塑料闸门等。

聚氯乙烯乳胶可作为各种护面涂料和浸渍材料。也可制成合成纤维，称为氯纶。

PVC制品可以焊接、黏结，也可以机械加工，因此在各领域使用很普遍。

3. 聚苯乙烯塑料（PS）

聚苯乙烯塑料由苯乙烯单体聚合而成。聚苯乙烯塑料的透光性好，易于着色，化学稳定性高，耐水、耐光，成型加工方便，价格较低。但聚苯乙烯性脆，抗冲击韧性差，耐热性低，易燃，使其应用受到一定限制。

4. 聚丙烯塑料（PP）

聚丙烯塑料由丙烯单体聚合而成。聚丙烯塑料的特点是质轻（密度 0.90g/cm³），耐热性高（100～120℃），刚性、延性和抗水性均匀。它的不足之处是低温脆性较显著。抗大气性差，故适用于室内。近年来，聚丙烯的生产发展较迅速，聚丙烯已与聚乙烯、聚氯乙烯等共同成为建筑塑料的主要品种。

5. 聚甲基丙烯酸甲酯（PMMA）

由甲基丙烯酸甲酯加聚而成的热塑性树脂，俗称有机玻璃。它的透光性好，低温强度高，吸水性低，耐热性和抗老化性好，成型加工方便。缺点是耐磨性差，价格较贵。

6. 聚酯树脂（PR）

聚酯树脂由二元或多元醇和二元或多元酸缩聚而成。聚酯树脂具有优良的胶结性能，弹性和着色性好，柔韧、耐热、耐水。

7. 酚醛树脂（PF）

酚醛树脂由酚和醛在酸性或碱性催化剂作用下缩聚而成。酚醛树脂的黏结强度高，耐光、耐水、耐热、耐腐蚀，电绝缘性好，但性脆。在酚醛树脂中掺加填料、固化剂等可制成酚醛塑料制品。这种制品表面光洁，坚固耐用，成本低，是最常用的塑料品种之一。

8. 环氧树脂（简称ER）

环氧树脂主要由环氧氯丙烷和酚类（如二酚基丙烷）等缩聚而成，本身不会硬化，使用时必须加入固化剂，经室温放置或加热后才能成为不熔的固体。环氧树脂广泛用作黏结剂、涂料和用于制成各种增强塑料，如环氧玻璃钢等。

环氧树脂加固化剂固化后其脆性较大，常加入增塑剂提高韧性和抗冲击强度。环氧树脂是主要的化学灌浆材料，还可用作装饰材料、卫生洁具和门窗及屋面采光材料。环氧树脂具有较强的抗冲耐磨性，工程中常用于配制抗冲耐磨部位的混凝土或砂浆，但环氧砂浆成本较高、毒性大、施工不便。

（四）塑料用途

塑料在土木工程中的各个领域均有广泛的用途，建筑塑料大部分是用于非结构材料，如塑料波形瓦、候车棚等。更多的是与其他材料复合使用，可以充分发挥塑料的特性，如用作电线的绝缘材料、人造板的贴面材料、有泡沫塑料夹心层的各种复合外墙板等。在水利工程中，塑料代替（或部分代替）紫铜片用作混凝土坝永久缝的止水片，塑料薄膜用于渠道、蓄水池的衬砌以及土石坝的防渗心墙和斜墙，塑料与玻璃纤维或其织物的层叠材料称玻璃纤维增强塑料，俗称玻璃钢，用于钢丝网水泥薄壁构件和溢流面的护面层，多孔塑料板用作软基处理中的排水系统。泡沫塑料板用于混凝土坝温度控制中的表面保温。

二、合成橡胶

合成橡胶是一种在室温下呈高弹状态的高分子聚合物。橡胶经硫化作用后制成橡皮，橡皮可制成各种橡皮止水材料、橡皮管及轮胎等；橡胶也可作为橡胶涂料的成膜物质，主要用于化工设备防腐及水工钢结构的防护涂料；水工闸门的止水材料；合成橡胶的胶乳可作为混凝土的一种改性外加剂，以改善混凝土的和易性。工程中常用的橡胶有丁苯橡胶、丁腈橡胶、氯丁橡胶、乙丙橡胶和丁基橡胶等。

1. 丁苯橡胶（简称 SBR）

丁苯橡胶由丁二烯与苯乙烯共聚而成，是合成橡胶中应用最广的一种通用橡胶。按苯乙烯占总量的比例，分为丁苯-10、丁苯-30、丁苯-50 等牌号。随着苯乙烯含量增大，硬度、耐磨性增大，弹性降低。丁苯橡胶综合性能较好，强度较高，延伸率大，耐磨性和耐寒性亦较好。

丁苯橡胶是水泥混凝土和沥青混合料常用的改性剂。丁苯橡胶可直接用于拌制聚合物水泥混凝土；也可与乳化沥青共混制成改性沥青乳液，用于道路路面和桥面防水层。丁苯块胶需用溶剂法或胶体磨法将其掺入沥青中。丁苯橡胶对水泥混凝土的强度、抗冲击和耐磨等性能均有改善，对沥青混合料的低温抗裂性有明显提高，对高温稳定性亦有适当改善。

2. 丁腈橡胶（简称 ABR）

丁腈橡胶是丁二烯与丙烯腈经乳液聚合而制得的共聚物。丁腈橡胶呈浅褐色，其耐热性和耐磨性较好，耐寒性差。丁腈乳液可与乳化沥青掺合，制成改性沥青乳液。由于其耐寒性差、价格贵，故较少采用。

3. 氯丁橡胶（简称 CR）

氯丁橡胶是以 2-氯-1、3-丁二烯为主要原料通过均聚或共聚制得的一种弹性体。氯丁橡胶呈米黄色或浅棕色，具有较高的抗拉强度和相对伸长率，耐磨性好，且耐热、耐寒，硫化后不易变老。由于它的性能较为全面，是一种常用胶种。

氯丁块胶用溶剂法可掺入沥青或氯丁胶乳与乳化沥青共混，均可用于制备路面用沥青混合料。亦可作为桥面或高架路面防水层涂料。

4. 乙丙橡胶（简称 EPR）

乙丙橡胶是以乙烯和丙烯为基础单体合成的弹性体共聚物，有二元乙丙橡胶和三元乙丙橡胶。三元乙丙橡胶是乙烯、丙烯和二烯烃的三元共聚物，由于它具有较好的综合力学性能，耐热性和耐老化性能均好，所以是当前较普遍用来改性沥青的一个胶种。

5. 丁基橡胶（简称 IIR）

丁基橡胶又称异丁橡胶，是由异丁烯与少量异戊二烯共聚而得的共聚物。丁基橡胶是一种无色的弹性体，其生胶具有较好的抗拉强度，较大的延伸率，耐老化性能好，玻璃化温度低且耐热性好。丁基橡胶作为沥青改性剂，可用溶剂法加入，掺量 2% 左右。

三、胶黏剂

胶黏剂是一种能将各种材料紧密地黏结在一起的物质，又称黏结剂或黏合剂。胶黏剂黏结材料时具有工艺简单、省工省料、接缝处应力分布均匀、密封和耐腐蚀等优点。在建筑工程中主要用于室内装修，预制构件组装，室内设备安装等，此外，混凝土裂缝和破损也常用胶黏剂进行修补。随着合成化学工业的发展，胶黏剂的品种和性能获得了很大的发展，胶黏剂已成为现代建筑材料的重要组成部分，广泛地应用于施工、装饰、密封和结构黏结等领域。

（一）胶黏剂的组成

胶黏剂通常是由主体材料和辅助材料配制而成。主体材料主要指黏料（又称基料），它是胶黏剂中起黏结作用并赋予一定机械强度的物质，对胶黏剂的胶接性能起决定作用。合成胶黏剂的材料，即可用合成树脂，沥青、水玻璃、合成橡胶，也可采用它们的共聚体。用于胶结结构受力部位的胶黏剂以热固性树脂为主，用于非受力部位和变形较大部位的胶黏剂以热塑性树脂和橡胶为主。

辅助材料是胶黏剂中用以完善主体材料的性能而加入的物质，如常用的固化剂、增塑剂、增料、稀释剂、催化剂等。固化剂能使基本黏合物质形成网状或者体型结构，增加胶层的内聚强度，常用的固化剂有胺类、酸酐类、高分子类和硫磺类等；加入填料可改善胶黏剂的性能（如提高强度、降低收缩性、提高耐热性等），常用填料有金属及其氧化物粉末、水泥及木棉、玻璃等；为了改善公益性（降低黏度）和延长使用期，常加入稀释剂，常用稀释剂有环氧丙烷、丙酮等。此外还有防老化剂、催化剂等。

（二）常用胶黏剂

1. 热固性树脂胶黏剂

（1）环氧树脂胶黏剂。环氧树脂是由环氧树脂、硬化剂、增塑剂、稀释剂和填料等组成，能够有效地解决旧新砂浆、凝结土层之间的界面黏结问题，对金属、木材、玻璃、橡胶、皮革等也有很强的黏附力，是目前应用最多的胶黏剂，有"万能胶"之称。

（2）不饱和聚酯树脂胶黏剂。不饱和聚酯树脂胶黏剂主要用于制造玻璃钢，也可以黏结陶瓷、玻璃钢、金属、木材、人造大理石和混凝土。不饱和聚酯树脂胶黏剂的接缝耐久性和环境适应性较好，并有一定的强度。

（3）酚醛树脂胶黏剂。酚醛树脂胶黏剂属于热固性高分子黏胶剂，它具有很好的黏附性能，耐热性、耐水性好。缺点是胶层较脆，只能用来胶接木材、泡沫塑料等，经改性后可用于金属、木材、塑料等材料的胶结。

（4）丙烯酸酯胶黏剂。丙烯酸酯胶黏剂是以聚丙烯酸酯为单组分或主要组分的胶黏剂，分为热塑和热固性两大类。它具有黏结强度高、成膜性好，能在室温上快速固化，康腐蚀性、耐老化性能优良的特点。可用于胶接木材、纸张、皮革、玻璃、陶瓷、有机玻璃、金属等。常见的501胶、502胶即属热固性丙烯酸酯胶黏剂。

2. 热塑性合成树脂胶黏剂

（1）聚醋酸乙烯胶黏剂。聚醋酸乙烯乳液（俗称"白乳胶"）由醋酸乙酯单体、水、分散剂、引发剂及其他辅助材料经乳液聚合而得。是一种使用方便、价格便宜、应用普遍的非结构胶黏剂。它对于各种极性材料有较好的黏附力，以黏结各种非金属材料为主，如玻璃、陶瓷、混凝土、纤维织物和木材。常温固化速度较快，且早期黏合强度较高。可单独使用，也可掺入水泥等作复合胶使用。但其耐热性、耐水性及对溶剂作用的稳定性均较差，且有较大徐变，因此一般只能作为室温下工作的非结构胶，如粘贴塑料墙纸、聚苯乙烯或软质聚氯乙烯塑料板以及塑料地板等。

（2）聚乙烯醇胶黏剂。聚乙烯醇是由醋酸乙烯酯水解而得，是一种水溶液聚合物。这种胶黏剂适合胶结木材、纸张、织物等。其耐热性、耐水性和耐老化性很差，所以一般与热固性胶结剂一同使用。

（3）聚乙烯缩醛胶黏剂。聚乙烯醇在催化剂存在下同醛类反应，生成聚乙烯醛缩醛。市面上常见的107胶、801胶等均属于聚乙烯缩醛胶黏剂。如用来粘贴塑料壁纸、墙布、瓷砖等，在水泥砂浆中掺入少量107胶，能提高砂浆的黏结性、抗冻性、抗渗性、耐磨性和减少砂浆的收缩，也可以配置成地面涂料。

3. 合成橡胶胶黏剂

（1）氯丁橡胶胶黏剂。氯丁橡胶胶黏剂是目前橡胶胶黏剂中广泛应用的溶液型胶。它是由氯丁橡胶、氧化镁、防老化剂、抗氧剂及填料等混炼后溶于溶剂而成。这种胶黏剂对水、油、弱酸、弱碱、脂肪烃和醇类都有良好的抵抗性，可在$-50\sim80℃$下工作，具有较高的初黏力和内聚强度。但有徐变性，易老化。多用于结构黏结或不同材料的黏结。为改善性能可掺入油溶性酚醛树脂，配成铝锭酚醛胶，它可在室温下固化，适于黏结包括钢、铝、铜、陶瓷、水泥制品、塑料和硬质纤维板等多种非金属材料。工程上常用在水泥砂浆墙面或地面上粘贴塑料或橡胶制品。

（2）丁腈橡胶。丁腈橡胶是丁二烯和丙烯青的共聚产物。丁腈橡胶胶黏剂主要用于橡胶制品，以及橡胶与金属、织物、木材的黏结。它的最大特点是耐油性能好，抗剥离强度高，接头对脂肪烃和非氧化性酸有良好的抵抗性，加上橡胶高弹性，所以更适于柔软的或热膨胀数相差悬殊的材料之间的黏结，如黏结聚氯乙烯板材、聚氯乙烯泡沫塑料等。为获得更大的强度和弹性，可将丁腈橡胶与其他树脂混合。

项目三　土 工 合 成 材 料

【知识导学】

土工合成材料是20世纪50年代末期发展起来的一种新型建筑材料，它是工程建设中应用的与土、岩石或其他材料接触的聚合物材料（含天然的）的总称。土工合成材料具有满足多种工程需要的性能，而且由于其寿命长（在正常使用条件下，寿命可达$50\sim100$年）、强度高（在埋置20年后，强度仍保持75%）、柔性好、抗变形能力强、施工简易、造价低廉、材料来源丰富，在水利水电、道路、海港、采矿、军工、环境等工程领域得到了广泛的应用。

一、土工合成材料的种类

我国《土工合成材料应用技术规范》（GB 50290—2014）将土工合成材料分为土工织物、土工膜、土工复合材料和土工特种材料四大类。

（一）土工织物

土工织物又称土工布，它是由聚合物纤维制成的具有透水性的土工合成材料。按制造方法不同，土工织物可分为有纺土工织物与无纺土工织物两大类。

1. 有纺土工织物

有纺土工织物是问世最早的土工织物产品，又称为织造型土工织物。它是由单丝或多丝织成的，或由薄膜形成的扁丝编织成的布状卷材。其制造工序是：将聚合物原材料加工成丝、纱、带，再借织机织成平面结构的布状产品。织造时有相互垂直的两组平行丝，如图8-1所示。沿织机（长）方向的称经丝，横过织机（宽）方向的称纬丝。

单丝的典型直径为0.5mm，它是将聚合物热熔后从模具中挤压出来的连续长丝。在挤出的同时或刚挤出后将丝拉伸，使其中的分子定向，以提高丝的强度。多丝是由若干根单丝组成的，在制造高强度土工织物时常采用多丝。扁丝是由聚合物薄片经利刀切成的薄条，在切片前后都要牵引拉伸以提高其强度，宽度约为3mm，是其厚度的10～20倍。

目前，大多数编织土工织物是由扁丝织成，而圆丝和扁丝结合成的织物有较高的渗透性。如图8-2所示。

织造型土工织物有三种基本的织造型式：平纹、斜纹和缎纹。平纹是最简单、应用最多的织法，其形式是经、纬纹一上一下，如图8-1、图8-2所示。斜纹是经丝跳越几根纬丝。最简单的形式是经丝二上一下。缎纹是经丝和纬丝长距离地跳越，如经丝五上一下，这种织法适用于衣料类产品。

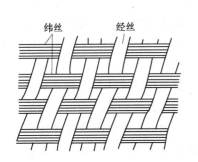

图8-1　土工织物的经纬丝

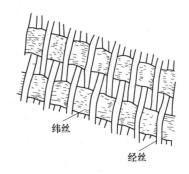

图8-2　圆丝和扁丝织成的织物

不同的丝和纱以不同的织法，织成的产品具有不同的特性。平纹织物有明显的各向异性，其经、纬向的摩擦系数也不一样；圆丝织物的渗透性一般比扁丝的高，每百米长的经丝间穿越的纬丝越多，织物越密越强，渗透性越低。单丝的表面积较多丝的小，其防止生物淤堵的性能好。聚丙烯的老化速度比聚酯和聚乙烯的要快。由此可见，可以借助调整丝（纱）的材质、品种和织造方式等来得到符合工程要求的强度、经纬强度比、摩擦系数、等效孔径和耐久性等项指标。

2. 非织造型土工织物

非织造型土工织物又称无纺土工织物，是由短纤维或喷丝长纤维按随机排列制成的絮垫，经机械缠合、热黏合、化学黏合而成的布状卷材。

热黏合是将纤维在传送带上成网，让其通过两个反向转动的热辊之间热压，纤维网受热达到一定温度后，部分纤维软化熔融，互相粘连，冷却后得到固化。这种方法主要用于生产薄型土工织物，厚度一般为 0.5～1.0mm。由于纤维是随机分布的，织物中形成无数大小不一的开孔，又无经纬丝之分，故其强度的各向异性不明显。

纺黏合是热黏合中的一种，是将聚合物原材料经过熔融、挤压、纺丝成网、纤维加固后形成的产品。该种织物厚度薄而强度高，渗透性大。由于制造流程短，产品质量好，品种规格多，成本低，用途广，近年来在我国发展较快。

化学黏合是通过不同工艺将黏合剂均匀地施加到纤维网中，待黏合剂固化，纤维之间便互相粘连，使得以加固，厚度可达 3mm。常用的黏合剂有聚烯酯、聚酯乙烯等。

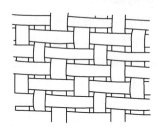

图 8-3　斜纹土工织物网

机械黏合是以不同的机械工具将纤维加固。机械黏合有针刺法和水刺法两种。针刺法利用装在针刺机底板上的许多截面为三角形或棱形且侧面有钩刺的针，由机器带动，做上下往复运动，让网内的纤维互相缠结，从而织网得以加固。产品厚度一般在 1mm 以上，孔隙率高，渗透性大，反滤、排水性能好，在工程中应用很广。水刺法是利用高压喷射水流射入纤维网，使纤维互相缠结加固。产品柔软，主要用于卫生用品，工程中尚未应用。

（二）土工膜

土工膜是透水性极低的土工合成材料。根据原材料不同，可分为聚合物和沥青两大类。按制作方法不同，可分为现场制作和工厂预制两大类。为满足不同强度和变形需要，又有加筋和不加筋之分。聚合物膜在工厂制造，而沥青膜则大多在现场制造。

制造土工膜的聚合物有热塑塑料（如聚氯乙烯）、结晶热塑塑料（如高密度聚乙烯）、热塑弹性体（如氯化聚乙烯）和橡胶（如氯丁橡胶）等。

现场制造是指在工地现场地面上喷涂一层或敷一层冷或热的黏性材料（沥青和弹性材料混合物或其他聚合物）或在工地先铺设一层织物在需要防渗的表面，然后在织物上喷涂一层热的黏性材料，使透水性低的黏性材料浸在织物的表面，形成整体性的防渗薄膜。

工厂制造是采用高分子聚合物、弹性材料或低分子量的材料通过挤出、压延或加涂料等工艺过程所制成，是一种均质薄膜。挤出是将熔化的聚合物通过模具制成土工膜，厚 0.25～4.0mm。压延是将热塑性聚合物通过热辊压成土工膜，厚 0.25～2.0mm。加涂料是将聚合物均匀涂在纸片上，待冷却后将土工膜揭下来而成。

制造土工膜时，掺入一定量的添加剂，可使其在不改变材料基本特性的情况下，改善其某些性能和降低成本。例如，掺入炭黑可提高抗日光紫外线能力，延缓老化；掺入滑石等润滑剂改善材料可操作性；掺入铅盐、钡、钙等衍生物以提高材料的抗热、抗光照稳定性；掺入杀菌剂可防止细菌破坏等。在沥青类土工膜中，掺入填料（如细矿粉）或纤维，可提高膜的强度。

（三）土工复合材料

土工复合材料是两种或两种以上的土工合成材料组合在一起的制品。这类制品将各种组合料的特性相结合，以满足工程的特定需要。

1. 复合土工膜

复合土工膜是将土工膜和土工织物（包括织造型和非织造型）复合在一起的产品。应用较多的是非织造针刺土工织物，其单位面积质量一般为 $200\sim600g/m^2$。复合土工膜在工厂制造时有两种方法，一是将织物和膜共同压成；二是在织物上涂抹聚合物以形成二层（一布一膜）、三层（二布一膜）、五层（三布二膜）的复合土工膜。

复合土工膜具有许多优点，例如：以织造型土工织物复合，可以对土工膜加筋，保护不受运输或施工期间的外力损坏；以非织造型织物复合，可以对土工膜起加筋、保护、排水排气作用，提高膜的摩擦系数，在水利工程和交通隧洞工程中有广泛的应用。

2. 塑料排水带

塑料排水带是由不同凹凸截面形状并形成连续排水槽的带状心材，外包非织造土工织物（滤膜）构成的排水材料。心板的原材料为聚丙烯、聚乙烯或聚氯乙烯。塑料排水带的宽度一般为 100mm，厚度为 3.5～4mm，每卷长 100～200m，单位重 0.125kg/m，排水带在公路、码头、水闸等软基加固工程中应用广泛。

3. 软式排水管

软式排水管又称为渗水软管，是由高强度钢丝圈作为支撑体及具有反滤、透水、保护作用的管壁包裹材料两部分构成的。如图 8-4 所示。

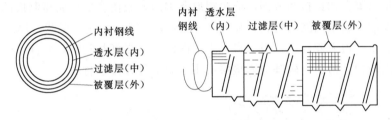

图 8-4 软式排水管构造示意图

高强钢丝由钢线经磷酸防锈处理，外包一层 PVC 材料，使其与空气、水隔绝，避免氧化生锈。包裹材料有三层，内层为透水层，由高强度尼龙纱作为经纱，特殊材料为纬纱制成；中层为非织造土工织物过滤层；外层为与内层材料相同的覆盖层。在支撑体和管壁外裹材料间、外裹各层之间都采用了强力黏结剂黏合牢固，以确保软式排水管的复合整体性。目前，管径有 50.1mm、80.4mm 和 98.3mm，相应的通水量（坡降 $i=1/250$）为 $45.7cm^3/s$、$162.7cm^3/s$、$311.4cm^3/s$。

软式排水管兼有硬水管的耐压与耐久性能，又有软水管的柔软和轻便特点，过滤性强，排水性好，可用于各种排水工程中。

（四）土工特种材料

土工特种材料是为工程特定需要而生产的产品。常见的有以下几种。

1. 土工格栅

土工格栅是在聚丙烯或高密度聚乙烯板材上先冲孔，然后进行拉伸而成的带长方形孔的板材，如图 8-5 所示。

加热拉伸是让材料中的高分子定向排列，以获得较高的抗拉强度和较低的延伸率。按

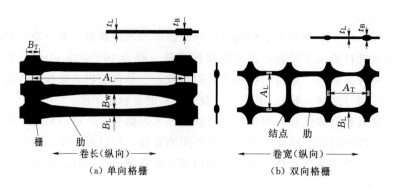

（a）单向格栅　　　　　　　　　（b）双向格栅

图 8-5　土工格栅

拉伸方向不同，可分为单向拉伸（孔近矩形）和双向拉伸（孔近方形）两种。单向拉伸在拉伸方向上皆有较高强度。

土工格栅强度高、延伸率低，是加筋的好材料。土工格栅埋在土内，与周围土之间不仅有摩擦作用，而且由于土石料嵌入其开孔中，还有较高的啮合力，它与土的摩擦系数高达 0.8~1.0。

2. 土工网

土工网是由聚合物经挤塑成网，或由粗股条编织，或由合成树脂压制成的具有较大孔眼和一定刚度的平面结构网状材料，如图 8-6 所示。网孔尺寸、形状、厚度和制造方法不同，其性能也有很大差异。一般而言，土工网的抗拉强度都较低，延伸率较高。这类产品常用于坡面防护、植草、软基加固垫层或用于制造复合排水材料。

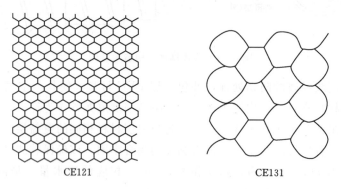

CE121　　　　　　　　　　　　CE131

图 8-6　土工网

3. 土工模袋

土工模袋是由上下两层土工织物制成的大面积连续袋状材料，袋内充填混凝土或水泥砂浆，凝固后形成整体混凝土板，可用作护坡。模袋上下两层之间用一定长度的尼龙绳来保持其间隔，可以控制填充时的厚度。浇注在现场用高压泵进行。混凝土或砂浆注入模袋后，多余水量可从织物孔隙中排走，故而降低了水分，加快了凝固速度，提高了强度。

按加工工艺不同，模袋可分为机织模袋和简易模袋两类。前者是由工厂生产的定型产品，而后者是用手工缝制而成的。

4. 土工格室

土工格室是由强化的高密度聚乙烯宽带，每隔一定间距以强力焊接而形成的网状格室结构。典型条带宽 100mm、厚 1.2mm，每隔 300mm 进行焊接。闭合和张开时的形状如图 8-7 所示。格室张开后，可填土料，由于格室对土的侧向位移的限制，可大大提高土体的刚度和强度。土工格室可用于处理软弱地基，增大其承载力，沙漠地带可用于固沙，还可用于护坡等。

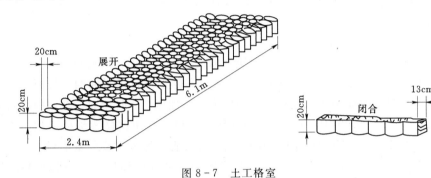

图 8-7　土工格室

5. 土工管、土工包

土工管是用经防老化处理的高强度土工织物制成的大型管袋及包裹体，可有效地护岸和用于崩岸抢险或利用其堆筑堤防。

土工包是将大面积高强度的土工织物摊铺在可开底的空驳船内，充填 200～800m³，料物将织物包裹闭合，运送沉放到一定预定位置。在国外，该技术主要用于环境保护。

6. 聚苯乙烯板块

聚苯乙烯板块又称泡沫塑料，是以聚苯乙烯为原料，加入发泡剂制成的。其特点是质量轻、导热系数低、吸水率小、有一定抗压强度。由于其质量轻，可用它代替土料，填筑桥端的引堤，解决桥头跳车问题。其导热系数低，在寒冷地带，可用该材料板块防止结构物冻害，例如，在挡墙背面或闸底板下，放置泡沫塑料以防止冻胀等。

7. 土工合成材料黏土垫层

土工合成材料黏土垫层是由两层或多层土工织物（或土工膜）中间夹一层膨润土粉末（或其他低渗透性材料）以针刺（缝合或黏结）而成的一种复合材料。其优点是体积小、质量轻、柔性好、密封性良好、抗剪强度较高、施工简便、适应不均匀沉降，比压实黏土垫层具有无比的优越性，可代替一般的黏土密封层，用于水利或土木工程中的防渗或密封设计。

二、土工合成材料的技术性能

土工合成材料广泛应用于水利和岩土工程的各个领域。不同的工程对材料有不同的功能要求，并因此而选择不同类型和不同品种的土工合成材料。根据《土工合成材料测试规程》（SL 235—2012）的规定，土工合成材料的技术性能大体可分为物理性能、力学性能、水力性能、土工合成材料与土相互作用及耐久性等。

（一）物理性能

表示土工合成材料的物理性能的指标主要是单位面积质量、厚度、等效孔径和孔隙率。

1. 单位面积质量

单位面积质量，是指 $1m^2$ 土工合成材料的质量，单位为 g/m^2。它是土工合成材料的一个重要指标，土工合成材料的单价与其大致成正比，强度也随单位面积质量增大而增大。

2. 厚度

土工合成材料的厚度是指在承受一定压力的情况下，土工合成材料的实际厚度，单位为 mm。土工织物的厚度在承受压力时变化很大，并随加压持续时间的延长而减小。故规范规定，在测定厚度时应按要求施加一定的压力，在加压 30s 时读数。施加的压力分别为 $(2\pm0.01)kPa$、$(20\pm0.1)kPa$ 和 $(200\pm1)kPa$，可以对每块试样逐级持续加压测读。测量时取样方法与测量单位面积质量时相同，将试样放置在厚度试验仪基准板上，用一与基准板平行、下表面光滑、面积为 $25cm^2$ 的圆形压脚对试件施加压力，压脚与基准板间的距离即为土工合成材料厚度，单位为 mm。

3. 等效孔径（表观孔径）

等效孔径相当于织物的表观最大孔径，也是能通过的土颗粒的最大粒径，以 O 表示，单位为 mm。测定土工织物孔径的方法目前多采用干筛法。

4. 孔隙率

土工合成材料的孔隙率是指其所含孔隙体积与总体积之比，以 n_p（%）表示。它与土工合成材料孔径的大小有关，直接影响到织物的透水性、导水性和阻止土粒随水流流失的能力。孔隙率的大小不直接测定，由单位面积质量、密度和厚度计算得到。

（二）力学性能

土工合成材料力学性能指标主要有：拉伸强度、握持强度、撕裂强度、胀破强度、顶破强度、刺破强度等。

1. 拉伸强度

（1）拉伸强度。土工合成材料的拉伸强度是指试样在拉力机上拉伸至断裂时，单位宽度所承受的最大拉力，其单位为 kN/m，计算公式如下：

$$T_s = \frac{F}{B} \tag{8-1}$$

式中　T_s——拉伸强度，kN/m；

　　　F——拉伸过程中最大拉力，kN；

　　　B——试样的初始宽度，m。

（2）延伸率。延伸率是试样拉伸时对应最大拉力时的应变，是指试样长度的增加值与试样初始长度的比值，以百分数（%）表示。公式如下：

$$\varepsilon_p = \frac{L_f - L_0}{L_0} \times 100\% \tag{8-2}$$

式中　ε_p——延伸率，%；

L_0——试样的计算长度（夹具间距），mm；

L_f——最大拉力时的试样长度，mm。

（3）影响因素。抗拉强度和延伸率影响因素有：原料、结构型式、试样的宽度、拉伸速率和拉伸方向等。

不同材料的合成纤维或纱线，其拉伸特性不同，由它们制成的织物也具有各异的拉伸特性（尤其是有纺织物）。无纺织物纤维的排列是随机的，拉伸性能主要取决于纤维之间加固和黏合的程度。

有纺织物的经纱（或扁丝）和纬纱，其粗细和单位长度内的根数甚至材料都可能不同。因此，经纬向拉伸特性也有差别。对于无纺织物，根据铺网时交错的方式不同，经纬强度也不一样。为此，在进行拉伸试验时，要进行两个方向的拉伸试验，并分别给出沿经向和纬向的抗拉强度和延伸率。

我国《土工合成材料测试规范》中规定了两种宽度，即窄条试验宽 50mm 和宽条试验宽 200mm。采用窄条试验时，无纺织物横向收缩很大，有时高达 50% 以上，测得的抗拉强度偏小；而有纺织物的横向收缩很小，测得的结果要好一些。

2. 握持强度

握持强度是表示土工织物抵抗外来集中荷载的能力。其测试方法与抗拉强度基本相同，只是试验时仅 1/3 试样宽度被夹持，故该指标除反映抗拉强度的影响外，还与握持点相邻纤维提供的附加强度有关。握持强度试验是拉伸速率为 100mm/min，试样破坏过程中出现的最大拉力，即为握持强度，单位为 kN。

3. 撕裂强度

撕裂强度是指沿土工织物某一裂口将裂口逐步扩大过程中的最大拉力，单位为 kN。测定撕裂强度的试验试样有梯形试样、舌形试样和翼形试样。梯形试样的测试方法是将梯形轮廓画在试样上，并预先剪出 15mm 长的裂口，然后沿梯形的两个腰夹在拉力机的夹具中，拉伸速度为 100mm/min，使裂口扩展到整个试样宽度，撕裂过程的最大拉力即为撕裂强度。

4. 胀破强度

胀破强度表示土工合成材料抵抗外部冲击荷载的能力。试验时取直径小于 125mm 的圆形试样铺放在试验机的人造橡胶膜上，并夹在内径为 31mm 的环形夹具间。以 170mL/min 的速率加液压使橡胶冲胀，直至试样胀破为止。施加的最大液压即为胀破强度 P_b，单位为 kPa，共完成 10 个试样的试验。

5. 圆球顶破强度

圆球顶破强度是指土工合成材料抵抗法向荷载的能力，用以模拟凹凸不平的地基和上部块石压入的影响。

6. CBR 顶破试验

将直径为 230mm 的织物试样在不受预应力的状态下固定在内径为 1.50mm 的 CBR 仪圆筒顶部，然后用直径为 50mm 的标准圆柱活塞以 60mm/min 的速率顶推织物，直至试样顶破为止，记录最大荷载即为 CBR 顶破强度 T_c，单位为 N。

7. 刺破试验

刺破试验是模拟土工合成材料受到尖锐棱角的石子或树根的压入而刺破的情况。刺破强度是织物在小面积上受到法向集中荷载，直到刺破所能承受的最大力 T_p，单位为 N。

8. 落锥穿透试验

落锥穿透试验是模拟工程施工中，具有尖角的石块或其他锐利之物掉落在土工合成材料上，并穿透土工合成材料的情况。穿透孔眼的大小反映了材料抗冲击刺破的能力。

落锥试验试样尺寸与 CBR 试验试样尺寸相同。其他参数如下：落锥直径 50mm，尖锥角 45°，质量 1kg，落锥置于试样的正上方，锥尖距试样 500mm，令落锥自由下落，测定结果以试样刺破的孔洞直径 D_f 表示，单位为 mm。

9. 蠕变性能

蠕变是指材料在受力大小不变的情况下，变形随时间增长而逐渐加大的现象。蠕变特性是土工合成材料的重要性能之一，是材料能否长期工作的关键。影响蠕变的因素有原材料、结构、应力、周围介质、温度等因素。

（三）水力性能

土工合成材料的水力性能主要是指各类土工织物和土工复合品的透水性能。主要指标有孔隙率、等效孔径和渗透系数，这些因素决定了土工织物和土工复合品在反滤、排水及防止淤堵等方面的能力。目前，以保土和透水作用作为选择土工织物反滤层的准则。因此，等效孔径和渗透系数是反滤和排水功能中的重要指标。

1. 垂直渗透系数和透水率

垂直渗透系数是水流垂直于土工织物平面水力梯度等于 1 时的渗透流速，单位为 cm/s，用下式计算：

$$k_g = \frac{V}{i} = \frac{V\delta}{\Delta h} \tag{8-3}$$

式中　k_g——垂直渗透系数，cm/s；

　　　V——渗透流速，cm/s；

　　　δ——土工织物的厚度，cm；

　　　i——渗透水力梯度；

　　　Δh——土工织物上下游测压管水位差，cm。

透水率是水流垂直于土工织物平面水位差等于 1 时的渗透流速，用 ψ 表示：

$$\psi = \frac{V}{\Delta h} \tag{8-4}$$

式中　ψ——透水率，1/s；

　　　其他符号含义同前。

由式（8-3）和式（8-4）可知，透水率和渗透系数之间的关系为

$$\psi = \frac{k_g}{\delta} \tag{8-5}$$

土工织物的透水性能除取决于织物本身的材料、结构、孔隙的大小和分布外，还与织物平面所受的法向应力、水质、水温和水中含气量等因素有关。

2. 水平渗透系数和导水率

水平渗透系数是水流沿土工织物平面水力梯度等于 1 时的渗透流速，单位为 cm/s，按下式计算：

$$k_h = \frac{V}{i} = \frac{VL}{\Delta h} \tag{8-6}$$

式中　k_h——沿织物平面的渗透系数，cm/s；

　　　V——沿织物平面的渗透流速，cm/s；

　　　i——渗透水力梯度；

　　　L——织物试样沿渗流方向的长度，cm；

　　　Δh——L 长度两端测压管水位差，cm。

导水率是水力梯度等于 1 时水流沿土工织物平面单位宽度内输导的水量，单位为 cm²/s，以 Q 表示。

$$Q = k_h \delta \tag{8-7}$$

式中　Q——导水率，cm²/s；

　　　δ——织物试样厚度，cm。

土工织物的水平渗透系数和导水率除与织物的原材料、织物的结构有关外，还与织物平面的法向压力、水流状态、水流方向与织物经纬向夹角、水的含气量和水的温度等因素有关。

（四）土工织物与土的相互作用

土工织物应用于岩土工程，相互作用的性质最重要的有两个：一是土工织物被土颗粒淤堵的特性；二是土工织物与土的界面摩擦特性。

1. 淤堵

土工织物用做滤层时，水从被保护的土流过织物，水中颗粒可能封闭织物表面的孔口或堵塞在织物内部，产生淤堵现象，渗透流量逐渐减少。同时，在织物上产生过大的渗透力，严重的淤堵会使滤层失去作用。

目前，还没有防止淤堵的设计公式，也没有统一的标准说明淤堵容许的程度，只有通过长期淤堵试验来判断。淤堵试验历时达 500~1000h，观测渗透流量（或渗透系数）随时间的变化，检验是否能稳定在某一数值上。

2. 土工织物的界面摩擦特性

土工织物与周围的土产生相对位移时，在接触面上将产生摩擦阻力，界面摩擦剪切强度符合下列库仑定律：

$$\tau_f = C_a + P_n \tan\varphi_{sf} \tag{8-8}$$

式中　τ_f——界面摩擦剪切强度，kPa；

　　　C_a——土和织物的界面黏聚力，kPa；

　　　P_n——织物平面的法向压力，kPa；

　　　φ_{sf}——土和织物的界面摩擦角，(°)。

（五）耐久性

土工合成材料的耐久性是指其物理和化学性能的稳定性，是土工合成材料能否应用于永久性工程的关键。土工合成材料的耐久性主要包括抗老化能力、抗化学侵蚀能力、抗生物侵蚀能力、抗磨损能力及湿度、水分和冻融的影响。

1. 抗老化能力

土工合成材料的老化是指在加工、储存和使用过程中，受环境的影响，材料性能逐渐劣化的过程。老化的现象主要表现在外观、手感、物理性能、化学性能、力学性能、电性能等方面。产生老化的主要原因是高分子聚合物都具有碳氢链式结构，受到太阳光、氧气、热、水分、工业有害气体和废物、微生物、机械损害等外界因素的影响后会发生降解反应和交联反应。降解反应是高分子量聚合物变为低分子量聚合物的反应，包括主链断裂和主链分解两种情况，而交联反应是大分子之间相连，产生网状或立体结构，也使材料性能发生变化。此外，老化还与材料的组成、配方、颜色、成型加工工艺以及内部所含的添加剂有关。延缓老化的措施有：在原材料中加入防老化剂，抑制光、氧、热等外界因素对材料的作用，如掺适量的抗氧剂、光稳定剂和炭黑等；在工程中采取防护措施，如尽量缩短材料在日光中的暴露时间，用岩土（30cm以上）或深水覆盖等。实践证明，土工合成材料在有覆盖的情况下老化速度非常缓慢，可以满足工程的应用年限。

2. 抗化学侵蚀能力

聚合物对化学侵蚀一般具有较高的抵抗能力，例如在pH值高达9～10的泥炭土中用作加筋的土工织物，15年后发生的化学侵蚀非常轻微。但是某些特殊的化学材料或废液对聚合物有侵蚀作用，柴油对聚乙烯、碱性很大（pH值＝12）的物质对聚酯、酸性很大（pH值＝2）的物质对聚酰胺、盐水对某些土工织物有一定影响。氧化铁沉积在土工织物上可能发生化学淤堵，影响滤层的透水性。

3. 抗生物侵蚀能力

土工合成材料一般都能抵御各种微生物的侵蚀。但在土工膜或土工织物下面，如有昆虫或兽类藏匿和建巢或者是树根的穿透，会产生局部的破坏作用，但整体性能不会显著降低。

4. 抗磨损能力

磨损是指土工合成材料与其他材料接触摩擦时，部分纤维被剥离，有强度下降的现象。土工合成材料在装卸、铺设过程中，在施工机械碾压、运行中都会发生磨损。不同的聚合物材料抗磨损能力不同，例如聚酰胺优于聚酯和聚丙烯，圆丝厚型有纺织物比扁丝薄型有纺织物抗磨损能力强，厚的针刺无纺织物，表层易磨损，但内层一般不会被磨损。

5. 温度、水分和冻融的影响

在高温作用下（例如在土工织物上铺放热沥青时），土工合成材料将发生熔融，在低温条件下，柔性降低，质地变脆，强度下降。聚酯材料在水中会发生水解反应，干湿变化和冻融循环可能使一部分空气或冰屑积存在土工织物内，影响它的渗透性能。

三、土工合成材料的功能

土工合成材料在土建工程中应用时，不同的材料，用在不同的部位，能起到不同的作用，这就是土工合成材料的功能。其主要功能可归纳为六类，即反滤、排水、隔离、防渗、防护和加筋。

1. 反滤功能

由于土工织物具有良好的透水性和阻止颗粒通过的性能，是用作反滤设施的理想材料。在土石坝、土堤、路基、涵闸、挡土墙等各种土建工程中，用以替代传统的砂砾反滤设施，可以获得巨大的经济效益和良好的技术性能，如图 8-8 所示。

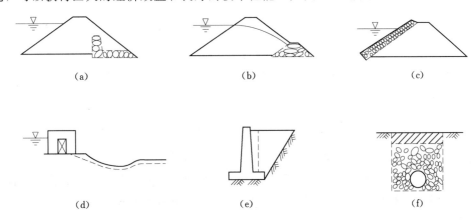

图 8-8 反滤功能应用示意

用作反滤的土工织物一般是非织造型（无纺）土工织物，有时也可使用织造型土工织物，基本要求如下：

（1）被保护的土料在水流作用下，土粒不得被水流带走，即需要有"保土性"，以防止管涌破坏。

（2）水流必须能顺畅通过织物平面，即需要有"透水性"，以防止积水产生过高的渗透压力。

（3）织物孔径不能被水流挟带的土粒所阻塞，即要有"防堵性"，以避免反滤作用失效。

2. 排水功能

一定厚度的土工织物或土工席垫，具有良好的垂直和水平透水性能，可用做排水设施，有效地把土体中的水分汇集后予以排出。例如，在堤坝工程中用以降低浸润线位置，控制渗透变形；土坡排水，减少孔隙压力，防止土坡失稳；软土地基排水，加速土固结，提高地基承载能力；挡墙背面排水，以减少压力，提高墙体稳定性等，如图 8-9 所示。土工织物用做排水时兼起反滤作用，除满足反滤的基本要求外，还应有足够的平面排水能力以导走来水。

3. 隔离功能

隔离是将土工合成材料放置在两种不同材料之间或两种不同土体之间，使其不互相混杂。例如将碎石和细粒土隔离、软土和填土之间隔离等。隔离可以产生很好的工程技术效果，当结构承受外部荷载作用时，隔离作用使材料不致互相混杂或流失，从而保持其整体结构和功能。例如，土石坝、堤防、路基等不同材料的各界面之间的分隔层；在冻胀性土中，用以切断毛细水流以消减土的冻胀和上层土融化而引起的沉陷或翻浆现象，防止粗粒材料陷入软弱路基和防止开裂反射到表面的作用等，如图 8-10 所示。用隔离的土工合成

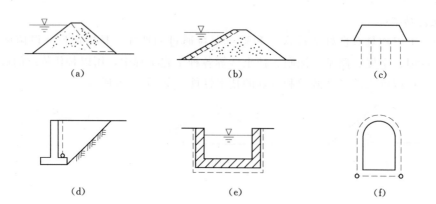

$$(a) \qquad (b) \qquad (c)$$

$$(d) \qquad (e) \qquad (f)$$

图 8-9　排水应用功能示意

材料应以它们在工程中的用途来确定，应用最多的是有纺土工织物。如果对材料的强度要求较高，可以土工网或土工格栅作材料的垫层，当要求隔离防渗时，用土工膜或复合土工膜。用于隔离的材料必须具有足够的抗顶破能力和抵抗刺破的能力。

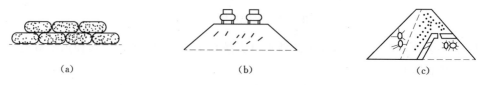

$$(a) \qquad\qquad (b) \qquad\qquad (c)$$

图 8-10　隔离功能应用示意

4. 防渗功能

防渗是防止液体渗透流失的作用，也包括防止气体的挥发扩散。土工膜及复合土工膜防渗性能很好，其渗透系数一般为 $10^{-11} \sim 10^{-15}$ cm/s，在水利工程中利用土工膜或复合土工膜，可有效防止水或其他液体的渗漏。例如，堤坝的防渗斜墙或心墙，透水地基上堤坝的水平防渗铺盖和垂直防渗墙，混凝土坝、圬工坝及碾压混凝土坝的防渗体，渠道和蓄水池的衬砌防渗，涵闸、海漫与护坦的防渗，隧洞和堤坝内埋管的防渗，施工围堰的防渗等，如图 8-11 所示。

土工膜防渗效果好，质量轻，运输方便，施工简单，造价低，为保证土工膜发挥其应有的防渗作用，应注意以下几点：

（1）土工膜材质选择。土工膜的原材料有多种，应根据当地气候条件进行适当选择。例如在寒冷地带，应考虑土工膜在低温下是否会变脆破坏，是否会影响焊接质量；土和水中的某些化学成分会不会给膜材或黏结剂带来不良作用等。

（2）排水、排气问题。铺设土工膜后，由于种种原因，膜下有可能积气、积水，如不将它们排走，可能因受顶托而破坏。

（3）表面防护。聚合物制成的土工膜容易因日光紫外线照射而降解或破坏，故在储存、运输和施工等各个环节，必须注意封盖遮阳。

5. 防护功能

防护功能是指土工合成材料及由土工合成材料为主体构成的结构或构件对土体起到的防护作用。例如，把拼成大片的土工织物或者是用土工合成材料做成土工模袋、土枕、石

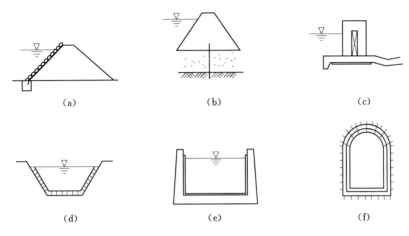

图 8-11　防渗功能应用示意

笼或各种排体铺设在需要保护的岸坡、堤脚及其他需要保护的地方，用以抵抗水流及波浪的冲刷和侵蚀；将土工织物置于两种材料之间，当一种材料受力时，它可使另一种材料免遭破坏。水利工程中利用土工合成材料的常见防护工程有：江河湖泊岸坡防护、水库岸坡防护、水道护底和水下防护、渠道和水池护坡［图 8-12（a）］；水闸护底、岸坡防冲植被［图 8-12（b）］；水闸、挡墙等防冻胀措施［图 8-12（c）］等。用于防护的土工织物应符合反滤准则和具有一定的强度。

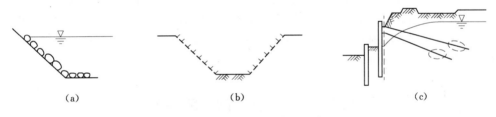

图 8-12　防护功能应用示意

6. 加筋功能

加筋是将具有高拉伸强度、拉伸模量和表面摩擦系数较大的土工合成材料（筋材）埋入土体中，通过筋材与周围土体界面间摩擦阻力的应力传递，约束土体受力时侧向位移，从而提高土体的承载力或结构的稳定性。用于加筋的土工合成材料有织造土工织物、土工带、土工网和土工格栅等，较多地应用于软土地基加固、堤坝陡坡、挡土墙等，如图 8-13所示。用于加筋的土工合成材料与土之间结合力良好，蠕变性较低。目前，土工格栅最为理想。

以上六种功能的划分是为了说明土工合成材料在实际应用中所起的主要作用。事实上，在实际应用中，一种土工合成材料往往同时发挥多种功能，例如反滤和排水，隔离和防冲、防渗、防护等，不能截然分开。此外，有的土工合成材料还具有减荷功能，如利用泡沫塑料质量轻、变形大的特点，用以替代工程结构中某些部位的填土，可大幅度减少其荷载强度和填土产生的压力；有的土工合成材料具有很好的隔离、保温性能，在严寒地区修建大型渠道和道路工程时，可使用这类土工合成材料作为渠道保温衬砌和道路隔离层。

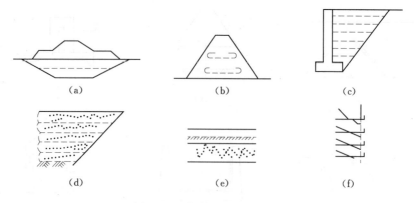

图 8-13 加筋功能应用示意

以上将土工合成材料的功能作了简要介绍，在实际工程中，应用土工合成材料时，应按工程要求，根据相应的规范、规程做合理的设计。

四、土工合成材料的储存与保管

土工合成材料在采购时，要严格按设计要求的各项技术指标选购，如物理性能指标、力学性能指标、水力学性能指标、耐久性指标等都要符合设计标准。运送时材料不得受阳光的照射，要有篷盖或包装，并避免机械性损伤，如刺破、撕裂等。材料存放在仓库时，要注意防鼠，按用途分别存放，并标明进货时间、有效期、材料的型号、性能特征和主要用途，存放期不得超过产品的有效期限。产品在工地存放时应避免阳光的照射及苇根植物的渗透破坏，应搭设临时存放遮棚，当种类较多、用途不一时，应分别存放，标明性能指标和用途等，存放时还要注意防火。

项目四 聚合物混凝土

【知识导学】

聚合物混凝土是由有机聚合物、无机胶凝材料、骨料有效结合而形成的一种新型混凝土材料的总称。确切地说它是普通混凝土与聚合物按一定比例混合起来的材料，它克服了普通水泥混凝土抗拉强度低、脆性大、易开裂、耐化学腐蚀性差等缺点，具有强度高、耐腐蚀、耐磨、耐火、耐水、抗冻、绝缘等优点，扩大了混凝土的使用范围，是国内外大力研究和发展的新型混凝土。

由于聚合物混凝土是在普通水泥混凝土的基础上再加入一种聚合物，以聚合物与水泥共同作为胶结料黏结骨料配制而成的，因而配制工艺比较简单、可利用现有设备、成本比较低、实际应用广泛。20 世纪 70 年代以后，许多国家开始将这种混凝土用于生产实践，并取得了良好的效果。

聚合物在混凝土中的应用包括三个分支，即聚合物混凝土主要分为聚合物浸渍混凝土、聚合物混凝土和聚合物水泥混凝土三类。

1. 聚合物浸渍混凝土（PIC）

以已硬化的水泥混凝土为基材，将聚合物填充其孔隙而成的一种混凝土-聚合物复合材料。其工艺为先将基材作不同程度的干燥处理，然后在不同压力下浸泡再以苯乙烯或甲基丙烯酸甲酯等有机单体为主的浸渍液中，使之渗入基材孔隙，最后用加热、辐射或化学等方法，使浸渍液在其中聚合固化。在浸渍过程中，浸渍液深入基材内部并遍及整体的，称完全浸渍工艺。一般应用于工厂预制构件，各道工序在专门设备中进行。浸渍液仅渗入基材表面层的，称表面浸渍工艺，一般应用于路面、桥面等现场施工。

由于聚合物填充了水泥混凝土中的孔隙和微裂缝，可提高它的密实度，增强水泥石与集料间的黏结力，并缓和裂缝尖端的应力集中，改变普通水泥混凝土的原有性能，使之具有高强度、抗渗、抗冻、抗冲、耐磨、耐化学腐蚀、抗射线等显著优点。可作为高效能结构材料应用于特种工程，例如腐蚀介质中的管、桩、柱、地面砖、海洋构筑物和路面、桥面板，以及水利工程中对抗冲、耐磨、抗冻要求高的部位。也可应用于现场修补构筑物的表面和缺陷，以提高其使用性能。

2. 聚合物水泥混凝土（PCC）

以聚合物（或单体）和水泥共同作为胶凝材料的聚合物混凝土。其制作工艺与普通混凝土相似，在加水搅拌时掺入一定量的有机物及其辅助剂，经成型、养护后，其中的聚合物掺加量一般为水泥重量的 $5\%\sim20\%$。使用的聚合物一般为合成橡胶乳液，如氯丁胶乳（CR）、丁苯胶乳（SBR）、丁腈胶乳（NBR）；热塑性树脂乳液，如聚丙烯酸酯类乳液（PAE）、聚乙酸乙烯乳液（PVAC）等。此外环氧树脂及不饱和聚酯一类树脂也可应用。

由于聚合物的引入，聚合物水泥混凝土改进了普通混凝土的抗拉强度、耐磨、耐蚀、抗渗、抗冲击等性能，并改善混凝土的和易性，可应用于现场灌筑构筑物、路面及桥面修补，混凝土储罐的耐蚀面层，新老混凝土的黏结以及其他特殊用途的预制品。

3. 聚合物胶结混凝土（PC）

以聚合物（或单体）全部代替水泥，作为胶结材料的聚合物混凝土。常用一种或几种有机物及其固化剂、天然或人工集料（石英粉、辉绿岩粉等）混合、成型、固化而成。常用的有机物有不饱和聚酯树脂、环氧树脂、呋喃树脂、酚醛树脂等，或用甲基丙烯酸甲酯、苯乙烯等单体。聚合物在此种混凝土中的含量为重量的 $8\%\sim25\%$。与水泥混凝土相比，它具有快硬、高强和显著改善抗渗、耐蚀、耐磨、抗冻融以及黏结等性能，可现场应用于混凝土工程快速修补、地下管线工程快速修建、隧道衬里等，也可在工厂预制。

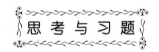

思 考 与 习 题

1. 塑料主要成分是什么？各起什么作用？
2. 塑料的主要特点有哪些？
3. 常用的热固性树脂胶黏剂有哪些？主要有哪些用途？
4. 土工合成材料的物理性能指标有哪些？各怎样测定？
5. 土工合成材料有什么优越性？
6. 土工合成材料有哪些种类？各有什么特点？

7. 防止土工合成材料老化的措施有哪些？

8. 土工合成材料有哪些功能？

9. 聚合物混凝土有哪些特点？

10. 在下列工程中，各选用何种土工合成材料？

（1）堤坝黏土斜墙和黏土心墙的反滤层；

（2）堤坝下游坡的排水层；

（3）堤坝排水体与坝体的隔离层；

（4）透水地基上堤坝的水平防渗铺盖和垂直防渗墙；

（5）水闸护底；

（6）堤坝边坡加筋。

模块九 沥青及防水材料

【目标及任务】 了解沥青及防水材料的种类、特点及主要技术标准；掌握沥青三大指标定义及适用范围；会在现场对沥青进行取样，能在实验室制备检测试样并能对沥青的三大指标进行检测，会处理检测数据并填写检测报告。

沥青是一种棕黑色的有机胶凝状材料，它是由复杂的高分子碳氢化合物及非金属（氧、硫、氮等）衍生物的混合物。有光泽，颜色为黑褐色或褐色。在常温下呈固体、半固体或黏性液体状态，能溶于多种有机溶剂，如汽油、二氧化硫、四氯化碳、三氯甲烷和苯等。沥青极难溶于水，具有良好的憎水性、黏结性和塑性，有抵抗冲击荷载的作用，且耐酸、碱、腐蚀。在工程中广泛地用作防水、防潮、防腐、路面等材料。防水材料主要包括 SBS/APP 改性沥青防水卷材、高分子防水卷材、防水涂料、玻纤沥青瓦、自黏防水卷材等新型防水材料，以及以石油沥青纸胎油毡、沥青复合胎柔性防水卷材为主的沥青油毡类防水卷材等。

项目一 沥 青

【知识导学】

国内外使用沥青有着非常悠久的历史。目前，沥青在水利工程上的应用范围不断扩大，除传统的防水卷材外，已使用沥青混合料作为大坝心墙。对沥青的各项指标要求也更加严格，根据沥青石油工业的标准，水利部也相继出台了一系列标准规范行业用沥青。在水利工程上主要使用牌号为 AH-90、AH-70 和 AH-40 的沥青，其三大指标都有具体要求。

一、沥青分类

沥青可分为地沥青和焦油沥青两大类，如图 9-1 所示。

地沥青俗称松香柏油，按其产源不同分为石油沥青和天然沥青两种。石油沥青是由石油原油炼制出汽油、煤油、柴油及润滑油等后的副产品经过加工而成。根据提炼程度的不同，在常温下成液体、半固体或固体。石油沥青色黑而有光泽，具有较高的感温性。天然沥青储藏在地下，有的形成矿层或在地壳表面堆积。这种沥青大都经过天然蒸发、氧化，一般已不含有任何毒素。

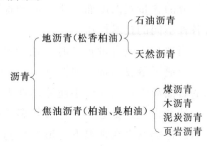

图 9-1 沥青的分类

焦油沥青俗称柏油、臭柏油，是干馏各种固体或液体燃料及其他有机材料所得的副产品，包括煤焦油蒸馏后的残余物即煤沥青，木焦油蒸馏后的残余物即木沥青等。页岩沥青是由页岩提炼石油后的残渣加工制得的。

工程中常用的沥青材料主要为石油沥青和煤沥青，石油沥青的技术性质优于煤沥青，在工程中应用更为广泛。

二、石油沥青及其组分

石油沥青是原油蒸馏后的残渣，根据提炼程度的不同，在常温下成液体、半固体或固体。石油沥青色黑而有光泽，具有较高的感温性。石油沥青由多种碳氢化合物及其非金属的衍生物组成的混合物，沥青的组成元素主要是碳和氢，二者含量要占到 90% 以上，其次是一些非烃元素，除此之外还有一些微量元素，为了便于研究，可将沥青成分分离为物理化学性质相近，而且与沥青性质又有一定联系的几个组。早年，将性质相近的划分为三个组，提出三组分分析法。组分如下：

（1）油分。是淡黄色至红褐色的油状液体，分子量为 200～700，几乎溶于所有溶剂，密度小于 1，含量 40%～60%，它使沥青具有流动性，降低沥青的软化点和黏度。

（2）树脂。是红褐色至黑褐色的黏稠的半固体，分子量为 500～3000，密度略大于 1，含量 15%～30%。在沥青中绝大部分属于中性树脂，它使沥青具有良好的塑性、黏结性和可流动性，另有少量（约 1%）的酸性树脂，是沥青中表面活性物质，能增强沥青与矿质材料的黏结。

（3）沥青质。是深褐色至黑褐色粉末状固体颗粒，分子量为 1000～5000，密度大于 1，含量 10%～30%，加热时不熔化，在高温时分解成焦炭状物质和气体。它能提高沥青的黏滞性和耐热性，但含量增多时会降低沥青的低温塑性，是决定石油沥青温度敏感性、黏性的重要组成部分。

后来，进一步研究提出四组分分析法。在《石油沥青四组分测定法》（NB/SH/T 0509—2010）中，利用四组分分析法将石油沥青分为饱和分、芳香分、胶质和沥青质。

三、石油沥青的结构

沥青中的油分和树脂可以互溶，而只有树脂才能浸润地沥青质。以地沥青质为核心，周围吸附部分树脂和油分，构成胶团，无数胶团分散在油分中形成胶体结构，并随着各化学组分的含量及温度而变化，使沥青形成了不同类型的胶体结构，这些结构使石油沥青具有各种不同的技术性质。

当地沥青质含量较少时，油分及树脂含量较多，地沥青质在胶体结构中运动较为自由，形成了溶胶结构，如图 9-2（a）所示。这是液体石油沥青的结构特征。具有溶胶结构的石油沥青，黏滞性小而流动性大，塑性好，但温度稳定性较差。

地沥青质含量适当，并有较多的树脂作为保护质时，它们组成的胶团之间有一定的吸引力。这类沥青在常温下变形的最初阶段，表现出明显的弹性效应。大多数优质沥青属于溶、凝胶型沥青，也称弹性溶胶。在常温下的黏稠沥青（固体、半固体状）即属于此种结构。如图 9-2（b）所示。

当地沥青质含量增多，油分及树脂含量减少时，地沥青质成为不规则空间网状的凝胶结构，如图 9-2（c）所示。这种结构的石油沥青具有弹性，且黏结性及温度稳定性较好，但塑性较差。

（a）溶胶结构　　　　　　（b）溶、凝胶结构　　　　　　（c）凝胶结构

图 9-2　沥青胶体结构示意图

石油沥青的结构状态随温度不同而改变。当温度升高时，固体石油沥青中易溶成分逐渐转变为液体，使原来的凝胶结构状态逐渐转变为溶胶状态；但当温度降低时，它又可以恢复为原来的结构状态。

石油沥青中的各组分是不稳定的，在阳光、空气、水等综合因素的作用下，沥青各组分之间会不断演变。即油分、树脂含量会逐渐减少，地沥青质含量会逐渐增多，沥青的这一演变过程称为"老化"。老化后的沥青流动性、塑性变小，脆性增大，从而使沥青变硬，甚至脆裂、完全松散，从而失去防水、防腐等作用。

【工作任务】　沥青试验

任务一　沥青试验一般要求及取样

一、沥青试验依据

（1）《水工石油沥青》（Q/SH PRD005—2006）。

（2）《沥青取样法》（GB/T 11147—2010）。

（3）《沥青针入度测定法》（GB/T 4509—2010）。

（4）《沥青延度测定法》（GB/T 4508—2010）。

（5）《沥青软化点测定法（环球法）》（GB/T 4507—2014）。

（6）《建筑石油沥青》（GB/T 494—2010）。

二、沥青试验的一般规定

（1）适用于在生产厂、储存或交货验收地点为检查沥青产品质量而采集各种沥青材料的样品。

（2）进行沥青性质常规检验的取样数量为：黏稠沥青或固体沥青不少于 4.0kg，液体沥青不少于 1L，沥青乳液不少于 4L。

进行沥青性质非常规检验及沥青混合料性质试验所需的沥青数量，应根据实际需要确定。

三、仪具与材料技术要求

（1）盛样器：根据沥青的品种选择。液体或黏稠沥青采用广口、密封带盖的金属容器（如锅、桶等）；乳化沥青也可使用广口、带盖的聚氯乙烯塑料桶；固体沥青可用塑料袋，但需有外包装，以便携运。

（2）沥青取样器：金属制、带塞、塞上有金属长柄提手。

四、准备工作

检查取样和盛样器是否干净、干燥，盖子是否配合严密。使用过的取样器或金属桶等盛样容器必须洗净、干燥后才可使用。对供质量仲裁用的沥青试样，应采用未使用过的新容器存放，且由供需双方人员共同取样，取样后双方在密封条上签字盖章。

五、取样步骤

1. 从储油罐中取样

分为从无搅拌设备和有搅拌设备储罐取样两种。

（1）无搅拌设备储罐取样应在沥青为液体时取样，用取样器按液面上、中、下位置（液面高各为1/3等分处，但距罐底不得低于总液面高度的1/6）各取1～4L样品。每层取样后，取样器应尽可能倒净。当储罐过深时，亦可在流出口按不同流出深度分3次取样。对静态存储的沥青，不得仅从罐顶用小桶取样，也不得仅从罐底阀门流出少量沥青取样。将取出的3个样品充分混合后取4kg样品作为试样，样品也可分别进行检验。

（2）有搅拌设备的储罐，将液体沥青或经加热已经变成流体的黏稠沥青充分搅拌后，用取样器从沥青层的中部取规定数量试样。

2. 从槽车、罐车、沥青洒布车中取样

（1）设有取样阀时，可旋开取样阀，待流出至少4kg或4L后再取样。

（2）仅有放料阀时，待放出全部沥青的1/2时取样。

（3）从顶盖处取样时，可用取样器从中部取样。

3. 在装料或卸料过程中取样

在装料或卸料过程中取样时，要按时间间隔均匀地取至少3个规定数量样品，然后将这些样品充分混合后取规定数量样品作为试样，样品也可分别进行检验。

4. 从沥青储存池中取样

沥青储存池中的沥青应待加热熔化后，经管道或沥青泵流至沥青加热锅之后取样。分间隔每锅至少取3个样品，然后将这些样品充分混匀后再取4.0kg作为试样，样品也可分别进行检验。

5. 从沥青运输船中取样

沥青运输船到港后，应分别从每个沥青舱取样，每个舱从不同的部位取3个4kg的样品，混合在一起，将这些样品充分混合后再从中取出4kg，作为一个舱的沥青样品供检验用。在卸油过程中取样时，应根据卸油量，大体均匀地分间隔 3 次从卸油口或管道途中的取样口取样，然后混合作为一个样品供检验用。

6. 从沥青桶中取样

（1）当能确认是同一批生产的产品时，可随机取样。当不能确认是同一批生产的产品时，应根据桶数按照表 9-1 规定或按总桶数的立方根数随机选取沥青桶数。

表 9-1 　　　　　　　　　　　沥 青 桶 取 样 数

沥青桶总数	选取桶数	沥青桶总数	选取桶数
2~8	2	217~343	7
9~27	3	344~512	8
28~64	4	513~729	9
65~125	5	730~1000	10
126~216	6	1001~1331	11

（2）将沥青桶加热使桶中沥青全部熔化成流体后，按罐车取样方法取样。每个样品的数量，以充分混合后能满足供检验用样品的规定数量且不少于 4.0kg 要求为限。

（3）当沥青桶不便加热熔化沥青时，可在桶高的中部将桶凿开取样，但样品应在距桶壁 5cm 以上的内部凿取，并采取措施防止样品散落地面沾有尘土。

7. 固体沥青取样

从桶、袋、箱装或散装整块中取样时，应在表面以下及容器侧面以内至少 5cm 处采取。如沥青能够打碎，可用一个干净的工具将沥青打碎后取中间部分试样；若沥青是软塑的，则用一个干净的热工具切割取样。

当能确认是同一批生产的样品时，应随机取出一件按本条的规定取 4kg 供检验用。

任务二　石油沥青针入度试验

一、目的与适用范围

半固体沥青、固体沥青的黏滞性指标是针入度。针入度通常是指在温度为 25℃ 的条件下，以质量为 100g 的标准针，经 5s 插入沥青中的深度（每 0.1mm 为 1 度）来表示。

本方法适用于测定水工石油沥青（AH-90、AH-70 和 AH-40）针入度。其标准试验条件为温度 25℃，荷重 100g，贯入时间 5s，以 0.1mm 计。

二、仪器与材料

（1）针入度仪：凡能保证针和针连杆在无明显摩擦下垂直运动，并能指示针贯入深度准确至 0.1mm 的仪器均可使用。针和针连杆组合件总质量为 (50±0.05)g，另附 (50±0.05)g 砝码一只，试验总质量为 (100±0.05)g。当采用其他试验条件时，应在试验结果中注明。仪器设有放置平底玻璃保温皿的平台，并有调节水平的装置，针连杆应与平台相垂直。仪器设有针连杆制动按钮，使针连杆可自由下落。针连杆易于装拆，以便检查其质

图 9-3 自动针入度仪

量。仪器还设有可自由转动与调节距离的悬臂，其端部有一面小镜或聚光灯泡，借以观察针尖与试样表面接触情况。当为自动针入度时，各项要求与此项相同，温度采用温度传感器测定，针入度值采用位移计测定，并能自动显示或记录，且应对自动装置的准确性经常校验。为提高测试精密度，不同温度的针入度试验宜采用自动针入度仪进行。自动针入度仪如图 9-3 所示。

（2）标准针由硬化回火的不锈钢制成，洛氏硬度 HRC54～60，表面粗糙度 Ra 0.2～0.3μm，针及针杆总质量（2.5±0.05）g，针杆上应打印有号码标志，针应设有固定用装置盒（筒），以免碰撞针尖，每根针必须附有计量部门的检验单，并定期进行检验。

（3）盛样皿：金属制，圆柱形平底。小盛样皿的内径 55mm，深 35mm（适用于针入度小于 200）；大盛样皿内径 70mm，深 45mm（适用于针入度为 200～350）；对针入度大于 350 的试样需使用特殊盛样皿，其深度不小于 60mm，试样体积不少于 125mL。

（4）恒温水槽：容量不少于 10L，控温的准确度为 0.1℃。水槽中应设有一带孔的搁架，位于水面下不得少于 100mm，距水槽底不得少于 50mm。

（5）平底玻璃皿：容量不少于 1L，深度不少于 80mm。内设有一不锈钢三脚支架，能使盛样皿稳定。

（6）温度计：0～50℃，分度为 0.1℃。

（7）秒表：分度 0.1s。

（8）盛样皿盖：平底玻璃，直径不小于盛样皿开口尺寸。

（9）溶剂：三氯乙烯等。

（10）电炉或砂浴、石棉网、金属锅或瓷把坩埚等。

三、方法与步骤

1. 准备工作

（1）按试验要求将恒温水槽调节到要求的试验温度 25℃，保持稳定。

（2）将试样注入盛样皿中，试样高度应超过预计针入度值 10mm，并盖上盛样皿，以防落入灰尘。盛有试样的盛样皿在 15～30℃室温中冷却 1～1.5h（小盛样皿）、1.5～2h（大盛样皿）或 2～2.5h（特殊盛样皿）后移入保持规定试验温度±0.1℃的恒温水槽中 1～1.5h（小盛样皿）、1.5～2h（大盛样皿）或 2～2.5h（特殊盛样皿）。

（3）调整针入度仪使之水平。检查针连杆和导轨，以确认无水和其他外来物，无明显摩擦。用三氯乙烯或其他溶剂清洗标准针，并拭干。将标准针插入针连杆，用螺丝固紧。按试验条件，加上附加砝码。

2. 试验步骤

（1）取出达到恒温的盛样皿，并移入水温控制在试验温度±0.1℃（可用恒温水槽中的水）的平底玻璃皿的三脚支架上，试样表面以上的水层深度不少于 10mm。

（2）将盛有试样的平底玻璃皿置于针入度仪的平台上。慢慢放下针连杆，用适当位置的反光镜或灯光反射观察，使针尖恰好与试样表面接触。拉下刻度盘的拉杆，使与针连杆顶端轻轻接触，调节刻度盘或深度指示器的指针指示为零。

（3）经规定时间，停压按钮使针停止移动。

注意：当采用自动针入度仪时，计时与标准针落下贯入试样同时开始，至 5s 时自动停止。

（4）拉下刻度盘拉杆与针连杆顶端接触，读取刻度盘指针或位移指示器的读数，准确至 0.5（0.1mm）。

（5）同一试样平行试验至少 3 次，各测试点之间及与盛样皿边缘的距离不应少于10mm。每次试验后应将盛有盛样皿的平底玻璃皿放入恒温水槽，使平底玻璃皿中水温保持试验温度。每次试验应换一根干净标准针或将标准针取下用蘸有三氯乙烯溶剂的棉花或布揩净，再用干棉花或布擦干。

（6）测定针入度大于 200 的沥青试样时，至少用 3 支标准针，每次试验后将针留在试样中，直至 3 次平行试验完成后，才能将标准针取出。

注意：在试验中，不同针入度试验方法的差异。

四、报告

（1）应报告标准温度（25℃）时的针入度 T_{25} 以及其他试验温度 T 所对应的针入度 P。

（2）同一试样 3 次平行试验结果的最大值和最小值之差在下列允许偏差范围内时，计算 3 次试验结果的平均值，取整数作为针入度试验结果，以 0.1mm 为单位。

当试验值不符合表 9-2 的要求时，应重新进行。

表 9-2　　　　　　　　　　　　针 入 度 允 许 差 值

针入度（0.1mm）	允许差值（0.1mm）	针入度（0.1mm）	允许差值（0.1mm）
0～49	2	150～249	12
50～149	4	250～500	20

五、精密度或允许差

（1）当试验结果小于 50（0.1mm）时，重复性试验的允许差为 2（0.1mm），复现性试验的允许差为 4（0.1mm）。

（2）当试验结果等于或大于 50（0.1mm）时，重复性试验的允许差为平均值的 4%，复现性试验的允许差为平均值的 8%。

任务三　石油沥青延伸度试验

一、目的与适用范围

沥青的塑性用"延伸度"表示。延伸度测定时，按标准试验方法，制成"8"形标准试件，试件中间最狭处断面为 $1cm^2$，在规定温度（一般为 25℃）和规定速度（5cm/s）的条件下在延伸仪上进行拉伸，延伸度以试件能够拉成细丝的延伸长度厘米表示。沥青的延伸度越大，沥青的塑性越好。本方法适用于测定水工石油沥青（AH-90、AH-70 和 AH-40）延度。沥青延度的试验温度与拉伸速率可根据要求采用，通常采用的试验温度为 15℃，拉伸速度为 (5±0.25)cm/min。当温度为 4℃ 时采用 (1±0.5)cm/min 拉伸速度。

二、仪器设备

（1）延度仪：将试件浸没于水中，能保持规定的试验温度及按照规定拉伸速度拉伸试件且试验时无明显振动的延度仪均可使用。延度仪如图 9-4 所示。

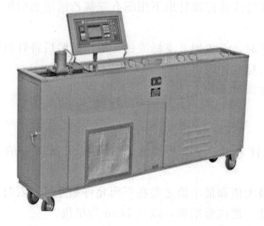

图 9-4　延度仪　　　　　　　　　图 9-5　延度仪试模

（2）试模：黄铜制，由两个端模和两个侧模组成。延度仪试模如图 9-5 所示。

（3）试模底板：玻璃板或磨光的铜板、不锈钢板（Ra0.2μm）。

（4）恒温水槽：容量不少于 10L，控制温度的准确度为 0.1℃，水槽中应设有带孔搁架，搁架距水槽底不得少于 50mm。试件浸入水中的深度不小于 100mm。

（5）温度计：0~50℃，分度为 0.1℃。

（6）砂浴或其他加热炉具。

（7）甘油滑石粉隔离剂（甘油与滑石粉的质量比 2:1）。

（8）平刮刀、石棉网、酒精、食盐等。

三、试验准备

（1）将隔离剂拌和均匀，涂于清洁干燥的试模底板和两个侧模的内侧表面，并将试模在试模底板上装妥。

（2）按规定的方法准备试样，然后将试样自试模的一端至另一端往返数次缓缓注入模中，最后略高出试模，灌模时应注意勿使气泡混入。

（3）试件在室温中冷却 30~40min，然后置于规定试验温度±0.1℃的恒温水槽中，保持 30min 后取出，用热刮刀刮除高出试模的沥青，使沥青面与试模面齐平。沥青的刮法应自试模的中间刮向两端，且表面应刮得平滑。将试模连同底板再浸入规定试验温度的水槽中 1～1.5h。

（4）检查延度仪延伸速度是否符合规定要求，然后移动滑板使其指针正对标尺的零点将延度仪注水，并保温达试验温度±0.5℃。

四、试验步骤

（1）将保温后的试件连同底板移入延度仪的水槽中，然后将盛有试样的试模自玻璃板或不锈钢板上取下，将试模两端的孔分别套在滑板及槽端固定板的金属柱上，并取下侧模。水面距试件表面应不小于 25mm。

（2）开动延度仪，并注意观察试样的延伸情况。此时应注意，在试验过程中，水温应始终保持在试验温度规定范围内，且仪器不得有振动，水面不得有晃动，当水槽采用循环水时，应暂时中断循环，停止水流。

（3）试件拉断时，读取指针所指标尺上的读数，以厘米表示，在正常情况下，试件延伸时应成锥尖状，拉断时实际断面接近于零。如不能得到这种结果，则应在报告中注明。

注意：在试验中，如发现沥青细丝浮于水面或沉入槽底时，则应在水中加入酒精或食盐，调整水的密度至与试样相近后，重新试验。

五、结果整理

同一试样，每次平行试验不少于 3 个，如 3 个测定结果在其平均值的 5% 内，取平行测定三个结果的平均值作为测定结果。若 3 个测定结果不在其平均值的 5% 以内，但两个较高值在平均值的 5% 之内，则弃去最低测定值，取两个较高值的平均值作为测定结果，否则重新测定。

任务四　石油沥青软化点试验（环球法）

一、目的与适用范围

常用软化点表示耐热性，软化点是沥青材料由固体状态转变为具有一定流动性的膏体时的温度。沥青受热后逐渐变软，由固态转化为液态时，没有明显的熔点。软化点是沥青达到某种特定黏性流动状态时的温度。不同沥青的软化点不同，大致为 25～100℃。软化点高，说明沥青的耐热性能好，但软化点过高，又不易加工；软化点低的沥青，夏季易产生变形，甚至流淌。本方法适用于测定水工石油沥青（AH - 90、AH - 70 和 AH - 40）软化点。

二、仪具与材料技术要求

（1）软化点试验仪由下列部件组成：

1）钢球：直径 9.53mm，质量（3.5±0.05）g。

2）试样环：黄铜或不锈钢等制成。

3）钢球定位环：黄铜或不锈钢制成。

4）金属支架：由两个主杆和三层平行的金属板组成。上层为一圆盘，直径略大于烧杯直径，中间有一圆孔，用以插放温度计。板上有两个孔，各放置金属环，中间有一小孔可支持温度计的测温端部。一侧立杆距环上面51mm处刻有水高标记。环下面距下层底板为25.4mm，而下底板距烧杯底不小于12.7mm，也不得大于19mm。三层金属板和两个主杆由两螺母固定在一起。

图9-6 软化点试验仪

5）耐热玻璃烧杯：容量800～1000mL，直径不小于86mm，高不小于120mm。

6）温度计：量程0～100℃，分度值0.5℃。

（2）装有温度调节器的电炉或其他加热炉具（液化石油气、天然气等）。应采用带有振荡搅拌器的加热电炉，振荡子置于烧杯底部。

（3）当采用自动软化点仪时，各项要求应与（1）及（2）相同，温度采用温度传感器测定。并能自动显示或记录，且应对自动装置的准确性经常校验。自动软化点仪如图9-6所示。

（4）试样底板：金属板（表面粗糙度应达Ra0.8μm）或玻璃板。

（5）恒温水槽：控温的准确度为±0.5℃。

（6）平直刮刀。

（7）甘油、滑石粉隔离剂（甘油与滑石粉的质量比为2:1）。

（8）蒸馏水或纯净水。

（9）石棉网。

三、方法与步骤

1. 准备工作

（1）将试样环置于涂有甘油滑石粉隔离剂的试样底板上。按规定方法将准备好的沥青试样徐徐注入试样环内至略高出环面为止。如估计试样软化点高于120℃，则试样环和试样底板（不用玻璃板）均应预热至80～100℃。

（2）试样在室温冷却30min后，用热刮刀刮除环面上的试样，应使其与环面齐平。

2. 试验步骤

（1）将装有试样的试样环连同试样底板置于装有（5±0.5）℃水的恒温水槽中至少15min；同时将金属支架、钢球、钢球定位环等亦置于相同水槽中。

（2）烧杯内注入新煮沸并冷却至5℃的蒸馏水或纯净水，水面略低于立杆上的深度标记。

（3）从恒温水槽中取出盛有试样的试样环放置在支架中层板的圆孔中，套上定位环；然后将整个环架放入烧杯中，调整水面至深度标记，并保持水温为（5±0.5）℃。环架上任何部分不得附有气泡。将0～100℃的温度计由上层板中心孔垂直插入，使端部测温头底部与试样环下面齐平。

（4）将盛有水和环架的烧杯移至放有石棉网的加热炉具上，然后将钢球放在定位环中间的试样中央，立即开动电磁振荡搅拌器，使水微微振荡，并开始加热，使杯中水温在3min内调节至维持每分钟上升（5±0.5）℃。在加热过程中，应记录每分钟上升的温度值，如温度上升速度超出此范围，则试验应重做。

（5）试分别立即读取试样受热软化逐渐下坠至与下层底板表面接触时的温度，准确至0.5℃。如果两个温度的差值超过1℃，则重新试验。

注意：整个操作应严格控制温度。

四、报告

同一试样平行试验两次，当两次测定值的差值符合重复性试验允许误差要求时，取其平均值作为软化点试验结果，准确至0.5℃。

【知识拓展】

一、石油沥青的技术要求

1. 黏滞性

黏滞性是沥青的一项重要物理力学性质，它是指沥青在外力作用下抵抗发生形变的性能指标。不同沥青的黏滞性变化范围很大，主要由沥青的组分和温度而定，一般沥青黏滞性随地沥青质的含量增加而增大，随温度的升高而降低。黏滞性可用动力黏度或运动黏度来表示，由于动力黏度测量较为复杂，故对沥青材料多采用各种条件黏度来评定其黏滞性。

2. 塑性

塑性是沥青在外力作用下产生不可恢复的变形，而不发生断裂，除去外力后仍保持变形后的形状不变的能力。

沥青塑性表示了沥青受力变形而不破坏，开裂也能自愈的能力及吸收振动的能力。沥青广泛用于柔性防水，是因为它有非常良好的塑性。沥青的塑性与它的组分、胶体结构及温度密切相关。沥青的塑性一般是随其温度的升高而增大，随温度的降低而减小；地沥青质含量相同时，树脂和油分的比例决定沥青的塑性大小，油分、树脂含量越多，沥青的塑性越大。

3. 大气稳定性

大气稳定性是指石油沥青在加热时间过长或在外界阳光、氧气和水等大气因素的长期综合作用下，抵抗老化的性能，也即沥青材料的耐久性。

沥青材料在温度、空气、阳光等因素影响下，会产生轻质油分挥发，更重要的是由于氧化、缩合和聚合的作用，使较低分子量的组分向较高分子量的组分转化。这样，沥青中的油分和树脂的含量逐渐减少，地沥青质的含量逐渐增多，使沥青的塑性、黏结力降低，脆性增加，性能逐渐恶化。矿料中含有铝、铁等盐类时，可加速沥青的老化作用。

沥青的大气稳定性以加热蒸发损失百分率和加热前后针入度比来评定。蒸发损失百分数越小和蒸发后针入度比越大，则表示沥青的大气稳定性越好，即"老化"越慢。

4. 耐热性

耐热性是指黏稠石油沥青在高温下不软化、不流淌的性能。耐热性常用软化点来表示，软化点是沥青材料由固体状态转变为具有一定流动性的膏体时的温度。沥青受热后逐渐变软，由固态转化为液态时，没有明显的熔点。软化点是沥青达到某种特定黏性流动状态时的温度。不同沥青的软化点不同，大致在 25～100℃。软化点高，说明沥青的耐热性能好，但软化点过高，又不易加工；软化点低的沥青，夏季易产生变形，甚至流淌。

5. 温度稳定性

温度稳定性是指沥青的黏滞性和塑性在温度变化时不产生较大变化的性能。使用温度稳定性高的沥青，可以保证在夏天不流淌，冬天不脆裂，保持良好的工程应用性能。

温度稳定性包括耐高温的性质及耐低温的性质。耐低温一般用脆化点表示。脆化点是将沥青涂在一标准金属片上（厚度约 0.5mm），将金属片放在脆点仪中，一边降温，一边将金属片反复弯曲，直至沥青薄层开始出现裂缝时的温度（℃）称为脆化点。

6. 加热稳定性

沥青加热稳定性反映了沥青在过热或长时间加热过程中，氧化、裂化等变化的程度。沥青加热稳定性可用测定加热损失及加热前后针入度、软化点等性质的改变值来表示。加热损失和加热前后针入度变化的大小，可以概略地说明沥青的挥发和老化程度。为了提高沥青加热稳定性，工程中使用沥青时，应尽量降低加热温度和缩短加热时间，应确定合理的加热温度。通常情况下熬制沥青的适宜温度。

7. 施工安全性

为了评定沥青的品质和保证施工安全，还应当了解沥青的闪点、燃点和溶解度。

闪点是指沥青达到软化点后再继续加热，则会发生热分解而产生挥发性的气体，当与空气混合，在一定条件下与火焰接触，初次产生蓝色闪光时的沥青温度。

燃点是指沥青温度达到闪火点，温度如再上升，与火接触而产生的火焰能持续烧 5s 以上时，这个开始燃烧时的温度即为燃点。沥青的闪点和燃点的温度值通常相差 10℃。液体沥青由于轻质成分较多，闪点和燃点的温度值相差很小。

沥青的溶解度是指沥青在溶剂中（苯或二硫化碳）可溶部分质量占全部质量的百分率。沥青溶解度可用来确定沥青中有害杂质含量。沥青中有害物质含量多，主要会降低沥青的黏滞性。一般石油沥青溶解度高达 98％以上，而天然沥青因含不溶性矿物质，溶解度低。

二、石油沥青的应用

普通石油沥青含蜡量高达 15％～20％，有的甚至达 25％～35％以上，由于石蜡是一种熔点低（32～55℃）、黏结力差的脂性材料，当沥青温度达到软化点时，已接近流动状态，所以容易产生流淌现象。当采用普通石油沥青作为黏结材料时，随着时间增长，沥青中的石蜡会向胶层表面渗透，在表面形成薄膜，使沥青黏结层的耐热和黏结能力降低。所以一般不宜采用普通石油沥青，否则，必须加以适当改性处理。如吹气氧化改性处理、外加剂改性处理、混合改性处理、掺合填充料等。

水利工程中所用的沥青，要求具有较高的塑性和一定的耐热性的沥青材料。当缺乏所需牌号的石油沥青时，可采用两种不同牌号的沥青掺配（称调配沥青）使用。可按式（9-1）及式（9-2）初步计算配制比例，然后再进行试验确定。

当按需用的针入度掺配时：

$$s=\frac{\lg P_{\mathrm{m}}-\lg P_{\mathrm{h}}}{\lg P_{\mathrm{S}}-\lg P_{\mathrm{h}}}\times100\%\qquad(9-1)$$

式中　　　s——软石油沥青的用量，%；

P_{m}、P_{S}、P_{h}——预配制沥青、软石油沥青、硬石油沥青的针入度。

当按需用的软化点掺配时：

$$B=\frac{t-t_2}{t_1-t_2}\times100\%\qquad(9-2)$$

式中　B——高软化点石油沥青用量，%；

t、t_1、t_2——要求配制的石油沥青、高软化点石油沥青、低软化点石油沥青的软化点。

如用三种沥青时，可先求出两种沥青的配比后再与第三种沥青进行计算。一般沥青掺配是在高标号沥青中加入一定数量的低标号沥青。加入的方法是将高标号的沥青熔化，然后再加入低标号沥青，共同熔化，不断搅匀。

三、沥青交货验收与储存

（1）交货时，沥青的质量验收可抽取实物试样以其检验结果为依据。

当沥青到达验收地点卸货时，应尽快取样。所取样品为两份：一份样品用于验收试验；另一份样品留存备查。试样需加热采取时，应一次取够一批试验所需的数量装入另一盛样器，其余试样密封保存，应尽量减少重复加热取样。用于质量仲裁检验的样品，重复加热的次数不得超过两次。

（2）沥青存放与样品存放。

1）沥青必须严格按照规格分别储存。对沥青储存时间、规格、数量做好登记，形成台账。

2）除液体沥青、乳化沥青外，所有需加热的沥青试样必须存放在密封带盖的金属容器中，严禁灌入纸袋、塑料袋中存放。试样应存放在阴凉干净处，注意防止试样污染。装有试样的盛样器加盖、密封好并擦拭干净后，应在盛样器上（不得在盖上）标出识别标记，如试样来源、品种、取样日期、地点及取样人。

附表 沥青试验报告

委托/施工单位	中国水电建设集团 ××工程局有限公司	委托编号	RW－2015－012
工程名称	××××工程	样品编号	YP－2015－LQJ－001
工程部位/用途	沥青路面中面层	样品名称	道路石油沥青
试验依据	JTG E20－2011	判定依据	JTG F40－2004
样品描述	黑色、黏稠状，数量4kg		
主要仪器设备 及编号	9－2低温针入度试验器；9－3全自动沥青软化点试验器；9－15调温调速沥青延伸度测定仪；10－4沥青旋转薄膜烘箱；9－16数显恒温水浴；9－18密度瓶；10－3沥青动力黏度试验器；9－4克利夫兰开口闪点试验器；9－8电子天平；9－6闪点温度计；9－7温度计等。		
厂家（产地）	克拉玛依石化分公司	沥青标号	90号A级
生产日期		代表数量	

序号	检测项目	单位	技术指标	检测结果	结果判定
1	针入度（25℃，100g，5s）	0.1mm	80～100	89	合格
2	软化点（R&B）	℃	≮45	45.0	合格
3	10℃延度	cm	≮45	＞100	合格
	15℃延度	cm	≮100	＞100	合格
4	60℃动力黏度	Pa·s	≮160	238	合格
5	闪点	℃	≮245	284	合格

检测结论：

经检测，该沥青样品所检项目检测结果符合《公路沥青路面施工技术规范》（JTG F40—2004）中表4.2.1－2道路石油沥青相关技术要求。

批准：	审核：	检验：	单位（章）
年 月 日	年 月 日	年 月 日	

项目二 沥青混凝土

【知识导学】

一、沥青混凝土概述

沥青混凝土是以沥青为胶凝材料组成的混凝土。将级配合适的矿质材料与沥青拌和均匀,称为沥青混合料,经铺筑成型后则称为沥青混凝土。粗细骨料和填料,统称为矿料,粗骨料指粒径大于 2.36mm 的矿料;细骨料指粒径为 2.36～0.075mm 的矿料;填料指粒径小于 0.075mm 的矿料。

沥青混凝土按所用矿料的最大粒径分为:粗粒式、中粒式、细粒式和砂粒式。水工沥青混凝土以细粒式和中粒式应用较多。沥青混凝土按施工方法分为碾压式和浇筑式。碾压式和浇筑式沥青混凝土在防渗墙工程中均被采用。

二、沥青混凝土的特性

(1) 沥青混凝土拌制前必须将砂石骨料烘干加热,将石油沥青加热恒温,并采用强制式搅拌机拌和,拌和温度为 160～180℃。

(2) 沥青混凝土拌和物温度对沥青混凝土施工质量影响特别大,这是因为沥青混凝土拌和物温度过低,不利于骨料与沥青黏附,因此应严格控制沥青混凝土拌和物出机口温度与浇筑温度。

(3) 沥青混凝土力学特性随温度与加荷速度而变化。沥青混凝土的破坏有三种:①强度破坏:温度低、加荷速度快,在一次荷载作用下产生脆性破坏;②疲劳破坏:沥青混凝土允许变形随荷载次数的增加而减小,在反复荷载作用下,变形不断增加,最后超过允许变形发生破坏,即所谓疲劳破坏;③徐变破坏:在长期荷载作用下,沥青混凝土徐变变形逐渐增大,产生大的徐变变形会引起裂缝而破坏。

因此,沥青混凝土在低温或短时间荷载作用下,它的性能近于弹性,而在高温或长期荷载作用下,就表现出黏弹性或近于黏性。

(4) 沥青混凝土变形性能好,变形模量(温度低、加荷时间短时称弹性模量)较低,柔韧性好,适用于软基或不均匀沉降较大的基础上的防渗结构。

(5) 沥青混凝土耐久性(水稳定性)好,石油沥青是饱和碳氢化合物的混合物,其化学性能稳定,与水不发生化学反应,因此沥青混凝土耐水性强,即水稳定性好。

三、沥青混凝土的用途

(1) 各种公路路面材料,如高速公路、城市主干道等道路。

(2) 土石坝防渗工程,如沥青混凝土斜墙土石坝、沥青混凝土心墙堆石坝等。

(3) 渠道及水库防渗工程,如引水渠道沥青混凝土衬砌,抽水蓄能电站上库防渗工程。

(4) 土石坝与混凝土坝渗漏处理工程,如重力坝上游面沥青土防渗处理、土石坝上游沥青混凝土防渗处理等。

四、水工沥青混凝土

水利工程中，沥青混凝土主要起防渗和防护作用，主要用于水工建筑物防渗体与老坝渗漏处理等。沥青混凝土防渗墙在大中型水利工程中作为防渗体得到广泛应用。

水工沥青混凝土的技术性质应满足工程的设计要求，具有与施工条件相适应的和易性。其主要技术性质包括和易性、抗渗性、力学性能、热稳定性、柔性、耐久性等。

1. 和易性

和易性是指沥青混凝土在拌和、运输、摊铺及压实过程中具有与施工条件相适应、既保证质量又便于施工的性能。沥青混凝土和易性目前尚无成熟的测定方法，多是凭经验判定。

沥青混凝土的和易性与组成材料的性质、用量及拌和质量等多种因素有关。使用黏滞性较小的沥青，能配制成流动性高、松散性强、易于施工的沥青混凝土，当使用黏滞性大的沥青时，流动性及分散性较差；沥青用量过多时易出现泛油，使运输时卸料困难，并难于铺平。矿质混合料中，粗细骨料的颗粒大小相差过大，缺乏中间颗粒，则容易产生离析分层；使用未经烘干的矿粉，易使沥青混凝土结块、质地不均匀，不易摊铺；矿粉用量过多，使沥青混凝土黏稠，但矿粉用量过少，则会降低沥青混凝土的抗渗性、强度及耐久性等。

2. 抗渗性

沥青混凝土的抗渗性用渗透系数（单位为 cm/s）来表示。防渗用沥青混凝土的渗透系数一般为 10^{-7} $\sim 10^{-10}$ cm/s；排水层用沥青混凝土的渗透系数一般为 $10^{-1} \sim 10^{-2}$ cm/s。

沥青混凝土的抗渗性取决于矿质混合料的级配、填充空隙的沥青用量，以及碾压后的密实程度。一般，矿料的级配良好、沥青用量较多、密实性好的沥青混凝土，其抗渗性较强。沥青混凝土的抗渗性与孔隙率之间的关系，如图 9-7 所示，孔隙率越小其渗透系数就越小、抗渗性越好。一般孔隙率在 4% 以下时，渗透系数可小于 10^{-7} cm/s。因此，在设计和施工中，常以 4% 的孔隙率作为控制防渗沥青混凝土的控制指标。

沥青混凝土的抗渗性还与其所受的压力有关，实践证明，抗渗性能随着水压的增加而增强。

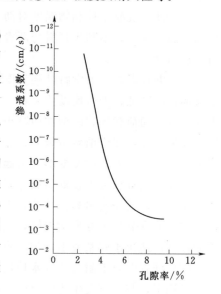

图 9-7　沥青混凝土的渗透系数与孔隙率的关系曲线

3. 力学性质

沥青混凝土的力学性质包括抗压、拉伸、弯曲、剪切强度和变形。沥青混凝土的破坏强度和破坏变形是随温度、加荷速度等因素而异。大量试验研究认为，沥青混合料的破坏和变形可分为三种类型：Ⅰ型——脆性破坏，Ⅱ型——过渡性破坏，Ⅲ型——流动性破坏。Ⅰ型的变形模量（ale）在任一点都是常数，Ⅱ型和Ⅲ型则随着应力或应变的增大，变形模量渐趋降低。

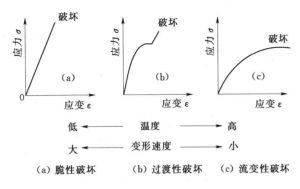

图 9-8　沥青混凝土不同类型的破坏

影响沥青混合料破坏强度、破坏应变和变形模量的因素除了温度和加荷速度外，还与沥青的针入度，针入度指数，沥青用量有关。在矿料级配相同的条件下，沥青的针入度增大，针入度指数减小，沥青用量增多，沥青混合料的破坏类型就由 I 型逐渐向 III 转变，其破坏强度降低而破坏应变增加。

沥青混凝土在低温或短时间荷载作用下，它近于弹性；而在高温或长时间荷载下就表现出黏弹性或近于黏性。因此，测定沥青混凝土的力学性能，要特别注意在实际使用条件下的性能。

一般情况沥青混凝土的抗拉强度为 $0.5 \sim 5MPa$，抗压强度 $5 \sim 40MPa$，抗弯强度为 $3 \sim 12MPa$。延性破坏应变为 10^{-2}，脆性破坏应变为 10^{-3}。

4. 热稳定性

热稳定性是指沥青混凝土在高温下，承受外力不断作用，抵抗永久变形和不发生过大的累积塑性变形的能力，抵抗塑性流动的性能。当温度升高时，沥青的黏滞性降低，使沥青与矿料的黏结力下降而导致沥青混凝土的强度降低，塑性增加。因此，沥青混凝土必须具有良好的热稳定性。

影响沥青混凝土热稳定性的因素主要是：沥青的黏度和用量、矿质混合料的性能和级配、填充料的品种及用量。适当的沥青用量可以使矿料颗粒更多地以结构沥青的形式相连接，增加混合料的黏聚力和内摩擦力，增加沥青混合料的抗剪变形能力。在矿料选择上，应挑选粒径大的，有棱角的颗粒，以提高矿料的内摩擦角。另外，还可以加入一些外加剂，来改善沥青混合料的热稳定性。

沥青混凝土的热稳定性的评价方法较多，通常采用高温强度与稳定性作为技术指标。常用的测试方法有马歇尔实验法、三轴压力试验等，但一般多采用马歇尔稳定仪来测定其稳定值。热稳定性合格的沥青混凝土在 60℃时进行马歇尔稳定试验，试件能承受的最大荷载称之为稳定度（以 kN 计），应大于 4kN；试件达到最大荷载时对应的变形值称之为流变值（单位为 1/100cm），取值为 $30 \sim 80$。

5. 柔性

柔性是指沥青混凝土在自重或外力作用下，适应变形而不产生裂缝的性质。柔性好的沥青混凝土适应变形能力大，即使产生裂缝，在高水头的作用下也能自行封闭。

沥青混凝土的柔性主要取决于沥青的性质及用量、矿质混合料的级配以及填充料与沥青用量的比值。采用增加沥青用量、并减少填充料（矿粉）用量的方法，是解决用低延伸度沥青配制具有较高柔性沥青混凝土的一个有效方法。同时，沥青混凝土的柔性，可以根据工程中的具体情况，通过弯曲试验或拉伸试验，测出试件破坏时梁的挠跨比或极限拉伸值，予以评定。

6. 耐久性

耐久性是指沥青混凝土在使用过程中抵抗环境因素的能力。它包括沥青混合料的抗老化性、水稳定性和抗疲劳性等综合素质。由于水工沥青混凝土多处于潮湿环境，因此这里着重关注它的水稳定性。

沥青混凝土水稳定性不足表现在，水分浸入会削弱沥青与骨料之间的黏结力，使沥青与骨料剥离而逐渐破坏，或遭受冻融作用而破坏。因此，沥青混凝土的水稳定性，取决于沥青混凝土的密实程度及沥青与矿料间的黏结力，沥青混凝土的孔隙率越小，水稳定性越高，一般认为孔隙率小于 4% 时，其水稳定性是有保证的。采用黏滞性大的沥青及碱性矿料都能提高沥青混凝土的水稳定性。

项目三　防　水　材　料

【知识导学】

一、防水卷材

防水卷材是一种可卷曲的片状防水材料。是建筑工程防水材料中的重要品种之一。将沥青类或高分子类防水材料浸渍在胎体上，制作成的防水材料产品，以卷材形式提供，称为防水卷材。根据主要组成材料不同，分为沥青防水卷材、高聚物改性沥青防水卷材和合成高分子防水卷材；根据胎体的不同分为无胎体卷材、纸胎卷材、玻璃纤维胎卷材、玻璃布胎卷材和聚乙烯胎卷材。

防水材料主要有三类：防水卷材；刚性防水材料；柔性防水材料。防水卷材主要适用于建筑墙体、屋面以及隧道、公路、垃圾填埋场等处，起到抵御外界雨水、地下水渗漏的一种可卷曲成卷状的柔性建材产品，作为工程基础与建筑物之间无渗漏连接，是整个工程防水的第一道屏障，对整个工程起着至关重要的作用。产品主要有沥青防水卷材和高分子防水卷材。刚性防水材料是指以水泥、砂石为原材料，或其内掺入少量外加剂、高分子聚合物等材料，通过调整配合比，抑制或减少孔隙率，改变孔隙特征，增加各原材料界面间的密实性等方法，配制成具有一定抗渗透能力的水泥砂浆混凝土类防水材料。柔性防水材料：指在相对于刚性防水材料如防水砂浆和防水混凝土等而言的一种防水材料形态，以其与基层附着的形式，如防水涂料和柔性防水卷材等。

防水卷材要求有良好的耐水性，对温度变化的稳定性（高温下不流淌、不起泡、不淌动；低温下不脆裂），一定的机械强度、延伸性和抗断裂性，要有一定的柔韧性和抗老化性等。

（一）防水卷材的分类

根据其主要防水组成材料可分为沥青防水材料、高聚物改性防水卷材和合成高分子防水卷材三大类。

1. 沥青类防水卷材

沥青类防水卷材是我国早期产品，一直应用至今，产品包括：石油沥青纸胎油毡、油纸、石油沥青玻璃纤维胎油毡、石油沥青玻璃布胎油毡、油毡瓦、铝箔面油毡、煤沥青纸胎油毡、沥青复合胎柔性防水卷材等品种。产品检验方法主要按照标准《建筑防水卷材试验方法》（GB/T 328.1—27—2007），适用于沥青、塑料、橡胶类防水卷材。该标准的实施标志着我国建筑防水卷材检测技术更加完善和规范。

2. 改性沥青类防水卷材

改性沥青类防水卷材大体上包括：塑性体改性沥青、弹性体改性沥青、弹性体改性沥青防水卷材、塑性体改性沥青防水卷材、改性沥青聚乙烯胎防水卷材、自黏橡胶沥青防水卷材、自黏聚合物改姓沥青防水卷材等品种产品。通过我国沥青技术的不断发展，将来会有更多的新产品。

3. 合成高分子防水卷材

合成高分子防水卷材，在一定温度和压力下，可塑制成卷材形状，且在常温、常压下能保持其形状不变的有机合成材料。

合成高分子防水卷材具有轻质、高强、多功能等特点，符合现代材料的发展趋势。是一种理想的防水材料。世界各国都非常重视合成高分子防水卷材在建筑工程中的应用和发展。随着合成高分子防水卷材研发，以及工艺的不断完善，合成高分子防水卷材性能更加优越，成本不断下降，因而它有着非常广阔的发展前景。合成高分子防水卷材主要包括：聚氯乙烯防水卷材、氯化聚乙烯防水卷材、高分子防水卷材、再生胶油毡、三元丁橡胶防水卷材、氯化聚乙烯—橡胶共混防水卷材等品种产品。

（二）防水卷材性能

（1）耐水性。耐水性是指在水的作用下和被水浸润后其性能基本不变，在压力水作用下具有不透水性，常用不透水性、吸水性等指标表示。

（2）温度稳定性。温度稳定性指在高温下不流淌、不起泡、不滑动，低温下不脆裂的性能，即在一定温度变化下保持原有性能的能力。常用耐热度、耐热性等指标表示。

（3）机械强度、延伸性和抗断裂性。它指防水卷材承受一定荷载、应力或在一定变形的条件下不断裂的性能。常用拉力、拉伸强度和断裂伸长率等指标表示。

（4）柔韧性。柔韧性指在低温条件下保持柔韧性的性能。它对保证易于施工、不脆裂十分重要。常用柔度、低温弯折性等指标表示。

（5）大气稳定性。大气稳定性指在阳光、热、臭氧及其他化学侵蚀介质等因素的长期综合作用下抵抗侵蚀的能力。常用耐老化性、热老化保持率的等指标表示。

（三）防水卷材技术要求

1. 石油沥青纸胎油毡

油毡按浸涂材料的总量和物理性能分为合格品、一等品和优等品三个等级；按所用的隔离材料的不同分为粉状面油毡（粉毡）和片面油毡（片毡）两个品种，按原纸质量分为200号、350号和500号。200号油毡适用于简易防水、临时性建筑防水、建筑防潮包装；350号和500号粉状面油毡适用于屋面、地下、水利等工程的多层防水；片状面油毡适用于单层防水。

石油沥青纸胎油毡的外观质量应符合下列要求：

（1）成卷卷材宜卷紧、卷齐、卷筒两端厚度差不得超过5mm，端面里进外出不得超过10mm。

（2）成卷油毡在环境温度10～45℃时，应易于展开，不应有破坏毡面长度为10mm以上的黏结和距卷芯1000mm以外长度10mm以上的裂纹。

（3）纸胎必须浸透，不应有未被浸透的浅色斑点，材料宜均匀致密地涂盖油纸两面，不应有油纸外露和涂油不均。

（4）毡面不应有孔洞、硌伤和长度在20mm以上的疙瘩、糨糊粉浆或水渍；距卷芯1000mm以外，不应有长度1000mm以上的折纹、折皱，20mm以内的边缘裂口，或长50mm、深20mm以内的缺边不应超过4处。

（5）每卷油毡中允许有一处接头，其中较短的一段长度不应少于2500mm，接头处剪切整齐，并加长150mm备作搭接，优等品中有接头的油毡卷数不得超过批量的3%。

石油沥青纸胎防水卷材的生产过程中要消耗大量原纸；施工过程中仍沿用热沥青玛𬉩脂作黏结的传统方法，会产生沥青污染；施工后存在低温脆型、高温流淌性能差的问题，容易产生起鼓、老化、龟裂、腐烂和渗漏等工程质量问题，增大了防水工程维修的费用。考虑环保及工程费用及质量等多种原因，近年来在一些省市的城区内禁止使用纸胎油毡施工，因而，纸胎防水卷树将被淘汰。

2. 煤沥青纸胎油毡

煤沥青纸胎油毡按物理性能和可溶物含量可分为合格品和一等品两个等级；按所用隔离材料分为粉毡和片毡两个品种；按原纸质量分为200号、270号和350号三个品种。

3. 高分子防水片材

高分子防水片材属于高档防水材料，适用于工业与民用建筑屋面做单层外露防水，也适用于有保护层的屋面、地下室、游泳池、隧道与市政工程防水。与其他防水材料组成复合防水层，可用于防水等级为Ⅰ、Ⅱ级的屋面、地下室或屋顶、楼层游泳池、喷水池的防水工程。质量要求如下：

（1）片材的规格尺寸和允许偏差满足规定要求。

（2）片材的外观质量：表面平整，边缘整齐。不能有裂纹、机械损伤、折痕、穿孔及异常黏着部分等影响使用的缺陷。在不影响使用的条件下，表面缺陷应符合下列规定：①凹痕深度不得超过片材厚度的30%，树脂类片材不得超过5%；②杂质每1m²不得超过9mm²，但树脂类片材不允许有。

（3）片材的物理性能：对于整体厚度小于1.0mm的树脂类复合片材，扯断伸长率不得小于50%，其他性能达到规定值的80%以上。对于聚酯胎上涂覆三元乙丙橡胶的片材，扯断伸长率不得小于100%，其他性能应符合规定。

（四）防水卷材送检要求

凡进入施工现场的防水卷材应附有出厂检验报告单及出厂合格证，并注明生产日期批号规格名称；同一品种牌号规格的卷材，抽样数量为大于 1000 卷抽取 5 卷；500～1000 卷抽取 4 卷；100～499 卷抽取 3 卷；小于 100 卷抽取 2 卷，进行规格和外观质量检验；对于弹性体改性沥青防水卷材和塑性体改性沥青防水卷材，在外观质量达到合格的卷材中，将取样卷材切除距外层卷头 2500mm 后，顺纵向切取长度为 800mm 的全幅卷材试样 2 块进行封扎，送检物理性能测定；对于氯化聚乙烯防水卷材和聚氯乙烯防水卷材，在外观质量达到合格的卷材中，在距端部 300mm 处裁约 3m 长的卷材进行封扎，送检物理性能测定；胶结材料是防水卷材中不可缺少的配套材料，因此必须和卷材一并抽检，抽样方法按卷材配比取样，同一批出厂，同一规格标号的沥青以 20t 为一个取样单位，不足 20t 按一个取样单位从每个取样单位的不同部位取五处洁净试样，每处所取数量大致相等共 1kg 左右，作为平均试样。同一规格品种牌号的防水涂料，每 10t 为一批，不足 10t 者按一批进行抽检取 2kg 样品，密封编号后送检；双组分聚氨酯中甲组分 5t 为一批，不足 5t 也按一批计；乙组分按产品重量配比相应增加批量，甲乙组分样品总量为 2kg，封样编号后送检。

二、合成高分子防水卷材

1. 聚乙烯防水卷材（PE）

聚乙烯防水卷材由聚乙烯塑料加工而成。聚乙烯塑料是由乙烯单体加聚得来，所谓单体，是能起聚合反应而成高分子化合物的简单化合物。据单体聚合方法，可分为高压法、中压法和低压法三种。随聚合方法不同，产品的结晶度和密度不同，高压聚乙烯的结晶度低、密度小；低压聚乙烯结晶度高，密度大。随结晶度和密度的增加，聚乙烯的硬度、软化点、强度等随之增加，而冲击韧性和伸长率则下降。

聚乙烯防水卷材具有较高的化学稳定性和耐水性，强度虽不高，但低温柔韧性大。掺加适量炭黑，可提高聚乙烯的抗老化性能。

2. 聚氯乙烯防水卷材（简称PVC）

聚氯乙烯防水卷材是由氯乙烯塑料加工而得。聚氯乙烯是由氯乙烯单体加聚聚合形成的热塑性线形树脂。经成塑加工后制成聚氯乙烯塑料，具有较高的黏结力和良好的化学稳定性，也有一定的弹性和韧性，但耐热性和大气稳定性较差。

用聚氯乙烯生产的塑料有硬质和软质两种。软质 PVC 有较好的柔韧性和弹性、较大的伸长率和低温韧性，但强度、耐热性、电绝缘性和化学稳定性较低。软质 PVC 可制成塑料止水带、土工膜、气垫薄膜等止水及护面材料；也可挤压成板材、型材和片材作为地面材料和装饰材料；软管可作为混凝土坝施工的塑料拔管，其波纹管常在预应力锚杆中使用。

硬质 PVC 具有良好的耐化学腐蚀性和电绝缘性，且抗拉、抗压、抗弯强度以及冲击韧性都较好，但其柔韧性不如其他塑料。硬质 PVC 常用作房屋建筑中的落水管、给排水管、天沟及塑钢窗和铝塑管，还可用作外墙护面板、中小型水利工程中的塑料闸门等。PVC 制品可以焊接、黏结，也可以机械加工，因此在各领域使用很普遍。

三、新型防水材料

膨润土防水材料：积极应用天然防水材料—钠基膨润土防水材料，具体品种有膨润土遇水膨胀止水条、膨润土防水板和膨润土防水毯及膨润土粉状防水材料。

防水保温材料：巩固应用挤塑型、模塑型聚苯板与砂浆外墙外保温系统，积极推广应用喷涂聚氨酯硬泡体防水保温材料，适当发展应用胶粉聚苯颗粒保温砂浆系统。限制使用膨胀蛭石及膨胀珍珠岩等吸水率高的保温材料。禁止使用松散材料保温层。

防水涂料：巩固应用聚氨酯防水涂料、聚合物水泥防水涂料、水泥基防水涂料，提倡水泥基渗透结晶型防水材料和有机硅防水涂料，开发应用喷涂聚脲聚氨酯防水涂料，研究应用高固含量水性沥青基防水涂料，推广应用路桥防水涂料等特种用途的防水涂料。禁止使用有污染的煤焦油类防水涂料。

防水剂：巩固应用通用型防水剂，提倡 M1500 水性渗透防水剂和永凝液（DPS），推广应用有机硅防水剂和脂肪酸防水剂。限制使用氯离子含量高的防水剂，禁止使用碱骨料含量超标的粉状防水剂。

防水砂浆：积极应用聚合物水泥防水砂浆、提倡聚丙烯纤维（PP）和尼龙纤维及木纤维抗裂防水砂浆，研究应用沸石类硅质密实防水剂。大力推广应用商品砂浆（防水、保温、防腐、黏结、填缝自流平等专用砂浆）。

合成高分子防水卷材：巩固应用聚氯乙烯和三元乙丙防水卷材，提倡一次成型聚乙烯丙纶（聚酯丙纶）防水卷材与聚合物水泥黏结系统，加快研究发展湿铺法自粘合成高分子防水卷材，限制使用氯化聚乙烯防水卷材，淘汰再生胶防水卷材。

高聚物改性沥青防水卷材：巩固应用 SBS、APP 改性沥青防水卷材和自黏橡胶沥青防水卷材，大力发展湿铺法自黏改性沥青防水卷材，推广屋顶绿化做法及应用根阻卷材，积极应用玻纤胎沥青瓦，限制使用复合胎沥青防水卷材和纸胎油毡，禁止使用煤焦油砂面防水卷材。

特种防水材料：选择应用金属防水卷材、研究应用文物保护等专用防水涂料。

合成高分子防水卷材，在一定温度和压力下，可塑制成卷材形状，且在常温、常压下能保持其形状不变的有机合成材料。

合成高分子防水卷材具有轻质、高强、多功能等特点，符合现代材料的发展趋势。是一种理想的防水材料。世界各国都非常重视合成高分子防水卷材在建筑工程中的应用和发展。随着合成高分子防水卷材研发，以及工艺的不断完善，合成高分子防水卷材性能更加优越，成本不断下降，因而它有着非常广阔的发展前景。

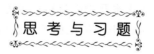

思 考 与 习 题

1. 沥青材料有何特点？

2. 为何要对石油沥青进行组分划分？按照三组分学说，石油沥青可分为哪三个组分？各组分对沥青性能有何影响？

3. 如何划分石油沥青的牌号？

4. 试述石油沥青的主要技术性质及其评价指标的测定方法。

5. 沥青混凝土有哪些特点？有什么用途？

6. 常用的防水材料有哪些？各有何特点？

7. 常用沥青防水卷材有哪些种类？各有何特点？

参 考 文 献

［1］ 程斌．建筑材料．北京：中国水利水电出版社，2012.
［2］ 崔长江．建筑材料．3 版．郑州：黄河水利出版社，2009.
［3］ 武桂枝，张守平，刘进宝．建筑材料．郑州：黄河水利出版社，2009.
［4］ 闫宏生．建筑材料检测与应用．北京：机械工业出版社，2015.
［5］ 陈桂萍．建筑材料．北京：北京邮电大学出版社，2014.
［6］ 张伟，王英林．建筑材料与检测．北京：北京邮电大学出版社，2013.
［7］ 李亚杰，方坤河．建筑材料．北京：中国水利水电出版社，2009.